U0159127

Staread
星 文 文 化

Tough
Primitive Man

硬核原始人

何叶紫 · 著

浙江文艺出版社
Zhejiang Literature & Art Publishing House

图书在版编目（CIP）数据

硬核原始人 / 何叶紫著 . — 杭州：浙江文艺出版社，
2020.11

ISBN 978-7-5339-6273-9

Ⅰ . ①硬… Ⅱ . ①何… Ⅲ . ①人类进化—青少年读物
Ⅳ . ① Q981.1-49

中国版本图书馆 CIP 数据核字 (2020) 第 205823 号

硬核原始人

何叶紫　著

责任编辑　於国娟
特约编辑　宋　鑫
装帧设计　八牛·设计 BANIUDESIGN
版式设计　张亚群
内页插图　视觉中国　Science Photo Library　John Gurche
　　　　　　秋　实　赵子龙　望　野

出版发行　浙江文艺出版社
地　　址　杭州市体育场路 347 号　　邮编　310006
网　　址　www.zjwycbs.cn
经　　销　浙江省新华书店集团有限公司
印　　刷　北京盛通印刷股份有限公司
开　　本　710 毫米 × 1000 毫米　1/16
字　　数　323 千字
印　　张　21
版　　次　2020 年 11 月第 1 版
印　　次　2020 年 11 月第 1 次印刷
书　　号　ISBN 978-7-5339-6273-9
定　　价　65.00 元

自 序

写这本书之前，我是长江商学院的一名老师，职业背景和历史尤其是古代史没什么关系。不过，这并不妨碍我对历史发自内心的热爱。我愿把所有的业余时间都花在研究历史上，直到有一天，我觉得光有业余时间还不够，就辞了职，把研究历史变成了我的职业。

以古为镜，可以知兴替。我们所处的时代，和从前相比，有两个特别显著的区别：一是信息爆炸，二是变幻急速。纵向比，我们这个时代的人所知道的知识信息比从前不知要多出多少，可社会变化太快了，大部分人恐怕都有一种这样的感觉：那就是知道的越多，对命运无法主宰、对时代无从把握的焦虑感越强。我身边那些企业家们，大概是最能够感受到这种焦虑的人，所以，我在商学院工作的时候，有一段时间，"乌卡 [1]"一词特别流行。

无疑，很多人都想拥有一个能预见未来的水晶球，获得在剧变的时代拨云见日的超能力。可是我们上哪里找这种水晶球，又如何获得这种超能力呢？我个人觉得，最好的答案，莫过于从历史中寻找。因为未来诞生于历史，世间万物，追根溯源，都是历史。

[1]　乌卡是"VUCA"的音译，VUCA 是 volatility（易变性）、uncertainty（不确定性）、complexity（复杂性）和 ambiguity（模糊性）的缩写，最早是军事术语，后被广泛应用于教育与商业领域。

我们人类的历史，可以大略分成史前史（700万年前—公元前3500年）和文明史（公元前3500年至今）两大阶段。史前史阶段，社会发展缓慢，但人类自身的基因、智力、身体乃至物质文化（工具），却有着巨大的变化：能直立行走了，能制造和使用简单的石器了，能吃上肉用上火了，能说人话了，能制造复杂工具打猎了……正是这些变化，让人类完成了从猿到人的演化，站到了食物链的最顶端，从而为后续的发展打下了坚实的基础。

公元前3500年开始，人类跨入了文明时代。这一阶段里，人自身的基因、智商等生理变化可以忽略不计，但我们的文化背景、生活方式、思维方式、宗教信仰以及政治制度等，都是在这段时间被塑造出来的。这段历史涌现出了很多伟大的历史人物，他们要么塑造了我们的思维方式，要么丰富了我们的精神文化，要么确立了我们的政治制度，要么推动了科学技术的发展。人类社会就是这样，一点一点被扩容，一步一步推向前，走到今天的。

因为这种历史发展的连续性，我们要对当下有所把握，必须少不了要认识历史。而本书之所以聚焦于人类进入文明时代以前的这段历史，则主要基于两点考虑：

一、这段历史很重要。从时间跨度来说，这段历史占据了整个人类历史99.9%的时间，从发展阶段来看，它为后续文明时代的发展奠定了基础，无论是宗教、文化、技术还是制度，都脱胎于这一阶段。不了解这一段，对人类历史的了解就失去了基础，很多问题不得要领。

二、这段历史没得到应有的重视。由于离我们今天非常遥远，又缺乏文字材料，研究手段还总在推陈出新，因此，一些历史书，要么有意无意地忽略这段历史；要么引用的观点陈旧落后；要么文字艰涩，叙述方式过于学术化，读来令人昏昏欲睡。就连学校里的历史教科书，也多少存在这样的问题。

基于这些认知，我决心写出一本既严肃又活泼的通俗史前史，语言轻松，知识严谨。为此，我私淑了很多知名学者，查找了大量的学术资料。其过程之艰难和枯燥，实在是前所未料。非常幸运的是，我得到了很多专家的指点，得到了家人的无私支持，还得到了从前我在长江商学院工作时的同事及同学们的鼓励。在此，一并感谢所有关心、支持和爱护我的朋友，没有你们的支持鼓励，我的写作之路，恐怕会更加艰难。

特别需要说明的是，尽管我为这本书付出了全力，毫无保留，但由于水平有限，且有关古人类方面的研究仍在不断推进，本书中若有疏漏错误之处，还请读者朋友们指正并给予指正。最后，就在我写下这几个字的时候，无人驾驶出租车服务在北京全面放开的新闻传来了。在这个日新月异的时代，这不算什么大新闻，类似的技术和管理突破每天都在发生。因此，我们非常幸福，能生活在这样一个全新的时代。在此，真诚希望每位读者，都能读历史，看未来，做一个"苟日新，日日新，又日新"的新新人类，在时代的滔滔洪流中乘风破浪，引领未来。

2020 年 10 月

目 录

PART 3
工具思维很重要

PART4
"史前三杰"之巅峰对决

PART 5
最后的胜利：通向文明之路

PART 1

世界人民从此站起来了

138亿年前，随着砰的一声巨响，宇宙诞生了，时间开启了。

46亿年前，地球也诞生了。人类赖以生存的三维空间，形成了。

漫长的岁月里，海洋出现了，岩石形成了，生物诞生了。

这是人类演化大戏的前传——《地球演化》。这是一部鸿篇巨制，你方唱罢我登场，生命不息，演化不止。

为了便于理解，地质学家把这幕大戏划分成了不同的章节。于是，地球诞生以来这46亿年的历史，被划分为4个宙、14个代、22个纪、34个世、99个期。

4个宙，分别是冥古宙、太古宙、元古宙和我们所处的显生宙。

冥古宙，指的是46亿—38亿年前这段时间。此时的地球，刚刚诞生，内部火山肆虐，岩浆奔腾，外部又不断遭到小行星的重型轰炸，内忧外患，来不

● 46亿—38亿年前的冥古宙，地球像一锅粥。地面火山肆虐，空中行星轰炸，世界诞生之初，仿佛末日降临。

及搞建设。整个地球，没有一块立锥之地，也没有一丝生命的迹象。

38亿—25亿年前，冥古宙结束了，地球进入了太古宙。此时的地球，虽无外患，但有内忧，火山和地震还相当频繁。但正是在这混乱之中，生命的迹象出现了，原始的单细胞动物，比如细菌、蓝藻等，就在这一时期登上了历史舞台。

到了25亿—5.4亿年前，元古宙来了，地球进入了稳步成长的阶段，真核生物和多细胞生物出现了。元古宙末期，正经的无脊椎动物也开始抛头露面了。

元古宙结束后，我们所处的这个时代——显生宙来了。动植物开始繁盛起来，此时的地球，好比一个健康活泼的青壮年，各方面都欣欣向荣，蓬勃发展。

显生宙包含3个代，分别是古生代（5.4亿—2.5亿年前）、中生代（2.5亿—6500万年前）和我们所处的新生代（6500万年前至今）。

古生代是一个繁荣昌盛的时代，海生的无脊椎动物自在地游弋，鱼、两栖动物及陆生的脊椎动物慢慢出现。各种蕨类、松柏等植物也欣欣向荣。只不过此时的动植

● 38亿—25亿年前的太古宙，陆地之上和从前并无太大分别，除了火山熔岩，就是熔岩火山，而水面之下，生命已经开始蠢蠢欲动。

● 25亿—5.4亿年前的元古宙，地球上终于有了肉眼看得见的活体生物，不过它们都在水下。

● 古生代时期不光水下热闹，陆地上也热闹起来，就是大家都长得和异形一样怪模怪样的。

物，还都显示出古老的面貌，因而叫古生代。

古生代之后是中生代，中生代时期虽然也有各种哺乳动物和鸟类，以及各种高大繁茂的植物，但恐龙才是唯一的霸主。不过，任何霸权都是不可持续的，哪怕大如恐龙。6500万年前，一颗天外来星坠落在了墨西哥的尤卡坦半岛，地球仿佛被100亿颗原子弹轰炸过，引发了高强度的火山爆发、海啸和地震。尘埃遮云蔽日，毒气无孔不入，靠光合作用生存的植物大量死亡，靠植物为生的动物紧随其后，食物链顶端的霸主恐龙，也迎来了自己的末日。

● 中生代时期是恐龙的时代，包括三叠纪、侏罗纪和白垩纪。恐龙的存在时间长达1.5亿年，而人类才不过700万年。

一片末日景象之中，某些生命却仍在顽强地繁衍，人类便孕育于这次物种大毁灭。毁灭之后的新世界，叫作新生代。新生代包括3个纪，分别是古近纪、新近纪和第四纪。这3个纪又被划分为7个世，分别是古新世、始新世、渐新世、中新世、上新世、更新世和全新世。我们当下所处的地质年代，就属于显生宙—新生代—第四纪—全新世。

假如把地球从诞生到现在看作是一天24小时，每1秒钟将相当于53240年。

　　把 46 亿年前地球诞生的那一刻看作 00：00 的话，月球大概在 00：11 形成，地球在 00：47 时，从漫天飞舞的岩浆变成一个固体，01：50 海洋出现，03：00 原始的生命出现，04：00 大气形成，11：25 地球迎来第一次大冰期，17：15 多细胞生物出现，18：40 真菌出现，21：30 寒武纪的生命大爆发，23：39 恐龙灭绝……

　　23：58，离一天结束仅仅还有 2 分钟的时候，人类第一位祖宗——乍得沙赫人出现。

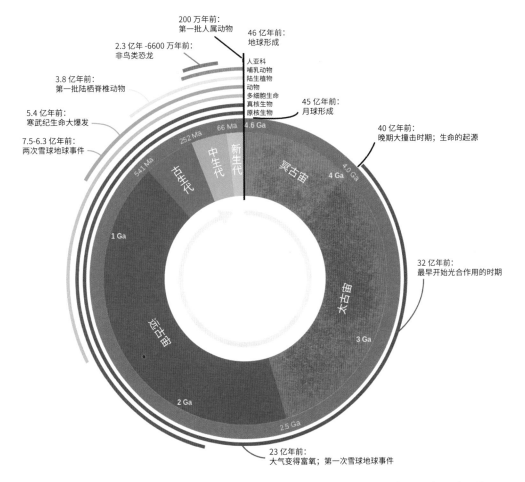

　● 地球于 46 亿年前诞生，细菌于 20 多亿年前形成，相比其他宇宙生命，人类不过只是年轻的后生晚辈。

第一场
乍得沙赫人：人类的故事，从"我"开始

乍得沙赫人生活在中新世晚期。中新世（Miocene）指的是从 2300 万年前到 533 万年前这段时间。

这段时间里，整个地球的面貌发生了巨大的改变。欧洲的阿尔卑斯山和喀尔巴阡山、西亚的扎格罗斯山脉和托罗斯山脉，以及东亚与南亚之间的喜马拉雅山开始崛起，非洲大陆板块也不断北移。曾经横亘在欧亚非三洲的古地中海（特提斯海，Tethys）几近消失。最终，到大约 1900 万年前，一次冰期的出现，让本就日益狭窄的古地中海彻底地交了底，露出了陆地，从而为非洲动物的欧亚大陆"自驾游"，扫清了交通障碍。

一些生活在非洲的大猿，被欧洲湿润茂密的亚热带森林吸引，顺着这座陆桥，迁居到了亚欧大陆。此刻的地球，是一个名副其实的人猿星球。今天地球上现存的灵长目动物不过 200 种，人科动物 8 种，但科学家估计，曾经地球上有超过 6000 种灵长目动物，属于人科的起码有 84 种。它们生活在欧亚非三洲郁郁葱葱的森林里。大的 200 来千克，足有人的三倍；小的不过几厘米长，重量和人的手指头差不多。

是盛世就有末日。800 万年前开始，干冷的气候降临，欧亚大陆的森林相继退却，草原逐渐弥漫。中新世的大猿们，绝大部分迎来了种族灭绝的末日灾难。只有少部分逃过了这一劫。其中就有红毛猩猩的祖先，亚洲的西瓦古猿。

黑猩猩和我们人的祖先，演化路径就没那么清晰明了了。由于在欧洲和非洲发现的这些中新世古猿，都带有些许和今人一样的气质，所以，究竟是欧洲的某只古猿到了非洲成了人类的祖先，还是欧洲的古猿根本就没有躲过这一劫，人类的祖先就是非洲本土演化出来的，这成了一个目前谁也说不清的问题。

但有一点是可以确认的，那就是生活在此时的非洲古猿，日子很艰难。

从太空中看地球，从前一片葱茏的非洲大地，开始变得日益荒芜。对于生

灵长目智人的分类

所含形态:

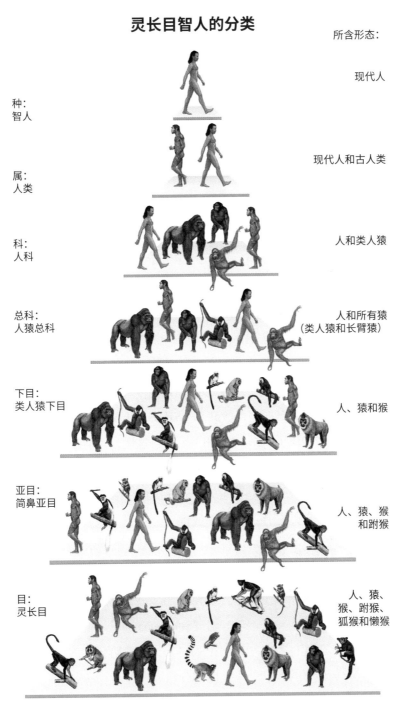

种:
智人

现代人

属:
人类

现代人和古人类

科:
人科

人和类人猿

总科:
人猿总科

人和所有猿
(类人猿和长臂猿)

下目:
类人猿下目

人、猿和猴

亚目:
简鼻亚目

人、猿、猴
和跗猴

目:
灵长目

人、猿、
猴、跗猴、
狐猴和懒猴

● 灵长目下的家庭成员，位于塔尖的是我们智人，往下依次是我们的各种亲戚，越往下，亲缘关系越远。

活在其中的大猿来说，它们看到的是林子稀了，果实少了。要活下去，除了水果、嫩叶等美食之外，坚果、种子、树皮、草根、毛毛虫之类的糙食，也得将就着吃点儿。而这些美食大多在地下，还像从前那样只会在树上打转，自然也不行。得动起来，再下地走两步才可以。

这对于习惯手脚并用且不接地气的中新世大猿来说，着实有些不便，但事实证明，沧海横流，方显英雄本色。到了700万年前，分子生物学家推算的人和黑猩猩分道扬镳的关键时刻，英雄就这样应运而生了。这个本来名不见经传的大猿，学会了一种上乘功夫，摆脱了四脚着地的行走方式，把它的双手解放了出来，从而为天天逛吃打下了坚实的身体基础。

直立行走是一件伟大的事情。因为，没有直立行走，手就腾不出来。手腾不出来，制造工具就是一句空话。没有工具，就没办法打猎。不打猎，就吃不上放心肉。吃不上放心肉，就不可能有足够的营养供大脑发育。大脑不发育，就不可能有文明出现。没有文明出现，我现在也就写不出来这本书。即便我天赋异禀，能写出这本书，也没有写的必要。因为，没有人看得懂。所以，站起来绝对是一件伟大的事情，是人类进化大戏的第一幕。

这几位伟大的英雄，名叫乍得沙赫人（*Sahelanthropus tchadensis*），来自乍得北部境内的德乍腊沙漠（Djurab Desert）。乍得这地方，别看现在是一片大沙漠，700万年前，这里可完全是另一番风光，湖光山色，绿草茵茵，鸟语花香，牛羊成群。

乍得沙赫人的名字是正宗的拉丁文。这个怪怪的名字，由属名"*Sahelanthropus*"和种名"*tchadensis*"两部分组成。其中属名"*Sahelanthropus*"由当地的地名"沙赫（Sahel）"和希腊语"人（anthropus）"两部分组成；种名"*tchadensis*"则是"乍得"一词的拉丁语形式。整个名字连起来，就是"the sahel man from chad（来自乍得的

● 非洲北部这片荒漠，曾经绿草茵茵，是我们人类的龙兴之地。

沙赫人）"，简称"乍得沙赫人"。

乍得沙赫人被大多数考古学家认为是全世界智人的祖宗，因此，它的出现，被视为人类的出现。

考古学家所说的"人类"，指的是在自然状态下，能够两脚直立行走的灵长类动物。鸡在自然状态下是两脚直立行走的，但鸡不属于灵长类动物；黑猩猩属于灵长类动物，手里拿着东西时也能两脚站起来，但它们最自然的运动状态，是手脚并用。

因此，按照这个定义，今日世界上能被叫作"人类"的，只有我们智人这一种动物。不过这并不能说明智人就可以"唯我独尊"，因为曾经这地球上生活着很多不同的人类。

乍得沙赫人就是目前所知的最早的人类。

目前发现的乍得沙赫人有六位，都是从沙漠出道的。但这六位里，真正露面的，能看出有些人样的，只有一位名叫图迈（Toumai）的男青年。这位相对能看的"沙漠王子"，在沙漠中裸露多时，只剩一个被风沙压扁了的脑壳。科学家们想尽办法，

● 乍得沙赫人头骨：别看我支离破碎、面目全非，眉脊高耸仿佛戴着鸭舌帽，本书的大部分主角还没我好看。

● 乍得沙赫人复原图。尽管前额低平、眉骨高耸，鼻梁凹陷，嘴大脑子小，但700多万年前，长成这样已经算是人模人样了。

也只能大体复原出它的脸部特征，至于身高如何，体重多少，是胖是瘦，有无驼背，都无从判断。只能凭经验估计，它长得和我们最近的亲戚黑猩猩差不多。

作为目前发现的人类大家庭里最早的成员，它的脑仁很小，才320～380毫升，与黑猩猩的脑仁或一听可乐的容量大体相当。虽然脑袋大不一定代表有文化，但不到现代人1/4的脑容量，估计也是不太聪明的样子。不过沙漠王子

图迈长得还是有几分英气的，眉脊高耸，线条刚毅，脸部突出，脑袋偏长，还长着一对突出的犬齿。

尽管无论从哪个角度看，沙漠王子都更像一只黑猩猩，但是，看在它的犬齿和其他同龄人比起来还算秀气，并且枕骨大孔位于脑袋下方的份儿上，很多考古学家还是将它放入了人类大家庭，并给出了极高的辈分——人和黑猩猩最后的共祖。

牙齿形态和枕骨大孔的位置，是考古学家常用的判定化石是否属于早期人类的重要标准。

同为灵长目，人类的牙齿和其他远近亲戚相比，起码有三个明显的不同之处。

一是人和最近的亲戚黑猩猩的牙齿相比，珐琅质（enamel）更厚。珐琅质又叫牙釉质，是覆盖在牙齿表面的一层白而透明的物质。之所以我们人不怕冷热酸甜，能嗑瓜子，能用牙齿撬啤酒瓶盖，杂技演员能叼着桌子到处跑，全在于拥有这个自然界除了金刚石以外最硬的物质。猩猩们依赖水果和嫩叶为生，没必要装备太厚的珐琅质。人就不同了，天上飞的，地下爬的，海里游的，带壳的，长刺儿的，有骨头的，含籽儿的……都是舌尖上的美食。要把这些美食咽下肚，厚厚的珐琅质必须是基本配置。所以，人类进化的一个趋势，就是食性越来越广泛，珐琅质越来越厚。

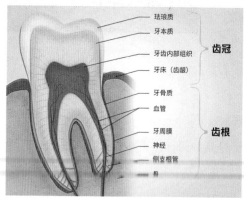

● 牙齿的纵剖面结构。牙好胃口才好，不好好刷牙，等白色的珐琅质上长出了黑窟窿，您恐怕就寝食难安了。

二是人的前臼齿（premolar）有两个牙尖。前臼齿，又叫前磨牙，也就是犬齿和臼齿之间的牙齿。其他灵长目动物大都只有一个凸起，也就是一个牙尖。而人类的前臼齿咬合面上有两个凸起，即两个牙尖。所以，人类的前臼齿又被称为双尖牙（bicuspid）。

三是人类的犬齿，不管男女，大小和形态的差别都不明显，而其

● 孔雀雌雄二型性表现。

他绝大多数灵长类动物，雄性的犬齿不但比其他牙齿长不少，也比雌性的犬齿大出不少。这种雌雄之间犬齿形态大小的差异，便是生物学所说的性别二态性（sexual dimorphism），又叫雌雄二型性。很多动物都具有明显的雌雄二型性，有的表现在形态、结构或毛发颜色上，例如，孔雀、鸵鸟、鸳鸯，最明显的表现是毛色不同。而对于灵长类动物而言，二型性则主要表现在体重、身高及牙齿等方面。

这些动物几乎都是素食主义者，所以这个犬齿的作用，并不是用来撕扯肉类，而是用于打架、示威、恐吓，以及和其他雄性争夺妻妾的。对于早期不会使用工具的灵长目动物来说，无论是保证自己获得足够的性资源，还是保证自己的领袖地位、抵御外来入侵，最大的武器，都是这对尖牙。所以，它们时常会磨砺自己的武器。嘴巴一开一合，牙就擦得锃亮。这个组合，便是通常所说的上犬齿 - 第一前臼齿（磨牙）复合结构（C/P3 Horning Complex）。

不同的灵长目动物，牙齿二型性区别很大，这主要与对雌性的争夺的激烈程度正相关。比如山魈，就是那个长着花里胡哨的脸和花里胡哨的屁股的世界上最大的猴子，能把花豹吓得落荒而逃的西非草原霸主，尽管在灵长目当中，它们个头并不算大，但是成年雄性山魈的那对犬牙却在灵长类里面是数一数二的长，平均4.5厘米，最长可达5厘米！这个长度，不要说打哈欠了，即便紧闭嘴唇，看上去也是霸气四溢，不怒自威。长成这样，可不仅仅是让它们看起来霸气，这个明晃晃的匕首一样的牙齿，基本上可以说是它们能不能当爹的唯一资本。大量研究表明，只有那些犬齿生长到3厘米以上的雄性山魈，才会获得交配权，并且有本事产下后代。一旦这个强大的武器因为受伤、磨损或年纪增长而受损、变短以后，不但当爹没戏，当老公的机会都会随之泡汤。

而人类由于在进化过程中发展出了远比獠牙更有杀伤力的武器——聪明的大脑，所以人类的进化趋势是犬齿逐渐缩小。因此，犬齿的大小，可以成为判断早期化石是否属于人类世系的重要标准之一。

当然，光犬齿一项，并不能作为判断是否为人类的唯一标准，因为那些喜欢群婚杂交的低级灵长目动物，犬齿也不是很大。所以，枕骨大孔（foramen magnum）的位置，就成了确定是否属于人类世系的另一个依据。

在所有灵长目动物里，只有人是惯性直立行走的。而直立行走的证据之一，就是枕骨大孔位于颅骨下方。枕骨大孔指的是脑袋和脊柱相连的那个大洞。除了人以外，所有的灵长类动物，比如黑猩猩、大猩猩、红毛猩猩、倭黑猩猩等，枕骨大孔都长在后脑勺的后面。因为对于四足行走的动物来说，只有这样，它们的眼睛才会平视前方，而不是睥睨上帝。对于两足行走的动物来说，枕骨大孔的位置，也只有长在颅骨下方，眼睛才不会出现只能看自己脚的尴尬局面。

尽管站起来是一件伟大的事，但人类直立行走的起源究竟是什么，学界还没有统一的定论。除了前面所说的因环境改变导致植被稀疏，进而导致直立行走以外，有人认为，直立行走是爬树的自然延伸，要伸手摘取树冠的果实，直立的姿势显然比趴着更有效；有人认为，直立行走是最适合热带生活的运动方式，站起来晒头，趴着晒背，前者晒的太阳少，有利于散热；有人认为，直立行走是站

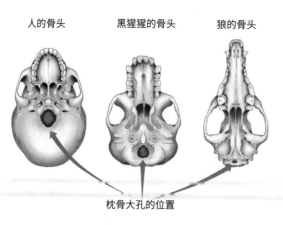

人的骨头　　　黑猩猩的骨头　　　狼的骨头

枕骨大孔的位置

● 人、黑猩猩和狼枕骨大孔对比。为什么趾高气扬的人容易受伤？因为人的枕骨大孔位于颅骨底端，骨骼结构天生和鼻孔朝天不相容。

得高看得远，有利于提前瞭望敌情，及时逃命；有人认为，直立行走是出于高效觅食的需要，要养家糊口，不能自己吃饱就不管了，必须得想法把野外的食物弄回来喂老婆孩子，所以手必须得从能走路变成能拿"快递"才行……总之，关于直立行走的起源，起码有一打以上的理论解释。

不过，必须要说的是，这些理论虽然纷繁复杂，但鲜有直接冲突的，更多的还是因为分析角度不同，而造成解释原因不同。

不管起源如何，但评判标准大体是确定的。而根据以上两个标准来看，"沙漠王子"的犬齿，虽然依然比我们今人的大不少，在上边那排牙当中显得非常突出，但已经不大可能通过上牙碰下牙来磨砺自己的武器了。而它们的枕骨大孔，和人一样位于颅骨下方。科学家们据此推断，"沙漠王子"具有一定的"人性"，属于人类的大家庭。

又因为基因测序表明，红毛猩猩大约在1600万—1200万年前和我们人分开，大猩猩大约在840万—620万年前分开，黑猩猩和倭黑猩猩大约在620万—420万年前分开。"沙漠王子"生活的年代差不多正好是分子生物学推断出来的人猿相揖别的时候。因此，一些考古学家认为，乍得沙赫人就是人猿最后的

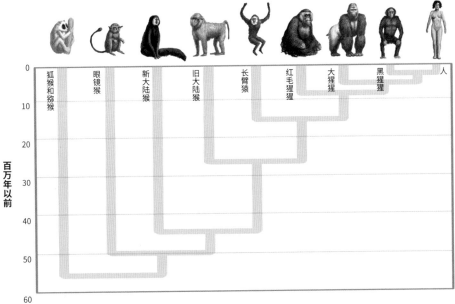

● 人类大家庭的分道扬镳时间。

共祖。

不过，不是所有人都认同"沙漠王子"的人猿最后共祖的地位的。

一部分考古学家就认为，这个头骨，在沙漠中裸露太久，风化严重，那个枕骨大孔的位置，很有可能一方面是风化变形的结果，另一方面是考古学家修复手艺太差的结果，跟直立行走没有任何关系。至于它的辈分，既然它出土的时候，不是老老实实从沉积层中扒出来的，那么，即便和它一起出土的动物距今已有 700 万年之久，也不代表乍得沙赫人也有那么古老。

另一些考古学家认为，眉脊高不代表什么，也有可能是一只中新世的雌性大猿；犬齿缺失部分太多，无法判断是否没有磨牙行为；牙齿的形状和中新世的那些大猿也没有显著区别；那个脑袋，从后面看，根本就是一只黑猩猩……所以，这位乍得领袖，要么是某种猿中走入了进化死胡同的一支，要么是今天的黑猩猩的祖先，或者，顶多算是我们的旁系祖宗。

由于各家都有一定的证据，所以，"沙漠王子"究竟是什么身份，还有很多争论。

倘若它是我们的正牌祖宗，那它的重要性无须多说，它将是今天全世界所有智人的始祖，它的出现，意味着人类的出现。

乍得沙赫人所处的时代，正是人猿相揖别的关键时刻，但这么重要的时刻，此前无论是往黑猩猩发育的那一支，还是向人进化的这一支，都没有任何化石。关于这一段时间的认识，也因此只能建立在猜测的基础上。乍得沙赫人的出现，无疑可以填补这一空白，为科学家提供绝好的参照，让我们大概可以了解到这段时间的祖宗们，会是什么模样，会些什么本领。因此，从这个角度说，无论它是谁的直系祖宗，都非常重要。

第二场
图根原人：解锁双足行走的技能

620万—580万年前，继"沙漠王子"之后，人类进化舞台上的另一位祖宗——图根原人（*Orrorin tugenensis*）登场了。

图根原人的模式标本，是两块带着三颗牙的下颌。不过，它最为广泛流传的，让考古学家争得面红耳赤的，却是那根长得和影视剧中的丐帮的打狗棒有几分相似的大腿骨，编号 BAR 1002'00。

和乍得沙赫人一样，图根原人的名字由属名加种名构成，其中属名"*Orrorin*"是图根方言，意思是"原人（original man）"；种名"*tugenensis*"是拉丁语"图根地区"的意思。连起来，就是"the original man in the Tugen region（图根地区来的原人）"，简称"图根原人"。

相比起乍得沙赫人，图根原人低调得不像话。前者好歹还有脑袋，图根原人虽然人数不少于5个，化石加起来也有13块，但除了残缺的下巴、残缺的牙，就是断掉的胳膊、断掉的腿，没一个露面的。不过这不是它们要大牌，毕竟，被剑齿

为什么我图根原人贵为第一幕三大主演之一，啥也没做错，却没脸见人呢？因为我是一个资深受害者，一头凶猛的剑齿虎，把我拖到树上，嚼了个稀巴烂。

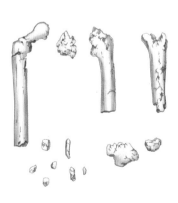

● 图根原人大腿骨。　● 图根原人的化石标本绘制图。　● 图根原人复原图。

● 剑齿虎——躲在密林深处的杀手，有明晃晃的獠牙，会噌噌噌地爬树，还跑得贼快，力气巨大，出手稳准狠，嘴下不留人，当年就靠我们的祖宗和一帮小鹿、小羊养活。

虎嚼过的人，能剩下这些零碎，也算是不错了。

由于没有头骨，考古学家没办法重建图根原人的样貌，只能连蒙带猜，推算图根原人和乍得沙赫人类似，都是和人相比像猩猩，和猩猩相比又像人的那种。

这种不伦不类、似像非像的特征，被考古学家形象地描述为马赛克进化，一般被解释成是一种原始和现代的结合。但事实上，那些看上去很古老的特征，并不真的代表原始和落后，因为我们通常所说的进化，更准确的翻译，是演化。演化是对环境最好的适应，没有既定的方向。那些看上去原始的特征之所以能被保留下来，正是因为这些特征对环境的充分适应。

从牙齿形态来看，图根原人的臼齿方方正正、大小适中，和人的臼齿有几分神似。犬齿则和雌性黑猩猩类似，尖尖的，呈倒三角状，还明显长出其他牙齿一人截。从牙齿构造来看，它们的珐琅质厚度介于以水果、嫩叶为主食的猩猩和食性庞杂的人之间。这说明，它们的食性比猩猩更加广泛，这点在牙齿微观磨损分析中也有相应的证据。考古学家据此推测，除了水果、树叶以外，种子、坚果，甚至肉类已经成了它们饮食的一部分。

当然，因为它们极有可能不会制造工具，更不用说打鱼狩猎了，所以，即便吃肉，最大的可能也是吃点儿别的肉食动物吃剩的腐肉，或者是毛毛虫、蜗牛、屎壳郎、甲壳虫、鸟蛋之类的。

除了牙齿，图根原人的拇指化石，也为科学家一窥它们的来路提供了方便。在所有灵长目动物里面，我们人的五根手指，长度比例是最协调的，拇指相对较长，拇指和其余四指是对生的，因此是最灵巧的。这点就是我们最亲近的兄弟黑猩猩也望尘莫及，它们的拇指不但非常短，和其余四指还离得非常远，看上去就跟手腕上长了个骨刺似的。除了长度比例协调，我们人类还是唯一拥有发育良好的拇长屈肌的灵长类动物。拇长屈肌是控制拇指屈曲的肌肉，由于拇指的功能在整个手部的功能中占据了50%~60%的分量，而需要拇指弯曲的功能，又占拇指功能的20%，因而，没有这块肌肉，意味着完成力度抓握没问题，精度抓握就很成问题了。

力度抓握（力量抓握）和精度抓握（精确抓握）都是抓握，区别在于，需要拇指多大程度的配合。

力度抓握对拇指的要求很低，甚至不需要拇指。毕竟，只要四根手指，就可以很好地握住一根棒子、搬起一块砖。常在树枝上闪转腾挪的黑猩猩，就擅长这一点，所以，虽然它们的拇指小，其余四指却强健有力，天生带钩，保证它们能在树上行动自如。

与之相反，精度抓握虽然不一定要大力，但最重要的，就是灵活的拇指。典型的精度抓握，就是写字、绣花，以

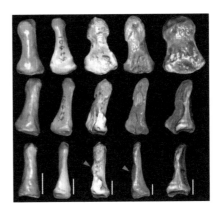

● 从左至右依次为黑猩猩、大猩猩、图根原人、人类以及能人 OH7 的大拇指化石不同侧面扫描图。扫描图显示图根原人指尖宽扁，且和人一样有发育良好的拇长屈肌（箭头所指橙色部分）。

● 工地搬砖要的是力度抓握，拿笔写字要的是精度抓握。

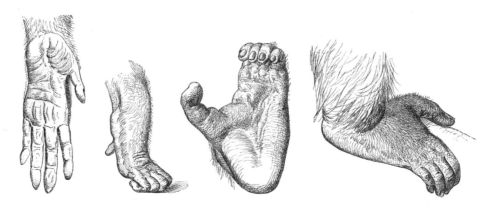

● 黑猩猩的手比例不协调，五个手指捏不拢，除了在林间闪转腾挪，估计也就掰个腕子好使。

及击剑。正是因为拇指足够灵活，今天的我们才可以轻易地完成穿针引线和微雕这样的细致活儿。黑猩猩正是因为不具备充分的精确抓握能力，所以，它们即便能折树枝钓白蚁，能搬起石头砸坚果，整个手部动作看上去也非常的笨拙，更不用说让它们学写大字，单手转笔，拍照时拇指和食指相对比出爱心形状了。

从图根原人这根残存的指骨来看，它们的拇指有明显的拇长屈肌。这说明，600 万年前的图根原人，已经拥有了比黑猩猩更强的精确抓握能力，在朝着我们人的方向前进。

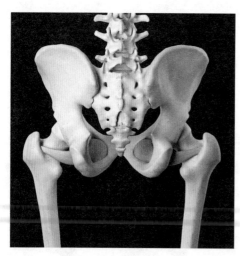

● 闭孔外肌的一头连着髋骨，一头紧紧附着在腿骨上，直立行走的动物，股骨颈都会被压出一道印儿，就是所谓的闭孔外肌沟。

除了手指显示出它们的"人性"，那根让考古学家唾沫四溅的大腿骨 BAR 1002'00，也是让它们跻身人类大家庭的重要凭证。根据考古学家的研究，这根和打狗棒长得差不多的大腿骨，主要有三个地方显示出它们具有直立行走的能力。一是股骨颈上有一道沟，学名叫闭孔外肌沟。有这道沟正是因为长时间的直立行走。直立行走时，闭孔外肌会紧紧贴在骨头上，长此以往，就压出印儿来了。二是股骨颈部比较长。较长的股骨颈部，使得大腿骨与下腿骨之间能形成一定的角度，从而有助于髋部保持稳定。三是股骨颈中的皮质骨分布不对称。皮质骨又叫密质骨，是形成骨骼的两种骨组织之一，质地紧密坚硬，特别能扛压。图根原人的股骨颈，皮质骨下面部分多，上面部分少，这是为适应直立行走而产生的标配。

图根原人这些和人类更加相似的特点，充分说明，即便是生活在树上，它们用得多的，也是以"站"字为核心要旨的"凌波微步"——行走技能，而不是以"爬"字为核心的"梯云纵"——纵跃技能。

尽管拥有很多先进的类人的特征，但图根原人的江湖地位，并不被所有人认可。对于发现它的考古学家来说，怎么看怎么顺眼，又有厚厚的珐琅质，还能直立行走，真是怎么看怎么都像亲祖宗。然而，在那些冷眼旁观的考古学家看来，这些化石并不是分布在一个可以准确测年的地质环境中，彼此离得太远，是否真属于同一种动物需要打个问号。就算勉强放入一种，珐琅质是一个复杂的东西，具有种内和种间多变性，单纯直接将其分为厚和薄，是不科学的。此外，那根腿骨的CT扫描质量根本就不过关，截取的部位也不合理，拍照的角度也怪怪的。更令人不爽的是，一些有助于判断其行走方式的关键信息被发现人攥在手里不发布，所以根本没办法判断它是否能够习惯性地直立行走，别说祖宗了，保不齐就是一个跑错了片场的群演。

虽然这个问题在没有更多的化石证据出现之前，就是个无解的死结。但不管它是不是我们今人的直系老祖宗，其都有自己存在的价值。它们占据了天时地利人和，这个时间，这个地点，除了它们以外，没有其他更靠谱的人类化石被发现。所以，和乍得沙赫人一样，它们的出现，填补了600万年前人类进化的空白。因此也可以说，在没有新的更有说服力的化石出现之前，它们在人类世系的地位，和乍得沙赫人一样，都是比较稳固的。

第三场
地猿：我和图根原人势不两立

历史进入了距今 500 多万年前时，人类进化大戏第一幕也到了第三场。这一幕里，有三个变化：一是换演员，把图根原人换下去，地猿换上来；二是增加主演人数，从一位变成两位——生活在 580 万—520 万年前的卡达巴地猿（*Ardipithecus kadabba*）和生活在 480 万—430 万年前的拉密达地猿（*Ardipithecus ramidus*）；三是换故事场景，故事从绝大部分时间发生在树上，变成了陆树双场景。

两位主演属名相同，都叫"地猿（*Ardipithecus*）"，如果按照人的姓名类比，两位算是同姓。"*Ardipithecus*"这个词由两部分组成，其中"Ardi"是"地面（ground）"的意思；"*pithecus*"是希腊语的拉丁文形式，意思是"猿（ape）"。连起来，就叫"地猿"。在生活中，同姓不一定更亲，但在生物学里，属名相同的，一定比属名不同的要更亲。所以，相比乍得沙赫人和图根原人，这两位地猿，彼此要更加亲近。

再看看两位演员的种名。卡达巴地猿的种名"卡达巴（*kadabba*）"是埃塞俄比亚境内阿法地区的方言，意思是"始祖（progenitor of the ground ape）"。拉密达地猿的种名"拉密达（*ramidus*）"也是阿法方言，意思是"根（root）"。

卡达巴地猿和拉密达地猿

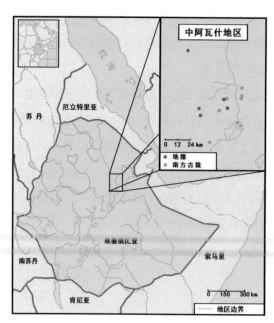

● 非洲东北角，曾是我们人类祖宗的龙兴之地。

都出土于埃塞俄比亚境内的阿法地区。阿法地区（Afar depression）位于东非，靠近红海，是东非大裂谷的东北段，这里是一个不折不扣的"史前造星工厂"。除了本身适合老祖宗们居住，这里还位于非洲板块（努比亚板块和索马里板块）和阿拉伯板块的交界处，一直是火山多发地带，因此有着特别适合测年的优质的连续的地质层。迄今为止，起码有一半以上的早期人类祖宗，都是从这里发迹的，所以，阿法地区又被誉为"人类摇篮"。

▲ 卡达巴地猿：我只是个人类始祖候选人

卡达巴地猿生活在 580 万—520 万年前，和图根原人前后相继。从生物分类学的角度来看，和拉密达地猿同属不同种，算是平级，但从亲情的角度说，卡达巴地猿算是拉密达地猿的长辈。只不过，这个长辈比较低调，和图根原人一样属于不愿意露面的那种。而且，虽然生活时间比拉密达地猿早，出土时间却要比拉密达地猿晚。此外，这个祖宗的人数并不多，化石总量加起来不到 20 块，还全都是些牙齿、手指骨、脚趾骨、锁骨之类的"边角料"碎片。

从出土情况来看，卡达巴地猿生活的环境和乍得沙赫人及图根原人并没有太大的差别，都是开阔的林地，中间夹着河流、湖泊和草地。从发现的趾骨判断，它们也可以直立行走，但鉴于跟乍得沙赫人以及图根原人的关系尚不清楚，它们是自己学会走路的，还是从前人那里继承下来的，尚不可知。

卡达巴地猿最出名的地方在于它们的牙齿，与后来的拉密达地猿及南方古猿相比，卡达巴地猿的牙齿带有很多祖先遗留下来的原始特征。它们的上犬齿在上边那排牙中显得十分突出，也比后来的拉密达地猿和南方

● 卡达巴地猿的化石标本绘制图。

古猿大，看起来和今天的雌性黑猩猩有几分相似，这说明卡达巴地猿比后两者更加原始，在人类进化链条上位于更加早期的位置。再比如，它们的门牙比黑猩猩的门牙小，但后牙比黑猩猩及后来的拉密达地猿宽大，这说明它们食性较杂，食谱中含有大量坚硬粗糙的食物，不挑食，代表它们有着更强的适应能力。

在保留祖宗留下来的原始特征的同时，卡达巴地猿的牙齿也呈现出向人的方向进化的趋势。从犬齿形状来看，上犬齿相对比较对称，也远不如黑猩猩的犬齿那么尖利，虽然尺寸依然较大，但犬齿和磨牙相互打磨的功能已经失去。从牙齿结构来看，其珐琅质厚度位于黑猩猩与人之间，说明它们比黑猩猩更能适应粗糙坚硬的食物，这无疑是一种更加先进的配置，也显示其正朝着人的方向进化。

由于卡达巴地猿非常低调，化石十分有限，科学家并没有发现太多关于它的英雄事迹。而且，由于发现的地方太分散，15千米之遥，且牙齿和其他骨骼碎片的年限又相差了40万年之久，因此关于它的江湖地位，也一直是众说纷纭，莫衷一是。

对于发现它的考古学家而言，无论是犬齿的大小，还是形状方面的变化，以及那个脚趾骨，都与黑猩猩和大猩猩显著不同，并且显示出和后来的人类祖先具有共同之处，而它们生存的时间又接近分子生物学所说的人与黑猩猩相揖别的时间，因此，它们也有可能代表人猿共祖。但在反对派看来，每一条证据似乎也都可以从相反的方向去解释，因此，尽管被放入了人类大家庭，但具体处于什么地位，还无法完全确定。

另外，由于两种地猿彼此关系亲近，和图根原人却有着较大的区别，尤其是卡达巴地猿，和图根原人生活时间前后相继，却看不出太多一脉相承的痕迹，因此，赞成卡达巴地猿为人类始祖的考古学家否认图根原人具有人性，而赞成图根原人为我们祖宗的，觉得卡达巴地猿不过是一个中新世的大猿。二者势不两立，但凭眼前的证据，任何一方又无法以压倒性的优势排除另一方在人类大家庭中的位置，因此，只能都被放入人类大家庭，成为祖宗的候选人。

▲ 拉密达地猿：如假包换的"史前一姐"

与卡达巴地猿的低调形成鲜明对比的，是它分类法上的兄弟，实际上的晚辈拉密达地猿。其形象代言猿，是 1994 年出土的"阿迪（Ardi）"小姐，考古学家眼里的"史前一姐"。

截止到目前，早于 100 万年前的祖宗里，绝大部分都只剩满天星似的牙齿或者嵌着几颗牙齿的下颌，只有 7 副较为完整的化石，看上去勉强有个人样。这 7 副骨架子，分别是：1974 年唐纳德·约翰逊（Donald Johanson）发现的 320 万年前的南方古猿露西（Lucy）；1984 年理查德·利基手下战将卡莫亚·基穆（Kamoya Kimeu）发现的 160 万年前的直立人（*Homo erectus*）图尔卡纳少年（Turkana Boy）；2000 年埃塞俄比亚人类考古学家泽拉塞奈·阿莱姆塞吉德（Zeresenay Alemseged）发现的 330 万年前的南方古猿塞勒姆（Selam）；2005 年另一个著名的埃塞俄比亚人类考古学家约翰内斯·海尔－塞拉西（Yohannes Haile-Selassie）发现的 358 万年前的阿法南猿，露西的祖爷爷"大人物"（Kadanuumuu）；2008 年李·伯格（Lee Berger）发现的 197 万年前的源泉南猿（*Australopithecus sediba*）；2017 年底罗纳德·J. 克拉克（Ronald J. Clarke）拼装完整的小脚（Little

● 拉密达地猿复原图（右上角为其头骨化石），端肩缩脖，长胳膊短腿，大脚趾往外拐，树上如履平地，平地可以直立。

foot）；1994 年出土的阿迪小姐。

考虑到比阿迪小姐早的古人里，乍得沙赫人只有一个被风沙侵蚀得厉害的脑袋，图根原人只剩一截长得像打狗棒的大腿骨，卡达巴地猿只剩牙齿和手脚的"边角料"，拥有 70% 骨架子的阿迪贵为一姐，也称得上是众望所归。

不过，虽然贵为"史前一姐"，但从外表来看，阿迪小姐长得并不好看，端肩缩脖，双臂过膝，盆骨又宽又扁，脊柱又长又弯，没有足弓，大脚趾也像黑猩猩的一样，大大咧咧地歪向一边。一眼看上去，就好像是把黑猩猩的四肢和脑袋移植到了人的躯干上一样。

这个长相虽然不伦不类，却非常有助于它的行动。长长的手臂，可以让它在树上灵巧地闪转腾挪；宽扁的盆骨和长而弯曲的脊柱则是为直立行走而生的装置，前者有助于降低身体的重心，后者则是一种灵活防震的类似于车辆悬挂那样的结构。

但凡事有利就有弊，阿迪毕竟是个 440 万年前的祖宗，所以，它有着一双小短腿和平脚板，没办法做到像我们今人一样健步如飞。但即便如此，它也比黑猩猩更加像人，所以，它的经纪人，著名的考古学家、加州大学的教授蒂姆·怀特（Tim White）先生，把它放入了人类的大家庭。

作为"史前一姐"，阿迪小姐的价值不仅表现在骨架较为完整，还表现在它为考古学家提供了关于 440 万年前的气候和环境信息。从和它一同出土的 15 万个动植物标本来看，它和它的小伙伴们生活在由朴树、棕榈树和无花果树组成的开阔林地里，环境非常优越。因此，当它们在树上爬上爬下的时候，不远处，几只猴子正伸长了胳膊，在树枝之间腾挪跳跃；林间空地上，欢快的羚羊在不时地奔跑，骄傲的孔雀缓缓踱步；天空中，不时有鸽子快速地掠过；枝头上，还有几只鹦鹉在叽叽喳喳……这些动物，千姿百态，各不相同，但有一点共同之处，就是它们喜欢有山有水有树的环境，不喜欢一望无涯的稀树大草原。

这种马赛克一样的环境，有利于促使祖宗们发展出在树上和陆地上活动以及猎食的技能，因为在开阔的林地里，光会撒丫子跑步不行，只会哧溜溜地爬树也不行，必须二者齐备，才能有饭吃，遇到危险才能保命。生活在其中的阿迪，就发展出了与这种马赛克环境相适应的马赛克技能。比如，和生活在密林里的黑猩猩以及生活在稀树草原上的南方古猿相比，它不但门牙和犬齿大小以及珐琅质厚度位于两者之间，牙齿中残留的 C4 植物的痕迹也居于两者之间。

C4 植物主要和 C3 植物对应，二者的区别在于光合作用的机制不同，前者主要生长在干旱半干旱地区，后者生活在相对湿润的地区。南方人爱吃的大米，是 C3 植物的代表，而狗熊爱掰的玉米棒子，则是 C4 植物的典型代表。

黑猩猩生活在热带雨林里，绝大部分食物都是水果和嫩叶，所以牙齿同位素中几乎没有 C4 植物的痕迹。而 300 多万年前的南方古猿，因为生活环境干旱开阔，在地上的活动时间多，吃土多，所以牙齿中 C4 植物的含量很高，其中尤其是羚羊河南猿和傍人，最高可达 80%，堪称"人肉割草机"。

拉密达地猿的牙齿 C4 同位素残留为 10%～25%，正好位于黑猩猩和南方古猿之间。这说明比起专吃水果、嫩叶的黑猩猩，阿迪小姐的食物来源要更加广泛，另一方面，也暗示它所生活的环境不像后来的南方古猿那么艰难。南方古猿的生活环境更加多元，所以分化出了更多的种群，其中的一支，便是我们今人的直系祖先。

和本书绝大多数祖宗一样，阿迪的直系祖先是谁，以及它又是谁的直系祖先还无法确定，不过略微尴尬的是，尽管它骨架近乎完整，却并不完美，身上带有很多所谓的"原始"特征，这些特征，虽然是那个时代在它身上留下的烙印，不过却也让它的地位有些摇摇欲坠，尤其是和离它最近的前辈图根原人相比。所以关于二者在人类大庭当中应该处于何种辈分，考古学家们也是议论纷纷，它们的经纪人更是打得火花乱溅，拿着显微镜找对方的茬。鉴于人类的演化本身呈现出的马赛克特征，两者又都多少具有一些和今人相似的特征，凭借手头的那点儿化石，的确很难辨认出谁才是最正牌的祖宗。但不管怎样，比之黑猩猩而言，它俩都和我们今人要更加亲近，所以放入人类大家庭是没有太大问题的。退一万步讲，就算它们不是我们的直系祖宗，但它们都填补了 440 万年前的人类化石空白，其近乎完整的化石骨架，也为考古学家提供了一个绝佳的研究祖宗的参照，是比今天的黑猩猩更好也更加合理的参照对象。

小 结
祖宗们的庐山真面目

到此为止，人类进化大戏第一幕——《直立行走》就落下帷幕了。

乍得沙赫人、图根原人、地猿这几位祖宗虽然都有着直立行走的宝贵技能，以及牙口整齐的良好长相，但这并不代表我们对整个人类进化的历程已一清二楚。

毕竟，人类的进化史太漫长，有好几百万年。老祖宗究竟长什么模样，谁也不知道。何况，有几位祖宗又太过低调，露脸的"犹抱琵琶半遮面"，露腿的只有一截，加大了辨别它们身份的难度。因此，截止到今天，这几位祖宗的江湖地位如何，应该怎么排序，是我们的直接祖宗，还是旁系祖宗，是我们亲祖爷爷，还是七舅姥爷的三外甥的前一个老岳父，依然是个巨大的问题。

尽管对它们的关系认识不清，但它们的出现，还是有着巨大意义的。

首先，毋庸置疑的是，几位祖宗的出现，填补了人类历史的空白。

700万年前的地球，猿满为患。700万年后的今天，人满为患。700万—500万年前，也就是这几位祖宗生活的年限里，人和最近的亲戚黑猩猩分道扬镳。然而这么重要的时刻，偏偏就颗粒无收，找不出一颗化石。没人知道发生了什么，是怎么分开的，分开后各自又都干了些什么，直到有了它们。虽然它们的化石加在一起也不过一个鞋盒子的量，但有总比没有强。起码，它们给我们打开了一扇窗口，可以帮助我们了解这一时期我们的老祖宗，大概长什么样，住什么房，吃什么饭，让我们得以一窥来路。因此，单就所处的时间来看，不管它们是我们的直系祖宗，还是我们的旁系祖宗，它们都对认识人类演化路径有巨大的参考价值。

它们的第二个价值，在于证明了科学家们先前对我们祖宗的长相的认知是错误的——我们的祖宗，长得并不像今天的黑猩猩那个样。

1863年，达尔文的同事赫胥黎先生在他的大作《人类在自然界中地位的证

● 霸气的银背大猩猩，曾经也是我们祖宗的亲密兄弟。

据》（*Evidence as to Man's Place in Nature*）中说，从解剖学角度看，人类与大猩猩和黑猩猩非常相似。这一论断很快就被后来那些研究人类进化的科学家奉为圭臬。很多人不但同意大猩猩和黑猩猩是我们的近亲，而且还进一步推论出，人是大猩猩和黑猩猩演化的高级阶段，大猩猩和黑猩猩是向人进化过程中的过渡阶段。到了 20 世纪 60 年代，分子生物学开始崭露头角，生物学家根据分子钟倒推出人和大猩猩最晚在 800 万年前就分道扬镳，而和黑猩猩的"相揖别"发生在大约 700 万—600 万年前。于是，大猩猩被排除在外。而那些拥有长长手臂，能够靠树枝摆动，而且在地面上能够弯曲手指，用指背行走（knuckle-walking）的黑猩猩，被公认是我们人类老祖宗的活标本。

在这样的前提下，研究人的进化历程，最好不过的参照物自然就是将来的人，即今天的黑猩猩了。但阿迪小姐的出现，让考古学家发现，原来，处在人猿分离关键阶段的老祖宗，真的不是现代黑猩猩那个模样，而是似人非人，似猿非猿。从前什么都和黑猩猩进行对比的方法论是错的，那种认为黑猩猩长什么样祖宗就长什么样的想法，就像认为二大爷他孙子长什么样自己的爷爷就长什么样的想法一样荒唐。

由此，这也显示出了几位祖宗的第三个价值——为我们的近亲洗清了冤屈，证明了在人类进化的同时，它们也没有偷懒，也在努力地进化着。

考古学家们曾经认为，人和黑猩猩之所以有着云泥之别，在于很久很久以前，当沧海变成桑田，森林变成草原，东非大裂谷拔地而起的时候，不幸分到大裂谷东边的我们人的祖宗，没有放弃生存的希望，而是在贫瘠的稀树草原上艰难地迈开双腿，默默地练习"凌波微步"。它们年复一年、代复一代地努力，终于站了起来，从而解放了双手，学会了制造工具，站在了食物链的顶端。而在大裂谷西边的一小撮猿类祖宗，则不思进取，小富即安。所以，它们从前会爬，现在还是只会爬。

直到上面这几位祖宗相继出土，科学家们才发现，我们人和黑猩猩的共同祖先，原本都会"梯云纵"和"凌波微步"的功夫。后来，大家都想要把工匠精神发挥到极致，所以一部分祖宗使劲钻研"凌波微步"，另一部分则使劲练习"梯云纵"。渐渐地，练习"凌波微步"的，变成了人类；练习"梯云纵"的，则成了黑猩猩。所以，人猿殊途，不是因为一个积极向上、一个不思进取造成的。相反，是因为面对乌卡时代，采取的路线不同，才导致了不同的演化结果。

因此，黑猩猩虽然不会办奥运会，但要比试在林间腾挪翻转、自由体操、平衡木，随便一只拎出来都是奥运冠军的水平。黑猩猩虽然不会种地，但随便拎一只出来，不用工具，都是摘香蕉、摘苹果的好手。黑猩猩虽然不会做算术题，但实验证明，随便拎一只出来，比试认知反应速度，都甩一个 PhD（博士学位）好几条街。

闻道有先后，术业有专攻。说到底，人的进化和兄弟黑猩猩的进化并没有本质不同。大家都曾是猩猩，都在努力地适应环境，只是方向不同罢了。

PART 2

第一次成功的软着陆

　　每个时代都有每个时代要解决的问题。

　　440 万年以前的古人们，要解决的问题是如何在一个开阔的林地里，最大限度地利用周围的资源。因此，它们在"梯云纵"的基础上，发明了"凌波微步"，站了起来。

　　400 万年前，地球的气候在进一步向干冷的方向转换的同时，振荡频率也不断加强。其中有两次特别明显的大幅降温，一次是 380 万—370 万年前，第二次则是 200 万—150 万年前。第一次降温让 C4 作物，也就是耐旱的作物开始大量出现，封闭的林地变成了开阔的林地；第二次降温则彻底改变了地貌，开阔林地变成了稀树草原。

　　面临越来越稀少的林地和越来越普遍的草地，这一阶段的古人亟须解决的

●在这样的稀树草原上，会爬树就好像在无人驾驶时代会开车一样，属于一项可有可无的技能。

问题便成了如何在开阔的平地上站稳脚跟。地上的生活显然和树上不同，机会更多，危险也更多，光会直立行走，是没办法把这一幕演好的。所以，为了站稳脚跟，这一幕的主演们开发了新的本领——吃。因而，人类进化大戏第二幕的主题，就成了《一次成功的软着陆之饮食男女》。

和第一幕大戏那种"门庭冷落鞍马稀"的状况不同，这幕戏里，主角云集，剧情复杂，让人眼花缭乱。而且，尽管生活在几百万年前，演员们却长得十分相像，考古学家们使出所有的技术手段，才勉强把它们分成了两类：南方古猿（Australopithecus）家族和傍人（Paranthropus）家族。

一般认为，南方古猿是我们智人的直系老祖宗，傍人是二大爷。二者本来算是比较近的亲戚，会的都差不多，但是，就如何在平地上站稳脚跟的问题上，二者还是采取了截然不同的路线。

南方古猿注重多元化发展，讲究综合素质，所以，在一段时间内，专业技术不如后者厉害，没什么厉害的技能。但好在它们所有的业务都没有荒废，环

四百万年前至今的人类世系

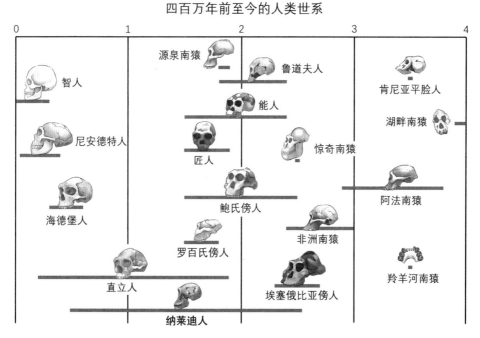

● 400万年前开始出现的祖宗们，比人更像猿，比猿更像人。谁是谁的爹，谁又是谁的儿，它们的科学家后代们至今也没完全搞懂。

境一旦变化，要转型也相对容易。所以，经过几十万年的钻研，它们学会了"开外挂"——制造工具，使用火。

傍人从一开始就非常专注，十分注重专业技术的发展，主要是在吃上非常下功夫。所以，经过几十万年的钻研，逐渐发展出了一套可以把桌子都粉碎掉的咀嚼装置。

这种专业技术的发展，无疑是非常有好处的。所以在很长一段时间里，它们能够繁荣昌盛，独领风骚。但生活不仅仅是吃，吃也不是生活的全部。因此，当环境变化时，光吃就有点儿跟不上形势了。于是，沧海桑田之后，那个综合素质好的，占据了上风，成为当之无愧的主角。那个专业技术强的，慢慢沦为龙套，最后消失在茫茫历史的阴影之中。

它们的不同命运，充分说明，在历史这条无边无际、波澜壮阔、充满激流险滩的长河之中，任何只走专业化的道路，都不是长久之计。在风平浪静、天空海阔的时候，扯一张帆，就可轻松向前，但更多的时候，历史是一条充满旋涡、暗礁、险滩、急弯的河，光靠一张帆，显然是要葬身鱼腹的。要平安到达终点，最完美的办法，是拓宽自己的视野，不要只配备一种技能。否则，当潮流转变，当初保证自己占尽优势的技术壁垒，可能反而会成为妨碍自己迎接新挑战的枷锁。

第一场
湖畔南猿：是我奠定了《饮食男女》的基调

南方古猿最早发现的标本出土于非洲最南端的南非。它们的生活年代，大概是 420 万—190 万年前。作为人类历史上最庞大的一个家族，下面有很多同属不同种的成员，包括以露西小姐为代表的南方古猿阿法种，还有南猿湖畔种、南猿普罗米修斯种、南猿非洲种、南猿惊奇种、南猿源泉种等等。从生物学分类角度来说，它们算是兄弟部门、平行单位，但从辈分来说，考古学家们认为，它们有的是爸爸，有的是儿子，有的是爷爷，有的是孙子，有的是隔壁老王，有的，不过是七舅姥爷的三外甥。

由于它们生活在几百万年前，长得又似像非像，所以，究竟谁才是我们的直系祖宗，依然没有定论。但从目前发现的化石来看，湖畔南猿是南猿大家庭里最早的一种。它们生活在 420 万—380 万年前，比"史前一姐"阿迪女士大约晚 20 万年。

第一个湖畔南猿的化石，发现于 1965 年。当时，哈佛大学的考古学家布莱恩·帕特森（Bryan Patterson）和他的同事在肯尼亚的图尔卡纳湖西岸的卡纳博（Kanapoi）发现了一根大约 450 万—400 万年前的肱骨。苦于没有其他更多的化石参考，这根骨头一直形单影只，遗世独立。

30 年后，米芙·利基（Meave Leakey）带领团队来到了同一地点，

● 湖畔南猿复原图。庞大的南方古猿家族的开启者，必须得有家长的威严——当时最大的脑容量、最大的牙齿、最明显的雌雄二型性。

找到了更多的化石，包括一块带着几颗牙齿的上颌骨、下颌骨以及一截胫骨。这些化石与当时发现的为数甚多且年代相近的阿法南猿相比，有很大不同，但从那块带牙的下巴，又能看出些许"人性"。于是，米芙为它们分立了门户，叫湖畔南猿（*Australopithecus anamensis*），种名"anamensis"是图尔卡纳当地方言"anam"的拉丁语，意思是"湖泊（lake）"。

继米芙·利基的发现之后不久，考古学家又在图尔卡纳附近的阿利亚湾（Allia Bay）发现了更多的化石。接着，2006 年，发现阿迪的考古学家蒂姆·怀特团队又在埃塞俄比亚的中阿瓦什地区（Middle Awash）的阿萨·艾瑟尔（Asa Issie）发现了湖畔南猿的化石。

2016 年，还是在埃塞俄比亚的中阿瓦什地区，一个名叫沃朗索 – 米勒（Woranso–Mille）的地点，发现卡达巴地猿（阿法南猿）和近亲南猿的著名考古学家约翰内斯·海尔 – 塞拉西，发现了湖畔南猿迄今为止唯一的完整头骨，该头骨被命名为 MRD。

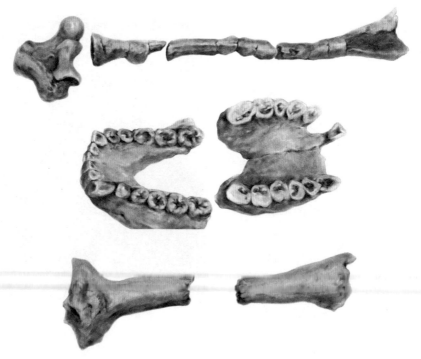

● 湖畔南猿化石标本绘制图。巨大的槽牙说明是资深吃货，小腿上端的凹陷代表承重较多。

这个完整的头颅属于一位生活在 380 万年前的湖畔南猿，它的牙齿发育成熟且在死前已经磨损得很厉害，这既说明它吃过的草比很多年轻南猿吃过的水果都多，也说明，它已经不年轻了，就算不是一位大爷，也是一位大叔。

虽然本身属于人类进化大戏第二幕《饮食男女》的演员，但因为出生时间较早，所以大叔身上还残留了很多与第一幕的演员有一拼的原始特征。最明显的一点，就是脑容量小。同时代的阿法南猿脑容量已经达到了 485 毫升，大叔才

为什么我的鞋拔子毛公脸满是忧郁？因为脱单太不易。

● 湖畔南猿 MRD 中年大叔。

365 ~ 370 毫升，明显和比它早 300 多万年的乍得沙赫人（320 ~ 380 毫升），以及早 60 万年的拉密达地猿（300 ~ 350 毫升）在一个档次。其次是脸型不够时尚，长着一张长长的鞋拔子脸，从侧面看，整个脸型的弧度，简直与乍得沙赫人和地猿无限接近，和阿法南猿圆鼓鼓的包子脸完全不同。

除了脑容量小和脸型古朴以外，它的牙齿也非常原始。不但保留有较为原始的上犬齿 – 第一前臼齿磨牙复合结构，而且长着一颗人类家族中最大的犬齿。据此不难想象，雄性湖畔南猿要脱个单、结个婚，压力是非常大的，虽然不需要给丈母娘送彩礼，但自己少不了会挂个彩。脱单难这点从它们明显的二型性也可以得到佐证：现代人类和黑猩猩的二型性表现为雄性的块头一般比雌性大 15%；大猩猩的二型性表现为雄性比雌性高 50%，重 50%；红毛猩猩的二型性表现为雄性的块头是两个雌性那么大；而湖畔南猿，二型性介于大猩猩和红毛猩猩之间，雄性的身高体重为雌性的 1.7 倍。

二型性明显，犬齿巨大，都是和我们今人迥然不同的地方，说明它们身上还具有相当突出的"兽性"。看来，不知怎的，它们的生活，不如地猿祖宗那

般如意。走温润君子路线的雄性，估计是很难讨到老婆当上爹的。

不过，尽管有很多落后的特征，但和前面的老祖宗们比起来，湖畔南猿身上还是有很多鲜明的新时代特色的，这主要表现在，它们是一群真正的吃货，在吃上非常下功夫。

首先，它们对食物非常执着。尽管它们出土的四个地方相隔千里，具体环境也有不同——卡纳博相对开阔而干旱，阿利亚湾和沃朗索-米勒靠近水源，阿萨·艾瑟尔是较为封闭的林地，但从牙齿的形态和微观磨损情况来看，它们对吃的东西相当讲究而执着，对食物的偏好丝毫不受时间和地点的影响。

其次，它们不挑食。这很容易理解，正宗的吃货没有挑食的，挑食的那是美食家。因此，老祖宗传下来的光荣食谱，水果、花朵、嫩叶、鸟蛋、毛毛虫之类的，湖畔南猿毫无保留地继承，老祖宗们嚼不动看不见的坚硬粗糙的食物，比如坚果、树皮，或者埋在地下的植物根茎之类的，它们也进行了大胆的尝试。它们的吃货本色，清楚明白地写在了它们的牙齿同位素和微观磨损情况上，直到它们都石化了，也没抹去，所以它们的牙齿，比起老祖宗来说，既非常粗壮，珐琅质也非常厚。

有考古学家认为，湖畔南猿牙齿粗壮、珐琅质厚的特点，除了说明其饮食结构与前辈不同以外，还是其老在地下活动，吃土比较多的有力证明。

这点可以从它们的小腿骨得到佐证。它们的小腿骨底端，也就是连接脚踝的地方，非常宽厚。这是一种有利于吸收冲击力的结构。小腿骨顶端，也就是连接膝盖的地方，还有明显的凹陷。四足行走的动物在行走的时候，任何一只腿都不用承受全部的身体重量，所以很难压出这么明显的凹陷，而两足动物在行走的时候，总有一条腿在一半的时间里要承受全部的身体重量，很容易就被压凹陷。如果只是偶尔直起身子走两步，完全没必要生得这么高级。因为自然之母是非常节约的，绝不会无端给某个生物不必要的高配。

综上，考古学家们推测，湖畔南猿在地上活动的时间，要多于乍得沙赫人、图根原人和地猿。它们极有可能是一种习惯于直立行走的生物。

显然，不管是不挑食，还是吃土多，都说明了它们的进化——前者，说明它们扩展了食性，懂得利用从前不会利用的资源；后者，说明它们扩展了范围，懂得利用从前不会利用的空间。不管哪种，都说明它们在积极地适应环境，无意之中，都在朝我们今天走来。

事实上，它们对人类的演化，的确有着承前启后的贡献。这个贡献就是，它们在短短 20 万年的时间里，开启了南方古猿巨型齿演化的道路。

所谓的巨型齿，主要是针对臼齿，也就是磨牙来说的。判断是否是巨型齿，主要有几个衡量标准，一是看臼齿与门齿及犬齿的相对大小，二是臼齿与身体重量 / 体型的比较。

在人类演化过程中，尤其是早期人类还没有学会使用外力（包括火、石器）来加工处理食物的时候，牙齿就是它们处理食物的第一道程序，因此，牙齿的形态、大小、珐琅质的厚度以及牙齿的磨损方式，能够反映早期人类的生活方式。从乍得沙赫人、图根原人及地猿的化石来看，牙齿的演化趋势是犬齿在缩小，但臼齿也并没有十分大，比例还算协调。但从湖畔南猿开始，除了犬齿和门齿继续缩小，珐琅质继续增厚以外，臼齿和前臼齿——每边后面五颗磨牙，却越变越大。

犬齿缩小，表明它们的社会风气开始发生转变，犬齿不再是衡量武力值的标准，至少都不是重要的衡量武力值的标准。门齿的缩小、臼齿的变大，以及珐琅质的增厚，则说明老祖宗们开始在吃上想招了。

湖畔南猿开启的这种巨型齿演化趋势，从 400 万年前开始，一直影响着后来的子孙晚辈们，直到大约 200 万年前，人属动物出现——确切地说，是直到工具制造出现，才被扭转。而正是得益于它们开启的巨型齿演化趋势，才让这 200 万年间的人类祖宗们能够适应不断变化的环境，拓宽食物的来源，从而提高存活的概率。

第二场
阿法南猿：史前第一名门望族

阿法南猿绝对是史上知名度最高的老祖宗，种名"afarensis"是埃塞俄比亚的阿法地区的拉丁语。它们生活在 390 万—290 万年前，在地球上活跃了 100 万年，是我们今天智人的 3 倍；生活范围比起前人也广泛了很多，在今天的东非，坦桑尼亚、肯尼亚和埃塞俄比亚，还有西边的乍得等地区，都出现过它们活跃的身影。迄今为止，已经有 300 多个成员来到了人间。

由于时间跨度长，所以阿法南猿的生活环境并不完全一样，有时候和古人并没什么明显的区别，都是马赛克一样的环境，有林地，有草原，有水源，有时候则更加干旱开阔。从身高体重来看，它们是个性非常突出的一群祖宗，高矮胖瘦各不相同。雌性身高仅为 105 厘米，而雄性身高可达 150 厘米；雌性体重不到 30 千克，而雄性体重可达 68 千克。从脑容量看，目前发现的阿法南猿里，最高的有 530 毫升，低的有 380 毫升，平均大约 485 毫升，也就人类脑容量 1/3 的样子。虽然和我们今人比起来不怎么聪明的样子，但比起和它们差不多同时代的湖畔南猿，以及早前的几位祖宗来说，它们已经有了非常大的进步。

阿法南猿的雌雄二型性十分明显，雄性头上都长着矢状脊（sagittal crest）。现在的灵长目动物中，有矢状脊的是大猩猩，就是好莱坞电影《金刚》的主角原型。矢状脊主要有两个功能：一是锚定咬肌，增强牙齿的咬合力。生活在 230 万—100 万年前的三种史前吃货——粗壮南猿（傍人）就都长着矢状脊。二是展示雄性风采。对大猩猩的研究表明，雌性大猩猩非常容易与长有巨大矢状脊的雄性大猩猩坠入爱河。阿法南猿不但有矢状脊，而且脸盘子又大又圆，犬齿也非常巨大，这充分说明它们都是饮食男女。

虽然依然缩脖腆肚，浑身披毛，看上去更像一只黑猩猩而不是人，但生活在 300 万年前，比起那些 400 万年、500 万年、600 万年前的祖宗，阿法南猿显然又有更加人性的一面。它们拥有像人一样的骨盆；大脚趾和其余四个脚趾头能够团结一致，齐头并进；能够正儿八经地直立行走；大多数时间生活在地面上。而且，最重要的是，它们已经会使用工具来处理肉类了。

2010 年，考古学家在埃塞俄比亚的迪基卡（Dikika）发现了 339 万年前的动物骨骼。这些骨骼上有被敲击和刮擦的痕迹。刮擦痕迹是祖

●阿法南猿一家三口生活想象图，男的威猛，女的娇小，虽然都是五短身材，但毕竟可以稳稳地站起来了。

宗们刮肉丝的惯用手法，被敲击的痕迹是祖宗们敲骨髓的惯用手法。虽然这期间并不止阿法南猿一种古人生活，但考虑到这期间阿法南猿人多势众，纵横大半个非洲大陆，考古学家们认为，这事不是别人，正是阿法南猿干的。

在这一发现之前，考古学家们确定的最早的吃肉的证据，来自 250 万年前。

不过，会处理肉类，并不代表它们会捕猎，这一阶段的老祖宗，鉴于智商水平有限，不大可能自己搞新鲜肉吃，它们扮演的是清道夫一类的角色。这一时期非洲大地上生活着大量的肉食动物，它们一方面是我们祖宗的巨大威胁，另一方面，也给我们祖宗带来了很多吃肉的机会。因为这些长着尖牙利爪的猛兽，无论多饥饿，都没办法把美食席卷一空，尤其是最有营养的骨髓和脑髓，绝大部分猛兽是完全没办法吃到的。这些高脂肪高蛋白营养丰富的大肉，虽然沾着口水，但也不妨碍被祖宗们拿来当成舌尖上的零食……

阿法南猿化石较多，不过化石越多，带来的问题也越多，由于观察的角度不同，比较的对象不同，使用的范式不同，所以，考古学家们争论的地方也特别多。关于它们，考古学家们争论得最激烈的问题有三个。

一是二型性的问题。

阿法南猿的二型性非常明显，雄性比雌性块头大起码 50%，远远大于我们今人。这本来没什么，湖畔南猿雄性比雌性大更多，其他的很多灵长目动物二型性也很明显，包括我们的近亲黑猩猩，但怪就怪在，其他动物，包括湖畔南

猿，身高体重二型性明显的同时，犬齿形态也同样明显。唯独阿法南猿，在身高体重方面的雌雄二型性非常明显，犬齿的雌雄差别却又非常小。它们究竟过的是什么样的社会生活？婚姻和家庭幸福吗？结婚前还要不要打一架？如果不要，为什么阿法南猿的雄性长得如此壮实？如果要，阿法南猿的雄性为什么又长着那么文静的犬齿？

二是它们的长相问题。

为什么一个纵跨了将近 100 万年时间的人种，经历那么多次的气候变化，居然能够保持尖嘴猴腮浑身披毛的容颜不改？岁月为什么没有在它们身上留下丝毫痕迹？它们的牙齿，为什么过了 100 万年都没有变化？难道这 100 万年的气候变化，完全没有影响到它们的食物吗？它们的骨骼，为什么过了 100 万年还那么一如既往的硬朗——既没有完全放弃树上的生活，也没有进化出能够跑马拉松的结构？

三是它们究竟吃什么的问题。

为什么它们明明有着巨大的坚固的适合吃糙食的牙齿，却偏偏爱吃多糖的水果？甜的东西大家都喜欢，这没错，可是，300 多万年前的它们，能获取到的绝大部分的甜食，除了软熟的水果，还是软熟的水果。所以，问题变成了，吃个水果而已，需要搞那么坚固巨大的牙齿吗？生物的进化，一向是节能减排、杜绝浪费的，为什么在它们的牙齿上会有这种高射炮打蚊子的配置？

诸如此类的问题，还有很多。

不过，问题再多，也是考古学家的事，对于 300 多万年前的阿法南猿来说，它们没有这个烦恼。"江山代有才人出，各领风骚上万年"。作为史前第一世家大族，阿法南猿是那个时代的骄子，整个家族，出了很多名人。这些名人，个个出类拔萃，从不同的角度为考古学家们认识它们的家族，以及把它们的家族扶上人类太祖之位做出了巨大的贡献。

▲ 露西小姐：史上第一个交通事故罹难者

露西小姐这位阿法南猿家族的首席代言猿，是"史上第一个交通事故罹难者"。这一封号，来自《自然》杂志 2016 年的"官宣"。

露西小姐来自埃塞俄比亚的哈达尔（Hadar）地区，离发现湖畔南猿的阿拉米斯（Aramis）不过 72 千米。它出土的当晚，考古学家唐纳德·约翰逊先生为它举行了一个人尽皆知的粉丝见面会。会上，约翰逊先生播放了披头士的"*Lucy in the Sky with Diamonds*"。

"钻石的天空，双眸好似万花筒……"歌词毫不掩饰地表达歌手发自肺腑的爱。大概这让在荒郊野外风餐露宿已久的唐纳德先生心有戚戚焉，于是他慷慨地把披头士的空中露西封给了这个来自 318 万年前的地下露西。

虽然名字好听，但从复原模型来看，露西小姐的长相并不像名字那么小清新。20 来岁的人了，身高不过 1.1 米——4 岁孩子的身高，体重却高达 29 千克——两个 4 岁孩子的重量。不过，史前女明星都有严重的体重超标问题。前面所说的"史前一姐"阿迪小姐，身高和 6 岁孩子差不多，体重却和两个 8 岁孩子加起来相仿，比露西还要夸张。

史前人类都肩宽背阔，几乎没有脖子，看上去缩头缩脑，完全与"挺拔"二字不沾边。这不怪它们仪态不行，不懂得爱美，而是生活所迫。那时候的祖宗，生活在荒郊野外，本身在食物链上的位置还不怎么高，因此，吃饱吃好需要爬树，躲避危险也需要爬树——爬树不是跳舞，肩膀瘦削脖子修长的身体素质肯定适应不了。

此外，它们还和黑猩猩一样，

● 阿法南猿露西和卢锡安复原图。300 多年前，在非洲大地上叱咤风云的阿法南猿家族首席代言猿。

长着一个将军肚，站起来的时候，肚子总是鼓鼓的，发了福似的，使劲儿吸气收腹也收不住。这些因素加起来，就把露西小姐变成了一个有着 4 岁女孩身高和 9 岁女孩体重的小胖墩。

不过，虽然是个小墩子，但露西是属于耐看的那种类型。

首先，它的"身材"非常傲人，拥有 40% 的骨架子。虽然和 1994 年出道的"史前一姐"阿迪那 70% 的骨架子相比有点儿寒碜，但别忘了，露西小姐的出土时间是在 1974 年，那时候的"一姐"，还在十八层地下埋着呢。所以，别小看这 40% 的骨架子。正是因为这把老骨头，才让考古学家们知道了，300 万年前的祖宗长什么样，以及祖宗们是怎么一步步走到今天的。

其次，露西小姐的身材比例非常好。拿胳膊大腿的长度比例来说，红毛猩猩为 105%，黑猩猩为 98%，而露西小姐的胳膊大腿比例，达到了惊人的 85%。虽然比我们现代人的 72% 差点儿意思，但作为 300 万—400 万年前的古人，这已经是长得非常先进了。这个比例，好看是次要的，主要是可以说明，它走路自如，不必像架了拐的人一样行动艰难。

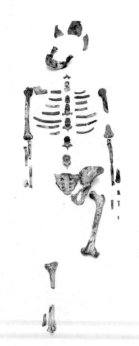

● 露西小姐的化石骨骼。虽然残缺不全，但宽扁盆骨、X 形长腿表明，阿法南猿已经可以"草上飞"了。

再次，它拥有一副适合走路的屁股和腿。黑猩猩的骨盆又大又高，走起路来重心不稳，而露西小姐的盆骨又宽又扁，一眼看去，和我们今人差不多。黑猩猩的腿，又短又弯，而露西小姐的腿，不但又直又长，而且两个膝盖还带有一点儿可爱的膝外翻。

膝外翻（genu valgum），俗称 X 形腿，在今天可能是一种病，但在当时，这是直立行走的证据。膝外翻的好处就在于走路的时候，无论迈哪一条腿出去，身体的重心都差不多在一条中线上，身体的重心不会跟着脚步的更换而左右摇摆，走路时不用一步一扭，自然就能走得快了。

我们的兄弟——黑猩猩，由于是四脚着地，两条腿离得老远，想碰膝盖也碰不着，因此，它们到了地上，大多数时候需要指背行走，手脚并用。偶尔必须直立起来往前走的时候，也只能屈膝弯腰（bent-hip-bent-knee），每迈出一步，身体的重心都得横向移动很远才能切换到另一只脚上。这种走起路来身子扭扭、屁股扭扭的样子，固然很好看，但绝不是保证祖宗们能够稳步行走的最佳配置，因为摇摆幅度太大，不省力，不节能，还走不快。

当然，任何人都要受时代的限制，因此，作为一个 318 万年前的古人，除了那些好看的"先进的"特征以外，露西小姐不可避免地，会带有很多质朴的原始特征。

第一个原始特征，是她长着一个将军肚。

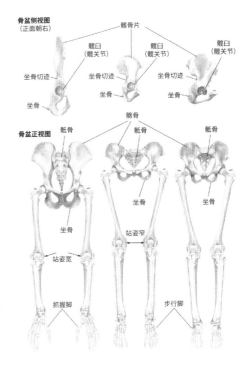

● 黑猩猩（左）、南方古猿（中）、现代人（右）下肢骨骼对比。X 形腿是因为走得多，比如南方古猿和现代人；笔直的腿是因为爬得多，比如黑猩猩。

将军肚是为了给庞大的消化系统提供空间。露西绝大部分食物来源是素食，还都是凉食。素菜不管饱，营养差，凉食又不好消化，所以需要更长的肠子才能吸收足够的营养。在自然界，食草动物的肠子一般都远比食肉动物的肠子要长，比如猪和牛的肠子大约是身长的 20 倍，山羊的可达 25 倍，弯弯曲曲，细细长长，所以文学上才会用"羊肠小道"一词，来形容山路狭窄崎岖。与此相反，吊睛白额大老虎个头那么大，肠子不过身长的 4 倍，狼的肠子的长度仅为身长的 3.5 倍。

素菜不管饱，能提供的能量远远少于肉食，为了摄入足够的能量，露西小姐必须花很多时间进食。基本上，它不是在吃，就是在去吃的路上。天天这么没完没了地吃，肠胃当然也闲不下来。光消化吸收这些食物，就得消耗掉身体

60% 的能量。而人体对能量的分配和消耗，又决定了身体发育的差异性。大脑是个极其奢侈的器官，光维持它新陈代谢所要消耗的能量，就高达同等质量的肌肉的 16 倍。对于露西小姐来说，分配给消化系统的能量多了，留给脑子发育的能量自然就少了。所以这些联合起来，就造就了露西小姐的第二个质朴的原始特征——脑容量小。

不过，虽然脑容量小，但露西小姐却挑战了考古学界一度最流行的"大脑理论（big brain theory）"。

大脑理论认为，黑猩猩和人的差别，在于我们人类祖先有一种先天的优势——拥有超强大脑。这种先天优势不仅仅帮助我们赢在了起跑线上，而且让我们的演化过程变成一种"上帝选定子民"式的独特的演化过程。所以，当别的动物演化出尖牙和利爪的时候，我们演化的是超强大脑。别的动物演化出可以高飞的翅膀和可以腾空的四蹄的时候，我们演化的还是大脑。优秀的祖先，加上这种高级的演化过程，才让人类的大脑能够增大到可以指挥人直立行走、制造工具、运用语言、传承文化，并最终变成了我们今天的人类，一种拥有高达 1400 毫升脑容量的智慧生物。

大脑理论听上去非常完美，加之随后发现的头骨化石也都长着 600 毫升以上的超级大脑，所以，这个观点很快风靡学界。

直到露西小姐横空出世，这个观点才彻底破产。这个怎么算脑容量都只有不到 500 毫升的祖奶奶，居然偏偏就站起来了。因此，从这一刻开始，考古学家才开始重新审视关于人类那些理所当然的演化理论，把直立行走的演化时间提前到 318 万年前，并且把以露西为代表的南方古猿阿法种追认为人类的太祖。

在摇滚乐的伴奏中闪亮登场的露西小姐，其"人生"注定充满传奇。2016 年，迷人的露西小姐出土 40 周年、逝世 318 万年之际，它再一次走红。这一年，它的粉丝在《自然》杂志上哀伤地写道，从全身多处骨折来看，可怜的露西小姐并非寿终正寝，而是从高处跌落致死。

看来，"自古红颜多薄命"的"古"，还真是非常古，适用于 300 万年前的祖宗。

不过，这一死因的公布，并未能平息各方的争论。露西小姐的经纪人——

唐纳德·约翰逊先生，第一个站出来反对，说露西的伤痕完全有可能是死后被动物践踏留下的。作者用的方法论既不能被证实，也不能被证伪，不足为信。

著名的"斜杠中年"蒂姆·怀特先生，当初唐纳德的助理、现在加州大学的教授、"史前一姐"的经纪人、考古学界的扛把子，也说，如果按照这位作者的研究方法，史前所有的人类都是摔死的，不光人类是摔死的，那些猛犸象、剑齿猫、大鳄鱼，统统都是摔死的。

在这场争论之中，究竟孰是孰非很难判断，露西小姐身材虽好，却没有手脚，没有办法做到不证自明。不过，好在它们家族人多势众，因此，很快它的家人——360万年前的"神秘的两对半脚印"就帮它圆满地回答了这个问题。

● 史上第一个交通事故罹难者露西小姐的遇难瞬间想象示意图，红色部分表示有骨折。

▲ 莱托利火山：神秘的两对半脚印

1976年出土的这一家子阿法南猿，生活在360万年前，算是露西小姐的长辈。它们比较低调，所以考古学家趴在地上找了30年，找到的主要证据也只是一串串脚印。这串脚印，就是著名的"莱托利脚印（Laetoli footprints）"，一个非常有黑人街头音乐气质的组合名字。

这串留在松软的火山灰里的脚印，加起来有70多个，总共27米长，乍一看很像是两个人并排走留下的，一个脚长21.5厘米，一个长18.5厘米。所以，一度有小报报道说，这是一对浪漫的史前情人，准备去看火山。但很快就有考古学家表示不同意，他们说，这肯定是一个丈夫和一个抱着孩子的妻子，准备去找水喝。因为那个稍小的脚，脚印一深一浅，这要不是瘸子，就是因为一只手里提着

● 莱托利的火山灰里留下的360万年前的脚印"两对半"。形状看上去和我们今人踩上去的几乎没有分别。

或抱着东西。今天,那些抱孩子的妈妈,如果赤脚走在泥巴里,留下的脚印也是这样的。

两派各有证据,争论不止。直到2015年,在这串脚印南边150米的地方,另一串同一时期的脚印化石被发现。一大批运动学、骨骼学、生物学、行为学、人类学等等各方面的专家,趴在地上仔细研究了很久,才发现,这两串神秘的大脚印,既不是恋人踩出来的,也不是抱孩子的夫妻踩出来的,而是一个强壮的阿法南猿走在前面,它的老婆孩子们跟在后面踩着它的脚印留下的。

这两串脚印清晰地告诉人们:360万年前的祖宗,大脚趾,和人类的一样结实,而且规规矩矩地和其余四个脚趾并拢在一起;脚后跟,和人类的一样粗壮有力;脚掌,和人类的一样,有完美的足弓;而且,360万年前的祖宗,在迈步的时候,也和人类一样,后脚跟首先着地,起到支撑身体、缓冲体重的作用,脚趾头最后离地,起到向后推地,以便向前迈步的作用。

黑猩猩的脚长得就完全不同了。它们的大脚趾和其余四趾势不两立,明显分开。势不两立的脚趾,虽然用来走路会很慢,走久了也会很痛,但用来爬树,则是利器,既有利于抓握树枝,支撑身体,又有利于腾出双手,摘取最高处的果实。

既然闹分裂的大脚趾,是树居生活的必要配置,反过来,长着像人一样的脚的阿法南猿,爬树技能肯定是要大打折扣的。而既然42万年前的长辈已经进化出了这样一双适合在地上行走的脚,42万年后的露西,还用这样的脚去爬树,还没有威亚的保护,能不出事儿吗?所以,露西的悲惨命运,几乎可以说是命中注定。

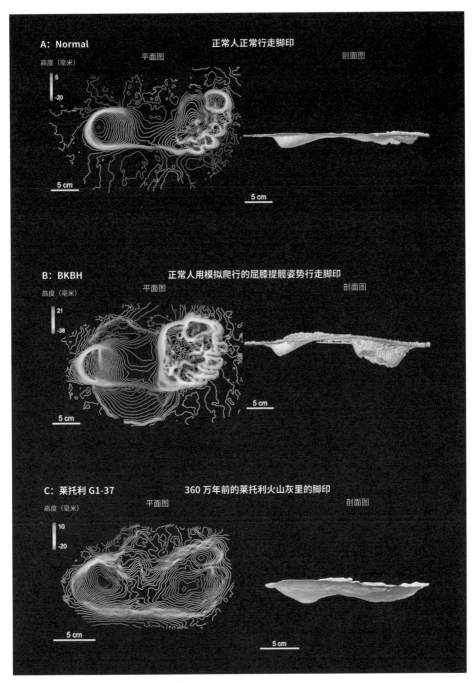

● 每个脚印最深处为重心位置所在，从图中可以看出，莱托利火山灰里的脚印，足弓明显，后重前轻，且大脚趾和我们人一样，说明 360 万年前的阿法南猿已经可以像人类一样行走。

◢ 第一家庭：好歹一家人，不说两家话

1975 年，还是在埃塞俄比亚的哈达尔地区，发现露西的地方，约翰逊先生一口气就发掘出了它的 13 个老乡，有男有女，有老有少。这就是著名的人类"第一家庭"。

"第一家庭"人员众多，且各怀绝技。有的有大长手，有的有大长腿，有的有大板牙。这些联合起来，对于填补早期人类化石的空白，以及研究早期人类进化的路径，都有着非常重大的意义。所以，尽管没有一张脸，但考古学家根据它们七零八落的骨头片推测出，它们的雌雄二型性依然明显，接近大猩猩的水平；根据它们的残肢推测，它们已经会走路了；根据它们的牙齿推测，它们不挑食，啥都吃。

但作为 320 万年前的一大家子，"第一家庭"真正让考古学家们吵得面红耳赤的，不是它们的二型性或是食性，而是它们的人数、彼此关系和死因。

首先是关于人数的问题。

● 博物馆里的阿法南猿复原像，高矮胖瘦不尽相同，但都缩脖端肩腆肚，也都能自如地站起身来行走。

经纪人约翰逊先生说，这些骨头和牙齿，有的大，有的小，有的长，有的短，牙齿属于 9 个人，骨头属于 4 个人，加上七零八落的小片片，第一家庭的成员起码有 17 人，其中 9 个大人，3 个青少年，5 个儿童。

这一说法立刻遭到了其他考古学家的质疑。反对者的理由是，一个人既有牙齿，也有手脚，而且牙齿不止一颗，手脚也不止一只。所以，如果非说有 17 人，只能说明，这些古猿不是独臂怪，就是上古神兽夒，每人只有一只胳膊一只脚。如果它们不是神兽，那么，此地最多 9 个祖宗。

不过反对的人也给不出一个确定的数字，9个也罢，17个也罢，虽然都有道理，也都很片面，单凭这些化石碎片，谁也没办法搞清楚究竟有多少人。所以，最后大家为了继续讨论，还是不得不相信经纪人的话，把它们当作17人看待。

争论的第二个焦点是，这些骨头片片是否属于同一家庭？所谓的"第一家庭"，究竟是不是同一家子？

约翰逊先生认为，它们处于同一个地方，位于同一个地层，同一时期，彼此相隔那么近，没道理不是一家子。但反对者认为，它们有的埋在地下，有的则在地表晒了很久的太阳，彼此离得老远，而且长相差得太大，不大可能是一家子。

和第一个问题一样，单纯凭借这些化石碎片，是不太可能搞清楚究竟是不是一家子的。所以，最后大家为了继续讨论，还是不得不相信经纪人的话，把它们当作一家子看待。

争论的第三个焦点是，它们究竟是怎么死的？

这是争论得最激烈的一个问题。一些人认为，它们死于一场天灾——它们本来在树上安眠，谁知天没亮就暴发了山洪，半梦半醒之间的它们，根本来不及逃命就被洪水吞噬了生命。证据是，它们的出土地点有明显的洪水冲刷过后的沉积物。但另一些人则认为，有洪水冲刷，不代表它们就死于洪水冲刷。它们生活的地方，是一片广阔的平地，不是什么狭窄的山谷，所以，除非是发大洪水，否则，怎么都不至于卷走它们的生命。然而从它们零碎的骨头来看，它们极有可能是死于兽祸。所以，这里要么是一个食人惯犯的多次抛尸现场，要么，是一群食人猛兽的屠杀现场。

还有的人则认为，洪水也罢，猛兽也罢，都是背锅侠，它们真正的死因是食物中毒。这种观点虽然也有一定的依据，但大部分考古学家认为，食物中毒是可能性最小的。毕竟迄今为止所发现的所有古人化石里，也只有一个是死于维生素A过量的。而那也是人学会了打猎之后的事情。至于南方古猿，它们生活年代这么早，能吃到的肉一定是残羹冷炙，肉食动物不大可能把富含维生素A的动物肝脏留给它们。

所以，很遗憾，关于第一家庭的死因，迄今都没有一个让所有人都信服的解释。不过，没有答案不代表没有意义。最基本的一点是，它们的遭遇向我们展示了老祖宗所面临的环境是多么的充满变数。

先说气候吧——在所有影响人类演化的因素中，它是当之无愧排在第一位的。

气候通常包含气温和降水两方面。科学家通过对深海氧同位素、黄土高原以及格陵兰岛冰芯等的研究发现，早在大约7000万年前，地球就开始逐渐变凉了。而到了1000万年前，人类开始逐步登上历史舞台期间，在整体变凉的趋势下，地球还发展出了新的玩法——频繁且大幅度地在冷热之间进行振荡切换。从800万年前至今，地球的气温经历了起码三次最为剧烈的振荡：一次是在600万年前，人猿相揖别的前后；一次是在200万—300万年前，人属动物出现的前后；一次则是在30万年前，我们的直系祖先——智人出现的前后。

地球上的每种生物，都必须在一定的温度范围内才能生存。这种冷热切换，势必会影响动植物的分布甚至是生存。而冰期与间冰期的这种冷热切换，和今天的寒流、热潮是截然不同的两码事。今天的降温，大不了也就十天半月，忍忍就过去了，不需要对生活方式做出太大的改变。历史上的冰期，短则上千年，长则数十万年。在这种变化之下，从前能吃的植物没了，能吃的动物跑了，能待的地方也不宜居了。可以说，对于靠天吃饭的我们的祖先来说，每一次气候的剧变，都关乎整个种群的生死存亡。是生是死，可能就在这一冷一热之间。

尽管温度足以摧毁一个生态系统，灭绝一个物种，但温度并不是唯一关乎它们生死存亡的事情。地球上几乎所有的生物，不但对于温度有要求，对于湿度也是有要求的。植物需要水分，动物也需要水分，然则降水也必须有一定的度，太多可能涝死，太少可能旱死。通过对地中海的深海泥及我国的黄土高原进行研究，科学家发现，在过去的500万年，非洲的降水量和气温一样，不断地摇摆变化，湿润的气候总被出其不意的干旱打断。这干旱，不是一年两年，或者三年四年，而是和冰期、间冰期一样，短的上千年，长的达数十万年。

此外，比往常来得更猛烈一些的季风、天降暴雨引发的洪水、火山的喷发、地震的发生、疾病的侵袭，以及不请自来的各种天敌……对于生活在食物链底端的我们的远祖而言，地球，一点儿也不是什么盛世家园，树上有恐猫（dinofelis），地上有雄狮，河边有鳄鱼，空中有秃鹫。物种灭绝之所以总在发生，就是因为对于那个种族来说，总有各种"乌卡"因素，适者得以生存，而无法适应不断变化的环境的，只能被淘汰出局。不过，机会总是在危险中孕育出来的，因此"乌卡"并不只是给世界带来灾难。就生物的演化而言，几乎每一次地球的气候巨变，都会引发一波物种演化的高潮，这其中有新生和繁盛，自然也有灭绝和淘汰。

　　我们智人的祖宗，正是在这么多的风刀霜剑和洪水猛兽的陪伴下，一步步走到今天的，这其中有多少的血泪，我们今天不可能百分百了解。但不管怎样，祖先们活着不容易，今天的我们，要且行且珍惜才对。

▲ 塞勒姆：比露西还老的小露西

　　这是最后出土的一只比较完整的阿法南猿。

　　因为变成化石的时候才3岁，所以媒体称它为"露西的宝宝（Lucy's Baby）"。但实际上，这个叫"塞勒姆（Selam）"的小姑娘生活在距今330万年前，比露西生活的318万年前还要早12万年。

　　小塞勒姆生活在埃塞俄比亚东北部的迪基卡地区，2000年由一位叫泽拉塞奈·阿莱姆塞吉德的埃塞俄比亚考古学家发掘出土。虽然出土最晚，年纪最小，但塞勒姆的地位非常尊崇。这主要是因为它本身很完美，不但有完整的头部，60%的身体骨骼，还拥有考古学家们想要的其他部分，比如舌骨、颅腔模型、肩胛骨，以及近乎完整的脊柱等。它的舌骨——阿法南猿唯一传世的舌骨——显示，它的声道和猩猩差不多，说话只能靠吼。它的肩胛骨和胳膊则显示，它的双臂可以举过头顶完成360°的翻转，说明它是爬树高手。而它完整的脊柱——

● 阿法南猿塞勒姆的头部化石。

在早于300万年前的祖宗里，这是唯一的一个完整的脊柱——不论是脊椎的数目，还是弯曲度，都和人极为相似，和黑猩猩迥然不同。因此，塞勒姆不但第一次确凿无疑地给出了阿法南猿直立行走的最直接最完美的证据，还第一次给出了它们陆树双栖的证明。

除了这些身体结构的特别，塞勒姆令考古学家青睐的另一个原因是，它是超过100万年的古人化石里最完整的儿童化石，因此无论是对于了解早期人类的生长发育，还是了解它所在的南方古猿的生活习性，都为考古学家们提供了无与伦比的参考价值。

● 塞勒姆复原图。小短腿，小鼓肚，长胳膊，3岁的它，生长速度不如同龄的黑猩猩，但比今天的3岁孩子要快。

事实证明，塞勒姆最有价值的地方，的确在于它的生长发育进度。

它的大脑发育模式已经表现出了像人不像猿的特点。身体的成熟，黑猩猩只需要12年，人类却需要18年。大脑的发育要达到90%的程度，黑猩猩只需要3年，而人类需要6年。塞勒姆虽然3岁了，但大脑发育程度明显不到90%，还处于继续发育的态势。这说明，比起黑猩猩来说，塞勒姆明显要更像人。

不同的生长发育速度，意味着不同的生存之道。快速的生长发育速度，可以降低幼儿对母亲的依赖，因而一胎可以多生几个，每两胎之间的间隔时间也短。采取这种策略的动物，可以轻松扩大种群规模，比如兔子就是一个典型。但快速的发育也并非没有缺点，既然所有的孩子一出生就几乎已经定型了，自然也就没太多的时间跟着长辈习得一些行为，生下来智商啥样，长大后基本也就那样。与这种风险低收益也低的策略不同，我们人的演化，采取的是高风险高收益的策略——较慢的生长发育。这种策略的风险，是幼儿对母亲依赖时间较长，母亲的付出更多，因此，一胎只能生一个，两胎之间间隔时间还很长，要扩大种群不易。但这样的好处就是，人类的幼儿在出生以后，并没有完全定型，还有更多的时间去跟着长辈习得一些行为。之所以我们在靠基因演化之外，还能通过文化进行演化，之所以我们的演化和其他动物相比，呈现出一种加速的态势，就在于我们有极大的可塑性，而猪狗牛羊兔鸡等一切其他动物，没有这样的可塑性。

我们的近亲黑猩猩，发育成熟的时间要长于猪狗牛羊兔鸡，所以它们的可塑性比后者也要更强。从塞勒姆可以看出，阿法南猿的生长发育时间，比黑猩猩要更长，这说明，它们更加接近我们今人，所以，无疑它们是我们人类大家庭的一员。

阿法南猿人多势众，考古学家对它们的了解在史前人类里也数最多，但它们身上依然有很多谜团。除了前面所说的身体二型性明显与犬齿二型性不明显的矛盾，及颜值多年不变、食性长期不改、牙齿严重高配等以外，它们在地上和树上的时间分配问题、婚姻制度问题、抚养孩子问题等等，也一直是考古学界争论不休的问题。

但不管怎么说，考古学家们能够达成共识的，是比起前人，它们真正迈出了从树上到地上的一步。虽然它们走起路来大概没有我们今天这么潇洒，但它们颤颤巍巍跨出来的一小步，却是人类进化的一大步。从这一步开始，人类就全面展开了对地面的生态占领。所以，这既是向今人进发的一大步，也是独步全球的第一步，更是通往康庄大道的一步。

第三场
羚羊河南猿：我们专注吃草

这个生活在 360 万—300 万年前的乍得羚羊河畔（River of Gazelles）的可疑名猿，1995 年被"沙漠王子"乍得沙赫人的经纪人、法国考古学家米歇尔·布鲁内（Michel Brunet）发掘出土，并冠以南方古猿羚羊河种（*Australopithecus bahrelghazali*）的名字。虽然留下的化石少得可怜——主要是一个带着几颗牙的下颌，编号 KT12，但这个发现最初还是让其他考古学家吓了一大跳的。因为他们万万没想到，就阿法南猿那样的小短腿，也喜欢搞长途旅行、玩自驾游，跑到离"人类摇篮"2500 千米之外的西方生活。

不过，考古学家们的热情很快就被浇灭了。这主要有两个原因。一是这个化石的牙口形态和阿法南猿很相似。众所周知，阿法南猿数量多，长得也很是不同，所以一部分人怀疑这就是阿法南猿。另一个原因则是和考古学家有关。

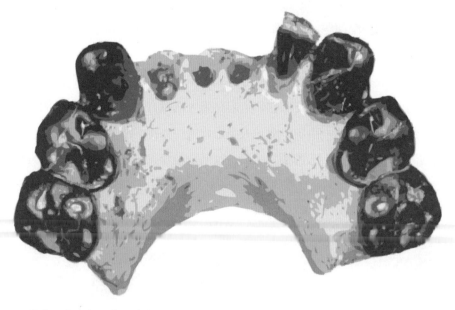

● 羚羊河南猿化石为一块带有几颗牙齿的下颌骨。

他把这几颗牙藏起来不让其他考古学家看。所以，很多考古学家不愿意承认南方古猿羚羊河种这个命名。

但接下来几年，在此前米歇尔·布鲁内发现羚羊河南猿化石的地方，又相继发现了两个下颌残片，这两个编号 KT13 和 KT40 的下颌，拯救了羚羊河南猿岌岌可危的地位。

从伴生的动物群落来看，和它们共同生活的动物，既有牛、羊，也有长颈鹿。前者吃草多，后者脖子太长，多以树叶为生。这说明，羚羊河南猿生活的环境，和上一阶段的地猿生活的环境相比，要更加干旱。密闭林地是不可能有的了，极有可能是开阔的稀树大草原。

它们的牙齿同位素也证实了这一点。它们牙齿上 C4 植物的残留水平已经快要接近史上最出名的"人肉割草机"——鲍氏傍人了。这说明，它们也是一群专注吃草的人。这和 2500 千米以外的同辈阿法南猿形成鲜明对比。从阿法南猿的牙齿来看，它们不挑食不偏食，冷热酸甜都吃，软的硬的也都吃。

羚羊河南猿究竟是爱吃草而吃草，还是没得吃而吃草，并不十分确定，但凭借这些牙齿，考古学家推断出几点：第一，它们和阿法南猿不大可能是一家子；第二，它们有很强的生存能力；第三，这是一个"人口大爆炸"的时期，南方古猿分裂出了很多不同的变种，不同的变种利用不同的生态位，发展不同的专长，以充分利用各自所在地的各种资源。

第四场
肯尼亚平脸人：我和露西不是一家人

肯尼亚平脸人（*Kenyanthropus platyops*），这群名字怪怪的家伙，生活在350万—320万年前的肯尼亚图尔卡纳湖畔（Lake Turkana）。

从1999年被发现，到今天已经20多年了，它们依然低调而神秘，所有的化石加起来，也就1个头骨、2～3个上下颌骨、44颗牙，一个鞋盒子都装不满。所以，考古学家对它们的了解并不多，不但身高、体重难以判断，就连性别也模棱两可。

从它们的代言猿、编号KNM-WT 40000的那个头骨来看，它具有粗大的咬肌，很像是一位老祖爷爷。但如果从较小的牙齿看，它又分明是一位祖奶奶。

不过，尽管男女莫辨，这个近乎完整的头骨还是透露了很多新的信息。从脑容量来看，它们大概拥有430毫升的量，和同时期的阿法南猿不分伯仲；从头骨形状来看，它们吻部不是那么突出，眉脊也比较低平，又和阿法南猿有很大的不同；从牙齿来看，它们的臼齿也比阿法南猿的要小，但珐琅质却要更厚。

它们的经纪人米芙·利基据此认为，它具备另立门户的资格，不应该再勉强屈居在南方古猿门下。所以她叫它们肯尼亚平脸人，"*Kenyanthropus*"是属名，意思是"从肯尼亚来的人（man from Kenya）"；"*platyops*"是种名，意思是"平脸（flat face）"。连起来，就是"肯尼亚平脸人（flat-faced human from Kenya）"。

虽然有名有姓，但肯尼亚平脸人目前依然茕茕孑立、独门独户，没有分支机构。而且，虽然名义上取得了和南方古猿、地猿、图根原人等一样的江湖地位，但它在人类进化树中具体处于何种位置，还有很多争论。

以米芙·利基为首的一派观点认为，肯尼亚平脸人无论是眉眼还是牙齿，都和100多万年以后的人属成员鲁道夫人（*Homo rudolfensis*）非常相似。如果考虑到它们眉脊不再高耸得像戴了鸭舌帽，脑容量和阿法南猿不相上下，生活圈子里还有打造的石器工具这些因素，它们比南方古猿更加接近我们人类，极有可能，它才是我们人类的真正祖先。

反对派则认为，肯尼亚平脸人死后脸平，不代表生前也是扁平脸。也许，它生前只是一只普

● 350 万年前的肯尼亚平脸人的化石和复原图。它们和乍得沙赫人一样，饱经沧桑，支离破碎，也因此和乍得沙赫人一样饱受争议。

通的阿法南猿，尖嘴猴腮，五官立体，死后，在变成化石的过程中，因为受到外力的挤压，立体的脸才逐渐变得扁平。它以为自己在重见天日之后，会恢复之前的立体特征，没想到，在修复的过程中，米芙的团队还是把它扭曲成了平脸人。

虽然反对声至今尚未平息，但近年来，已经有越来越多的人认为肯尼亚平脸人是人类世系的成员。这主要有两个原因：一是继肯尼亚平脸人之后，不断有新的人类化石被发现，很多化石表明它们都生活在同一时代，都带有"人性"，而彼此却大为不同，说明人类的演化不是从前想象的那样清晰而连贯，而是和灌木丛一样错综复杂，既然其他祖宗被囊括进人类大家庭，肯尼亚平脸人也不应该被排除在外；二是 2011 年考古学家在肯尼亚平脸人出土地点附近的洛迈奎（Lomekwi）新发现了 149 个石器，考虑到这一时间整个东非只有它们和阿法南猿两种祖宗，而肯尼亚平脸人离这些石器更近，所以，它们比阿法南猿更有可能是这些工具的制造者。

不过，尽管它们是人类世系的成员，但它们在人类世系里究竟应该处于什么辈分，还没有一个统一的定论，它们和阿法南猿彼此的关系，以及谁更像我们的直系祖宗，也是众说纷纭。要平息这些争论，只能期待更多的证据出现。

第五场

近亲南猿：我和露西只是远房亲戚

生活在 350 万—330 万年前的阿法地区中部的近亲南猿，出土地点是沃朗索 – 米勒南边 35 千米处，就是发现阿法南猿露西的哈达尔地区。

目前发现的化石，主要是一块带牙的上颌和两块带牙的下颌。这些化石和这一阶段的其他人类化石很不同。比如牙齿珐琅质的相对厚度和绝对厚度都超过拉密达地猿；下颌没有湖畔南猿那般后缩；牙根结构、珐琅质厚度和下颌厚度都与阿法南猿不同；同时，它们还缺乏傍人那样增大的前臼齿和缩小的门齿。这表明，它们是不同于以上种群的一种新的人种。

鉴于它们看上去和阿法南猿最为接近，其经纪人，也就是卡达巴地猿、最完整的湖畔南猿 MRD 以及露西的祖爷爷"大人物"的经纪人，埃塞俄比亚著名的人类考古学家约翰内斯·海尔 – 塞拉西，判断它们有可能是阿法南猿的后代。因此，他给它们分门立户，叫近亲南猿（*Australopithecus deyiremeda*），种名 "*deyiremeda*" 是阿法当地方言，意思是"近亲（close relative）"。

● 近亲南猿的下巴化石。

尽管和阿法南猿攀上了亲戚，但近亲南猿的出现，其实是对阿法南猿势力的一种削弱。众所周知，从前归于阿法南猿门下的化石千奇百怪，具有极大的种内多样性，所以，倘若近亲南猿真的被证明是一种不同的早期人类，极有可能，一部分从前划归到阿法南猿旗下的化石，需要重新分堆了。此外，从前阿法南猿被理所当然地认为是人类太祖的观点，大概也需要扫到垃圾堆里去了。生活在 400 万—300 万年前的非洲大陆的人类老祖宗，除了阿法南猿以外，还有前面所说的羚羊河南猿、肯尼亚平脸人和近亲南猿，这几种祖宗彼此之间似像非像，和我们今人也都似像非像，因此，它们虽然都属于人类大家庭，但在人类大家庭中的具体辈分还不能得到确认。但这并不意味着人们对它们的认识就毫无意义，尤其是后三种祖宗，虽然化石不多，但它们的出现，却纠正了从前人们对人类演化路径的错误认识。

有它们之前，阿法南猿是人们唯一所知的生活在 400 万—300 万年前的人类老祖宗，所以，很多学者都理所当然地认为，人类的演化是线性的。直到这三位横空出世，人们心目中的人类世系彻底被颠覆，考古学家这才真正明白，我们人类进化的路线并不是世代单传的，我们人，也没什么特殊的，不过和其他所有的生物一样，是辐射适应的产物。

所谓辐射适应（adaptive radiation），又叫适应辐射，是指当环境发生变化，新的生态机会出现时，从前同一个祖宗的后代会为了适应各自所处的环境而迅速演化出不同的特征，并变成不同的物种的过程。这些环境变化，包括新的栖息地的产生、新的资源产生、掠食者或竞争者的减少，以及创新手段的利用等等。当其中一种或几种情况发生时，辐射适应就会产生。寒武纪生命大爆发、恐龙灭绝后的哺乳动物大爆发、今天帕拉加戈斯群岛上十几种"远看差不多，近看很不同"的达尔文雀，还有多达 1500 多种的啮齿目动物，都是经典的辐射适应的案例。

这些祖宗的发现让人们彻底明白，我们人类的演化和其他生物一样，是单源的，但不是线性的，当新的挑战、新的资源或者新的生态空位出现的时候，人类和其他生物一

● 4 种达尔文雀，嘴巴形状、大小均不同。

样，会四处开花，分化出具有不同行事方式的后代。

它们即便生活在同一片蓝天下，也会利用不同的资源，采取不同的生存策略。所以，同样是南猿，纤细南猿最终走上了脑容量增大的道路，而粗壮南猿则发展出了巨大的牙齿；阿法南猿走上了来者不拒啥都吃的道路，而羚羊河南猿走上了"人肉割草机"的专业化发展道路。

是它们告诉我们，人类演化和灌木丛一样，即便主干只有一根，也迟早会分出好几根枝条。这些枝条有的长，有的短，有的继续分出枝条，有的则逐渐枯萎，还有的，两根枝条还能碰到一起，长出一根新的枝条。

懂得辐射适应，不仅仅可以正确认识我们的过往，还可以对我们人类今天的处境有一个更深刻的认识。别看全世界人口七八十亿，基因的多样化程度还不及刚果河两岸的 1000 只猩猩，从物种演化角度来说，这并不是一件好事，因为基因多样化的匮乏，意味着我们在抵御疾病和污染等方面毫无优势，也许站在食物链顶端的我们，只是微生物的傀儡，毕竟，它们比我们多活了好几十亿年。

第六场
非洲南猿：露西的后裔

张爱玲说，出名要趁早。

这句影响了无数当代人的名言，大概不会被我们 200 万年前那位一路坎坷的年轻的老祖宗认可。它从出土时的不为人知到真正变成一线大牌，花了它经纪人从年轻小伙到老大爷的半辈子时光。

这个史上捧得最累的老祖宗，就是非洲南猿。

故事要从 1924 年说起。那时工业革命在全世界如火如荼展开，全世界都在疯狂地挖矿，南非也不例外。在汤恩的一处石灰矿里，工人们正在奋力地挖矿时，一个小小的头颅被铁锹带了出来。矿工们觉得，这个小小的头颅大概是什么猴子的头骨。于是，几经辗转，这个头颅被送到了约翰内斯堡的解剖学教授雷蒙·达特（Raymond Dart）先生那里。

达特先生一眼就发现了这个头骨和猴子的本质区别——它的枕骨大孔，端端地位于颅骨下方。如前所说，这是直立行走的标志。

达特先生大胆地猜测，这个看上去像人又像猿的小东西，一定是传说中的人类老祖宗。他把这个化石命名为南方古猿属非洲种（*Australopithecus africanus*），又把他的发现发表在 1925 年的《自然》杂志上。

由于此前出土的古人都在亚欧大陆，没人相信贫穷落后的非洲会被我们的祖先青睐，而且，当时学术界还笼罩在一个名为辟尔唐人（Piltdown Man）的世纪惊天大骗局之下。虽然后来证明这个号称有几十万年之久的辟尔唐人头骨，不过是一个中世纪的现代人头盖骨和 500 年前的黑猩猩与红毛猩猩的牙齿和下颌骨拼凑而成的玩意儿，但雷蒙·达特先生发表文章时，正是在辟尔唐人风头正劲时。受辟尔唐人的影响，主流人士对人类进化路径的认识，是大脑发育在先，直立行走在后，所以，大家心目中的古人，应该是看上去脑袋像人，嘴巴像猿才对。在这样的背景下，达特先生的文章一发表，虽然出名了，却是臭名

● 非洲南猿汤恩幼儿的化石及头骨分解模型。

昭著的那个名。

达特先生就这样在批评和讥讽中度过了 20 余年。直到 1947 年，同在南非的考古学家罗伯特·布鲁姆（Robert Broom）先生挖出了更多的非洲南猿化石，达特先生才渐渐为人们认可，他所发现的这个小小的头颅及其所在的种群南方古猿非洲种，才真正回归到人类大家庭中来。

这个小小的头颅，就是非洲南猿的代言人，最早被发现的南猿，也是最早生活在南非的人类——著名的汤恩幼儿（Taung Child）。

汤恩幼儿是个非常可怜的老祖宗。死的时候才 3 岁，臼齿刚刚萌出。它的死因，从一出土到现在，一直是考古学家们关心的话题。最开始，有的说这儿是个猛兽的屠宰场，有的说这是河流冲积的结果，有的说这是杀手猿的杰作。但这些观点，最终都让位给了发现源泉南猿的南非著名考古学家李·伯格的猛禽致死说。

伯格教授说，这倒霉的孩子眼眶有和现代非洲那些被鹰啄死的猴子的伤痕非常相似的啄痕，化石旁边还发现了比如兔子、龟、蜥蜴、螃蟹、小羚羊和小狒狒等小动物的残骸，附近还有很多鸟蛋壳。这地方就是一个猛禽的贼窝。所以，这位 200 万年前的小祖宗，是被猛禽啄死的。

尽管听上去有些匪夷所思，但这就是我们老祖宗生活的常态，600 万年前的图根原人被剑齿猫吃得没脸见人，和非洲南猿大约同时代的罗百氏傍人 SK-54 在睡梦中被豹子咬穿了脑袋，100 多万年前的能人 OH-8 被鳄鱼咬掉了脚……当我们的祖宗只会采野果、吃腐肉的时候，唯一主宰它们生活的，就是丛林法则。

● 汤恩幼儿遇害场景想象图。200 多万年前的非洲南猿，还过着采野果、吃腐肉的苟且生活。树上的汤恩，即将成为后面盘旋逡巡的雄鹰的美食。

除了汤恩幼儿以外，还有一个非常著名的非洲南猿，编号为 STS 5 的普莱斯夫人。

这位 1947 年出土、生活在 220 万—200 万年前的约翰内斯堡西北 40 千米的祖宗，除了没有下颌和牙齿以外，头部还比较完整。它的经纪人罗伯特·布鲁姆，看它虽已成年，但脸小，犬齿所在的位置小，缺少这一时期的男性祖宗们常见的矢状脊——雄性大猩猩头上那个像鸡冠头一样的骨头，觉得它非常秀气，因此，他给它起名叫普莱斯夫人（Ms. Ples）。

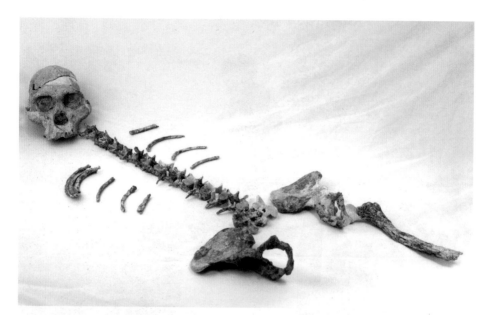

● "普莱斯夫人" STS 5 和 STS 14 的化石组合。头颅属于普莱斯夫人 STS 5，身子属于 STS 14。化石所处的地层不连续，测年显示有长达 40 万年的差异，因此不确定是否属于同一个体。

普莱斯夫人的出现，对于奠定非洲南猿的江湖地位来说，有着巨大的意义。因为它出土以前，学术界只知道汤恩幼儿这一个非洲南猿，而关于汤恩幼儿是不是人的问题，整整 20 年间，考古学界一直打得腥风血雨。最终让这场战斗画上句号的，不是别人，正是发现普莱斯夫人的布鲁姆先生。而布鲁姆先生之所以能够力挽狂澜，解救达特先生，打赢整个考古学界，靠的不是别人，正是"普莱斯夫人" STS 5，以及另一个编号为 STS 14 的部分化石骨架。

这个编号为 STS 14 的骨架，由脊椎、盆骨、大腿骨以及几根肋骨组成。组合在一起，很像一把宝剑，十分的帅气。这把帅气的"宝剑"，非常特别的地方在于，它不仅有着和人相似的盆骨，还有着和人相似的脊椎——具有 S 型的脊椎，而 S 型脊椎是直立行走的标准配置。

因此，面对这节 250 多万年前的 S 型脊椎，考古学家们最终承认，我们的祖宗脑袋虽小，但已经可以独立行走，非洲南猿脑袋虽小，但绝对是我们的祖宗之一。

鉴于普莱斯夫人和 STS 14 出土的地点相近，出土时间相近，且一个刚好是脑袋，一个刚好没有脑袋，所以，很多人认为，这把"宝剑"正是普莱斯夫人的身子。如果是的话，普莱斯夫人毫无疑问也可以跻身为数不多的"史前完人"之列。但由于测年法测出来的这把"宝剑"来自 260 万—220 万年前，而普莱斯夫人生活在 220 万—200 万年前，所以很多人认为不属于同一个体。

这个争论，暴露出了考古学界的另一个难题——测年。在考古学界，有很多种测年方法。比如 5000 年前到现在的历史，因为有文字，可以通过文献来测年；1 万年前的历史，可以通过

让我看看那把"龙泉宝剑"是不是我的身子？

● 普莱斯夫人复原图。

观察树木的年轮来测年；5 万年以内的历史，可以通过放射性碳测年法来测年；10 万—200 万年前的历史，可以用钾 – 氩测年法来测年；此外，还有黑曜石水合法、古地磁法、热释光法、铀 – 钍测年法等等。这些方法都有一定的适用范围，也都受到一定的限制，所以通常为了保险，考古学家会几种方法叠加使用。

大多数时候，几种测年法叠加，勉强都能一用，不过在南非这里，就真不一定好使了。这里溶洞多，地层通常不连续，测年也十分不靠谱。所以，在南非发现的老祖宗，年龄问题都特别敏感，特别容易引起争论。就像这个普莱斯夫人和那把"大宝剑"，说是一个人吧，有点儿太过勉强，说是两个人吧，又有点儿太过巧合。

相对于阿法南猿来说，非洲南猿朝着人的方向前进了一大步。它们的犬齿和门齿更小了些，犬齿和旁边牙齿之间的缝隙——牙间隙（diastema）也变小了。它们的盆骨，虽然不如现代人那般圆润，但也比阿法南猿先进了很多。

而最有进步意义的，要数它们更加低平的眉脊和更加隆起的前额。这个形状的变化，反映的正是脑部结构的变化。大脑的进化，不仅仅是容量的增加，更重要的，是随着容量改变而改变的脑部结构及功能。从汤恩幼儿的颅内模型可知，它的月状沟（lunate sulcus）位置，和人一样位于枕叶后部。月状沟是一个初级视觉皮质和联合皮层的分界，在猩猩等灵长目动物中，位于枕叶靠前的位置，固定而清晰，而人的月状沟位于大脑后部，靠近枕骨与顶骨形成的人字缝，既不清晰，也不恒定。汤恩幼儿的月状沟，位置和人的十分接近，都在枕叶靠后的位置。这说明，虽然非洲南猿的脑容量还没有显著变化，但大脑内部的结构已经实实在在正朝着人脑的方向进行重组。

关于非洲南猿的辈分问题，有很多不同的观点。鉴于它们和阿法南猿在时间的前后相继和解剖学上的相似性，很多考古学家认为非洲南猿是阿法南猿的后裔。但是，关于它们是不是能人（Homo habilis）的祖先这一点，有很多不同的观点。一部分考古学家认为，它们最后一次出现是 205 万年前，而最早的能人生活在 233 万年前。两者起码有 20 万—30 万年的时间是重合的，因此，不大可能一个是另一个的祖宗。另一部分考古学家则认为，虽然它们生活的年代与能人有重叠，但它们依然是能人的直系祖宗，两者并不冲突。因为，能人不是非洲南猿的年代种，而是非洲南猿的后代的一支。也就是说，当一部分非洲南猿演化成能人的时候，另一部分非洲南猿，还是非洲南猿。

近年来，随着和它们年代相近的源泉南猿被发现，以及对早期能人的重新分类，非洲南猿的地位变得有些不那么稳固了，尽管还是被当作人类大家庭的一员，但一种趋势是，越来越多的考古学家认为它们是我们直系祖宗的兄弟姊妹，而不是本尊。

第七场

惊奇南猿：不好意思让你们都吃了一惊

惊奇南猿生活在埃塞俄比亚著名的中阿瓦什地区，1996 年被著名的考古学家、阿迪小姐的经纪人蒂姆·怀特先生与埃塞俄比亚考古学家博哈恩·阿斯法（Berhane Asfaw）发掘出土。

惊奇南猿所有的化石，只有一个颅骨化石、一个带牙的上颌和其他几个头骨碎片，以及附近发现的暂时归于其下的其他骨头碎片。从头骨化石来看，它们的脑容量和阿法南猿十分接近，但它们的臼齿更加巨大，说明两者的食物有区别。从四肢比例来看，它们的腿骨比阿法南猿的要长，上臂骨和大腿骨的比例更接近人，但同时，它们依然保留了长而强健的胳膊，上臂骨和前臂骨的比例更接近黑猩猩。这说明，比起阿法南猿，它们走起路来步幅更大，更加适应开阔的草原环境。此外，尽管和生活在这一时期的粗壮南猿埃塞俄比亚傍人一样都有巨大的臼齿，但惊奇南猿的矢状脊不明显，也没有外展的颧弓、巨大的盘子脸等其他粗壮南猿的特征。

这些令人迷惑不解的特征，加上为数不多的化石，让它们获得了另立门户的资格。不过，惊奇南猿最厉害的地方，不在于它们是什么，而在于它们能干什么。

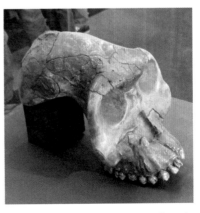

● 惊奇南猿化石。这位生活在距今250 万年前的祖宗，出土地点同时发现大量被切割的动物骨头，让考古学家大吃一惊，故名"惊奇南猿"。

和它们同时出土的羚羊和其他大型动物的化石骨骼上，有大量被石器切割砍砸和刮削过的痕迹。考虑到这些化石属于250 万年前，附近并没有发现其他的化石人种，且惊奇南猿的牙齿形态和微观磨损情况都显示它们有摄入高热量高蛋白的肉食，蒂姆·怀特先生与博哈恩·阿斯法先

● 惊奇南猿食肉场景想象图。

生认为，这些动物，是被惊奇南猿刮过骨的。

这是第一次找到比人属动物更早的祖宗吃肉和使用工具的直接证据，此前的考古学家，一直以为南方古猿不会使用工具，这一发现令他们无比惊奇，所以他们叫它"南方古猿惊奇种"，简称"惊奇南猿（*Australopithecus garhi*）"，种名"*garhi*"是阿法当地语言，意思是"惊奇（surprise）"。

尽管很多考古学家内心深处很想认惊奇南猿当我们的祖宗，毕竟，那么早就会用工具，有面子，但因为化石太少，它们在人类大家庭中处于何种地位，依然没有定论。一部分科学家认为，它们属于阿法南猿的晚期种；一部分科学家认为，它们巨大的臼齿和傍人十分类似，分明就是一只埃塞俄比亚傍人；一部分人则认为，它们的颅骨以及牙齿形态和生活在南非的非洲南猿十分相似，应该是非洲南猿在东非地区的变种；还有一部分认为，它们的手脚比例及牙齿的特征，都呈现出比其他南猿先进的一面，因此，应该是位于南猿和后来人属动物之间的过渡人种，是我们的直系祖宗。

不管它们是否是我们的直系祖宗，它们所展现出来的从素食到肉食的转变，以及从徒手到使用工具的转变，都在朝着我们今人的方向走来。肉食提供的能量，不是素食能比的，要养好奢侈的大脑，非肉食不可。所以，自从它们开始吃肉，人类的智商就要开始上一个台阶了。

第八场
源泉南猿：我的经纪人 9 岁

源泉南猿生活年代最晚，出土时间也最晚。

2008 年，当南非约翰内斯堡威特沃特斯兰德大学的李·伯格教授在马拉帕洞穴（Malapa Cave）挖土"吃灰"的时候，他 9 岁的儿子马修（Mathew），抱着一坨土块，气喘吁吁地朝他跑来了。

"爸，我找到化石了！"马修脸上满是抑制不住的兴奋。

马拉帕洞穴距离南非著名的"人类摇篮"斯泰克方丹（Sterkfontein）仅仅 15 千米。伯格教授之所以在这里"吃灰"，是因为他主持了一个考古项目，要在马拉帕寻找人类祖宗。

伯格教授不用看，就知道这孩子发现的不外乎就是羚羊化石。在非洲那地方，人少，羊多。想挖一个古人化石，起码得先挖出来 2500 头羚羊化石。但他万万没想到，这次，命运女神居然通过他 9 岁儿子之手，眷顾了他。那一大坨混合结构的石头里，镶嵌着一根长长的锁骨。他大喜过望，赶紧把石头翻过来。几颗完整的牙齿和下巴赫然在目！

欣喜若狂的伯格教授立刻赶往他儿子发现的那个洞。经过紧锣密鼓的发掘，他最终找出了生活在 197 万—175 万年前的一对母子。其中那个十一二岁的男孩，因为拥有完整的头骨和部分身子，成了源泉南猿的模式标本，编号 MH1。它的妈妈母凭子贵，靠一个相对完整的下巴成为副模式标本，编号 MH2。

MH1 男孩的化石和生活在 300 万—200 万年前的非洲南猿有很多相似的特点，包括 420 毫升的脑容量，1.3 米的身高，长长的胳膊，长

● 9 岁的小男孩马修发掘十一二岁的源泉南猿现场照片。

而弯曲的手指。但同时，MH1还有很多和非洲南猿不一样的特点，包括更加挺拔的鼻子，小小的牙齿，不那么突出的面庞，不那么突出的眉脊，更长的腿，以及和后期的直立人非常相似的盆骨结构。这些特点充分说明，它是一种更加先进的南猿，更接近我们人属。

鉴于此，伯格教授决定给它们足够的江湖地位，将它们命名为"源泉南猿（*Australopithecus sediba*）"，种名"*sediba*"是南非当地的索托人所用的索托语，意思是"源泉（natural spring）"。

源泉南猿最引人注目的地方有三个。

一是它们具有类似后来的人属动物的下肢，包括接近人属动物的盆骨，以及类似人一样的足弓和跟腱。二是它们长着一双非常复杂的机械手。一方面，它们依然拥有非常强有力的屈肌装置，说明源泉南猿仍然是爬树高手；另一方面，它们的拇指又非常长，其余四指则较短，拇指和其余四指相对而生，表明它们拥有精度抓握能力，极有可能也拥有使用工具甚至是制造工具的能力。三是脑部的变化。MH1的脑容量和其他南猿相比并无显著变化，远低于人属的底线510毫升。但神奇的地方在于，它的眶额区，也就是眼球后面的部分，有神经重组的迹象。这点和汤恩幼儿的颅内结构展示的情况类似，也再一次说明，人类的大脑的确在增大之前，就已经开始结构上的变化。

本来，拥有一两个这样的解剖特点对于古人来说，并不难，因为古人走的都是马赛克进化的路子，总有那么一两个让人眼前一亮的非常现代的特点。但像源泉南猿这样，同时拥有很多这么现代的特点，还是让人挺惊艳的，因此，谁也不敢睁着眼睛

● 源泉南猿找水途中跌入溶洞的场景想象图。

说瞎话，把它们推到猩猩阵营去。

因此，从 2010 年正式宣告出道开始，源泉南猿这个半路杀出来的黑马，把心如死水的考古学家们搞得寝食难安，平静的考古学界也波澜迭起。从前大家心目中的那个人类世系，也再一次变得面目全非，一大批祖宗的地位跟着摇摇欲坠。

这些祖宗里，受影响最大的，不是别的，正是和它生活年代相仿的能人。一直以来，能人都被考古学家认为是第一个会制造工具的人属动物，是我们智人的直接先祖。但现在，源泉南猿在某些方面表现得比它们还要先进，这不由得让人不多想。

但源泉南猿究竟是不是我们的直系祖宗还有争议。对于发现它们的考古学家来说，自己发现的骨头，怎么看怎么像人属的亲爸爸。从时间上说，它们生活的年代比早期的人属早，从身体特征看，它们和早期人属一样，有着增大的脑容量，更小的牙，更灵活的手，更长的腿，更适合远足的脚，所以，它们极有可能是介于非洲南猿和早期人属之间的过渡人种，是我们今人的直系祖先。

但这些观点并没有赢得太多拥护。反对派说，源泉南猿生活在 198 万年前，能人 235 万年前就出现了，不可能有那么老的儿子那么小的爹；其次，MH1 是个毛都没长齐的小孩子。小孩子靠不住，长着长着就长歪了，歪到猩猩那边去了也是有可能的。所以，源泉南猿当爹是不可能了，永远都不可能。最多可以当我们最亲的兄弟，200 万年前才分开的那种。

之所以有这么多争论，有两方面的因素。客观方面，化石太少，而人类进化历程太复杂；主观方面，则是各派学者的认知不同，衡量"人"的标准出了问题。

究竟什么样的古人才应该是我们今人的祖宗，在考古学界，一直都没有定论。考古学界曾经以为，脑容量达到 600 毫升以上，会使用语言，会制造工具，会两足行走的灵长类动物，才有资格做我们今人的祖宗。但是，随着各种古人化石的不断出土，这些标准正在不断地被突破。而即使是顶尖的考古学家，也不知道祖宗们应该长什么样。所以，这些祖宗究竟属于哪个辈分，眼下没有任何考古学家有十足的把握给出定论，只能寄希望于未来更多的发现。

第九场
傍人：吃货一个

这些曾经被统称为"粗壮南猿"的祖宗，大约在 270 万—250 万年前登台。那时候，整个地球正处于一个大的冰河期，全球气温骤然下降 11℃。随着气温降低，降水也越来越少，非洲大陆也因此发生了很大的变化，开阔林地进一步萎缩，野草则开始不断疯长。

植被的变化，首先影响的是那些以植物为生的动物。从前繁荣昌盛的水牛、夜猴、丛林松鼠、森林蝙蝠等渐渐变得稀少，而各种草原动物开始兴盛起来。那些仍然坚守在这片热土上的植食动物，也慢慢发展出了新的技能来适应新的环境。由于草比树叶的纤维更多，更费牙，所以为了适应这种食物的变化，大象、犀牛、三趾马、河马、猪以及羚羊等动物的牙齿，在形态、大小以及结构方面都发生了相应的变化。由于草地比林地更加开阔，为了更好地满足逃命以及捕食的要求，一些食草动物还变得越来越喜欢踮着脚尖走路。踮着脚尖走路，就是用脚趾头走路，学名叫趾行（digitigrade）。趾行的好处，是比用脚掌着地的动物走路更轻更快。最常见的趾行动物的代表就是我们都熟悉的猫和狗。还有些动物，嫌脚趾头走路不够快，干脆改用脚指甲走路——也就是所谓的蹄行（unguligrade）。典型的蹄行动物，有我们熟悉的猪、羊、鹿等。这种自带皮鞋的配置，让它们能够应付各种地形和地表，即便在荆棘丛中，也能如履平地。

时代在变，生活在其中的人自然也要变。坚持不变，就会自取灭亡。对于这一时期的老祖宗们来说，也是如此。

既然树越来越稀少，不管是获取食物，还是躲避危险，都要在地面上想办法。尽管这时候的祖宗人生最大追求都是吃，但不同的人对于同一问题也有不同的解决方案。我们的老祖宗们也是如此：一部分专注于吃饱，水果蔬菜、鸟蛋虫蚁、种子坚果、草根树皮，只要没毒，来者不拒；另一部分专注于吃好，生活就是要有品质，头可断，血可流，就是要吃肉。

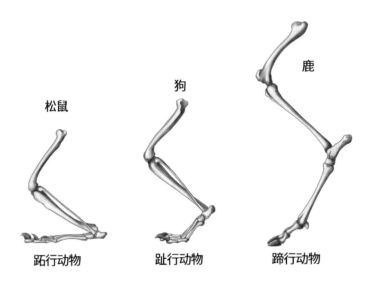

松鼠　　　狗　　　鹿

跖行动物　　趾行动物　　蹄行动物

● 跖行、趾行、蹄行腿部骨骼构造对比。正常走路是跖行，蹑手蹑脚准备悄悄地蒙上你的眼睛时用的是趾行，跳芭蕾舞是蹄行。

慢慢地，专注于吃饱的那些，被大自然一筛选，就变成了专业的吃货，拥有巨大的牙齿、强壮的咬肌、威武的鸡冠头。专注于吃好的那些，被大自然一筛选，发展出了能吃上好东西的工具策略。

本是同根生，奈何久别离。长期采用不同的生存战略，让这些同门兄弟渐行渐远，变得不一样了。那些威武的吃货，变成了曾经的粗壮南猿，今天的傍人。那些长期开外挂的，变成了肯尼亚平脸人、惊奇南猿、能人及直立人。

它们虽然头顶同一片蓝天，脚踩同一片大地，抬头不见低头见，但是，它们不是完全的竞争者。因为，它们有着不同的谋生策略。道不同，不相为谋。所以，你走你的阳关道，我走我的独木桥，大家井水不犯河水，共同汲取这片土地上的资源。

目前发现的傍人，一共有三种。

一种是生活在 270 万—230 万年前的埃塞俄比亚傍人（*Paranthropus aethiopicus*）；一种是生活在 260 万—120 万年前的鲍氏傍人（*Paranthropus boisei*）；还有一种，是生活在 200 万—120 万年前的罗百氏傍人（*Paranthropus robustus*）。

● 埃塞俄比亚傍人和鲍氏傍人分布在东非，罗百氏傍人则分布在遥远的南非。

有些比我小200万岁的后生仔，明明长着一张巴掌脸，还敢宣称自己是吃货，这样的孩子，怕是没有见过真正的吃货。

● 鲍氏傍人复原图。

既然都是吃货，就都得有吃货的样子。所以，尽管三个祖宗的身材和其他南方古猿相差无几，出现时间早晚不同，存活的时间长度不同，长相也略有差异，但它们都咬肌发达，眉脊突出，长着一张盘子脸、一口能把桌子咬碎的巨齿和一个坚实的下颌，雄性头部还都有类似于大猩猩那样的矢状脊，看上去像个鸡冠头，颇有几分煞气在。考虑到这些和其他南猿的相似之处，它们一度被统称为"粗壮南猿"，但后来考虑到和其他南猿的不同之处似乎更加突出，而且这些特点明显偏离了向智人进化的轨道，因此，它们又都被归到了傍人属下。

第一个发现并命名傍人的是我们的老熟人，半路出家的，老当益壮的，为雷蒙·达特先生两肋插刀的考古学家罗伯特·布鲁姆。

布鲁姆先生在力挺朋友的过程中，得到了一些化石。由于他是为了找南方古猿去的，而这些化石又确实和南方古猿有几分相似，因此，当时，他把这些化石归到南方古猿属下，起名"粗壮南猿（*Australopithecus robust*）"。随着越来越多的傍人化石出土，考古学家发现，它们这种野兽派风格和越来越纤细的人类演化趋势也不符合，反倒接近大猩猩的演化方向，再把这些特立独行的灵魂，安放在南方古猿属下，不光它们有点儿委屈，人们看着也有些别扭。于是，他们把它们从南方古猿属下拎出来，单独划为一属——傍人属（*Paranthropus*）。

当然，单立门户，不仅仅是抬高它们的江湖地位，安放它们的青春，看起来更顺眼，这个门户，同时也意味着，不管它们是不是猩猩们的祖先，它们都不可能是我们今人的直接祖先。因为，"傍"的意思是"靠近、依附"。"傍人"就是和人非常接近但又不是人的人。所以，辈分再高，也只是我们智人的二大爷，绝不是亲爷爷。

▲ 埃塞俄比亚傍人：吃货的开山鼻祖

三种傍人里面，出现最早的是埃塞俄比亚傍人。它们生活在 270 万—230 万年前，埃塞俄比亚傍人的化石主要有两个。一个是 1967 年在埃塞俄比亚发现的编号为 Omo–18 的下颌骨，另一个是 1985 年在肯尼亚图尔卡纳湖畔发现的编号为 KNM–WT 17000 的著名的"黑骷髅（Black Skull）"。

Omo–18 是一个无牙的下颌骨，处于一个 250 万—230 万年前的地层之间。发现它的考古学家认为，这个 V 字形的下颌，和其他南猿明显不同，不应该放入南猿麾下。因此，他们给它单立门户，命名为埃塞俄比亚傍人。因为化石太少，这个命名并未引起学界的重视。直到 1985 年，理查德·利基团队中的艾

伦·沃克（Alan Walker）在一个富含镁矿的地层中，发现了一个乌漆墨黑的骷髅头，"埃塞俄比亚傍人"的称号才重现江湖。

这个完全黑化却十分完整的骷髅头，长着迄今为止发现的最大的矢状脊、巨大的脸盘子、突出的嘴巴，以及巨大的牙齿，看上去十分威武霸气。不过，从生活环境来看，埃塞俄比亚傍人的日子很苦。

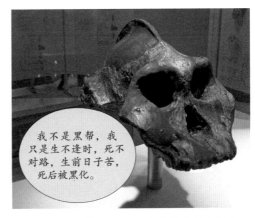

我不是黑帮，我只是生不逢时，死不对路，生前日子苦，死后被黑化。

● 埃塞俄比亚傍人化石。威武雄壮的鸡冠头，乌漆墨黑的大脸盘子，一口巨大的牙齿。

你看到我在享福，没看到我在受苦。200多万年前的非洲是真穷，水果只能当点心，随处可见的树皮、草根才是我们的正餐。

● 埃塞俄比亚傍人采集果实场景想象图。

那时候，非洲大陆正在经历一次较大的气候变化，气候由湿变干，由暖变冷，森林逐渐变得稀疏。这种情况下，它们少不了要吃些树皮草根、坚果种子之类的糙食。它们巨大的臼齿、牙齿上富含的C4植物同位素、头顶上高耸的矢状脊以及外展的颧弓，都证明了这一点。

鉴于它们的头骨形状与先前的阿法南猿有一些相似之处，一些考古学家认为，它们和非洲南猿一样，是阿法南猿的后代。只不过，它们这一支，不是把精力用在发展智商上，而是用于钻研吃的。所以，它们变成了咬肌发达、牙齿巨大的吃货，走上了专业化发展的道路，从而和人属渐行渐远。

▲ 鲍氏傍人：我是满脸都写着"吃货"二字的食草动物

没有什么能够阻挡吃货的步伐。变成埃塞俄比亚傍人后，这群吃货并没有就此收口，而是继续把吃发扬光大。于是很快，它们又上了一个台阶，变成了牙齿更加巨大、咬肌更加发达的鲍氏傍人。

鲍氏傍人生活在 230 万—120 万年前。最早发现的鲍氏傍人，是生活在 175 万年前的奥杜威峡谷（Olduvai Hominid）的 OH-5。凭借着鸡冠头一样的矢状脊，这个脸大牙大的家伙，被认为是吃货中的吃货，江湖人称"鬼见愁"、"坚果破壳器"、"胡桃夹子人（nutcracker man）"。

这位 1959 年出土的鲍氏傍人，对考古学的贡献是巨大的，因为它是第一个被用科学方法测定生存年代的古人。加州大学的地理学家加尼斯·H. 柯蒂斯（Garniss H. Curtis）教授，首先将钾-氩测年法用于测量古人的生存年代。而根据他的测量结果，这位 OH-5 傍人生活在 175 万年前。

这个结果震惊了当时的世界，因为当时大家心目中，哺乳动物的进化不过才几百万年，人类的进化至多不过 10 万年。因此，这位老祖宗——尽管不太像直系祖宗，以超出所有人预料的生存年代，向全世界明白无误地表明，如果人类要寻根，不要去欧洲，也不要去亚洲，更不要去美洲，要去非洲，才有希望。

由于时间跨度长，鲍氏傍人的空间范围也相应变得很广，考古学家在埃塞俄比亚、肯尼亚、坦桑尼亚和马拉维都发现了它们的踪迹，总的来说，它们生活在相对干旱的地方，除了靠近水源地有一些森林以外，大部分地方都是草原。

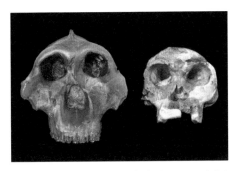

● 鲍氏傍人 OH-5（左）和能人 OH-24（右）的头骨化石对比。

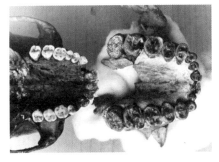

● 智人（左）与鲍氏傍人（右）的牙齿化石对比。

● 博物馆里的鲍氏傍人复原像。长得凶猛高大，其实是个"人肉割草机"，为了当个称职的吃货，咱们这位旁系祖宗是真有点儿不管不顾了。

从化石来看，鲍氏傍人的脑容量大概为 510 毫升，比南方古猿稍微大一点儿。它们雄性身高 1.37 米，体重 49 千克，雌性身高 1.24 米，体重 34 千克。虽然被称为粗壮南猿，但身高体重比起其他纤细南猿，并没什么显著不同。而且，像这一时期的其他古人一样，傍人有明显的雌雄二型性，其中一个明显的表现是，男的都有明显的矢状脊，女的却没有。

作为单独的一种祖宗，鲍氏傍人有着自己的独门绝技——吃。为此，它们拥有全套为吃而生的清奇骨骼，包括高耸的鸡冠头、盘子一样的大饼脸、比我们今人大两倍的后牙，还有迄今为止人类牙齿中最厚的珐琅质。可以说，在古人里面，它们吃的功力，首屈一指，尚无出其右者，真正是吃货中的吃货，吃货中的战斗机，满脸都写着"吃货"二字。

正是凭借这样的天生异相，鲍氏傍人为自己赢得了"胡桃夹子人"、"坚果破壳器"的名号，颇有几分鬼见愁的气质。不过，虽然它们叫"坚果破壳器"，但最新的研究表明，它们的这一称号，名不副实。从牙齿微磨损和同位素残留情况来看，它们既不像现在的黑猩猩、大猩猩那样纯粹以 C3 植物为主，也不像它们同期的其他南方古猿和我们今人一样，既有 C4 植物，也有 C3 植物，而是表现出了纯粹以 C4 植物为生的饮食结构。

C4 植物通常包括生长在热带地区的草和生长在潮湿地带的莎草，但考虑到莎草的分布范围实在有限，不足以养活它们，考古学家认为，它们是专食草类的一种动物。事实上，不管是莎草，还是其他草，这种饮食结构，在灵长目动物之中，都属于非常罕见的，在所有现存和已经灭绝的灵长目动物中，唯一和它们十分相似的，是一种和它们生活在同一时期、现在已经灭绝的狒狒。

由此可见，尽管它们还长着一副人类祖宗的样子，但它们已经实实在在地走向了食草动物的演化路径。它们的食物竞争者，已经不是其他傍人或是南猿，而是牛、羊、马、长颈鹿等动物。所以，从这个角度说，与其叫它们"坚果破壳器"，还不如叫它们"人肉割草机"来得更准确。

▲ 罗百氏傍人："骨灰级"吃货的名号是我用命换来的

当埃塞俄比亚那里的鲍氏傍人正在成天啃草的时候，南非那里的同门兄弟罗百氏傍人过的生活则相对滋润很多。

罗百氏傍人和鲍氏傍人生活的年限大体相当，在200万—100万年前。1938年，罗伯特·布鲁姆为拯救同伴雷蒙·达特而发现的那个祖宗，就是罗百氏傍人。

与前面两种傍人类似，罗百氏傍人也长着一副霸气的吃货嘴脸，身高体重也无太大悬殊，但作为单独的一个种，它们和生活在东非那里的同门兄弟鲍氏傍人还是有区别的。这区别主要表现在两者的饮食习惯不同。对两者牙齿同位素和微观磨损情况的最新研究表明，鲍氏傍人的牙齿C4含量超过所有的古人，而罗百氏傍人的牙齿C4含量并不高。说明前者专注吃草，而后者食性相对广泛。

此外，罗百氏傍人和鲍氏傍人更大的不同，还在于它们这一支都有病。说出来你可能不信，很多罗百氏傍人，都有牙釉质发育不全的毛病，表现在超过1/3的罗百氏傍人，磨牙都有像高尔夫球表面那样均匀而对称的凹陷。考古学家认为，它们得这种病实在是命中注定。因为，它们经历了快速的基因变异，这种基因给了它们巨大的牙齿和厚厚的牙釉质，让它们长出了足有我们今人四倍大的磨牙，但同时，也给了它们这种牙釉质不全的毛病。

所以，千万不要以为吃过一些匪夷所思的食物，就能进入吃货行列。干一行，就得爱一行，真正的吃货，是要拿命来搏的。像罗百氏傍人这种，因为吃而病入膏肓、病入基因的，才称得上是真正的吃货。

牙口不好，自然爱吃软和的食物。考古学家在南非的斯瓦特克朗（Swartkrans）洞穴和斯泰克方丹发现了这一时期的骨器。其中，一些骨头的两端都磨得光光的，考古学家曾经以为它们是用来掏根茎的，但后来发现，这个

● 罗百氏傍人 SK-48（左下）与非洲南猿普莱斯夫人（右上）的对比。罗百氏傍人头部有矢状脊，脸像大盘子，牙釉质发育还不全。

骨棒更像是用来掏白蚁的。

考虑到 100 克牛排只含有 322 卡热量，100 克鳕鱼只有 74 卡热量，而 100 克白蚁可以提供高达 560 卡的热量，白蚁绝对是史前不可多得的高蛋白食品。再考虑到 340 万年前的祖宗就会使用石器，而罗百氏傍人的拇指和其余四指相对，具有像人一样精确的抓握能力，很多考古学家推测，罗百氏傍人也会这一招。

但这一观点并不能得到所有人的认同。有的考古学家认为，它们的大饼脸、巨齿、矢状脊，充分说明它们走的是一条吃货的道路，这是一种专业化的发展路径，和使用工具的路数是迥然不同的，鱼和熊掌不可兼得，所以，它们绝对不是那种能使用工具的人。

不过，考虑到黑猩猩和大猩猩都会使用工具，它们使用或是制造工具也不是不可能。而且，如前所说，它们和直立人头顶同一片蓝天，脚踩同一片大地，抬头不见低头见，还有点儿相同的基因，或许不相上下的智商，那点儿手艺，天天看着，要学会好像也不是很难。但同时，正因为它们和那些使用工具的祖宗生活在同一时间、同一地点，所以光凭这些较为零散的发现，就断定它们会使用工具，有点儿不太严谨。

不管怎么样，俗话说得好，牙好，胃口就好，身体倍棒，吃啥啥香，反过来，牙不好，胃口也不好，身体不棒，吃啥也香不到哪儿去。长着一口烂牙的罗百氏傍人，日子估计好过不到哪儿去。在南非发现的 130 多个罗百氏傍人，平均死亡年龄还不到 17 岁，不知道是不是和这个毛病有关。

相比起乍得沙赫人的脑袋、图根原人的腿，以及卡达巴地猿的下巴来说，傍人的化石算是多的了。但是，大部分是牙齿化石，而且很多化石呈现出非常复杂甚至是有些矛盾的特征。所以围绕它们，还是有很多解不开的谜。

从化石证据看，傍人大概在 100 万年前就完全消失了，所以，它们总共在地球上生活了近百万年的时间。关于它们消失的原因，考古学家们一度认为，是它们走上了一条错误的演化路径，只知道吃，还只知道吃一些粗糙的、没有营养的食物，太过专业化，因此，当环境发生改变的时候，它们很难适应新的环境，最终灭亡。但这种说法已经被牙齿同位素和微观磨损的证据推翻。除了鲍氏傍人专注吃草 100 万年以外，其他傍人，尤其是罗百氏傍人，从未专注吃草。因此，后来考古学家们推测，它们的巨齿虽然可以用来嚼烂坚硬的、粗糙的食物，但这只是一种应急机制，是灾荒年代用来加工那些粗糙的、不好吃的、没有营养的补偿性食物（fall back foods）的工具。这就好比大猩猩尽管长着一口能够嚼烂所有坚果和干草的牙齿，但是，如果每次吃饭都给它们提供软熟的水果和这些坚硬的食物，它们永远也只会吃水果一样。当然，这种说法也只是一种推测，并没有特别完善的证据，所以，并不是所有的考古学家都认可。

而除了它们的消失原因不可考，让考古学家们迷惑的另一个问题，是那个经典的老问题——这几位，究竟谁是谁的祖宗？谁是谁的后代？

有的考古学家认为，埃塞俄比亚傍人是由早期的阿法南猿甚至是湖畔南猿演化而来，后来又演化出了鲍氏傍人。至于罗百氏傍人，有的认为它们是非洲南猿的后代，有的则认为它们和鲍氏傍人一样由埃塞俄比亚傍人演化而来。

很可惜，和大部分祖宗一样，受限于对人类演化历程的认识和化石证据不足，它们的祖裔关系还难以说清楚。但不管它们是谁演化来的，只要记住一条，它们不是我们今人的亲爷爷，仅仅是二大爷，就足够了。

小 结
祖宗们的生存技能

这一拨祖宗们，虽然老胳膊老腿的，但都功勋卓著。首先表现在，它们占领了地面，为我们打开了一片广阔的天地。

进化大戏第一幕的几位主演，虽然可以直立行走，但是，它们大部分时间还是要待在树上的。因为它们的能力、它们的身体结构，都不足以支撑它们在地面上立足。

可是南方古猿，显然已经在地面上站稳了脚跟。虽然这时候的它们依然是小短腿，走起路来也摇摇摆摆、跟跟跄跄，和狗熊差不多，但它们颤巍巍跨出的每一小步，都是人类的一大步。因为，手脚分工是加速人类演化过程的第一个分工，一旦直立行走，手就可以腾出来干点儿别的了，拿个工具，捧个水果，抱个娃之类的。能让它们双腿迈开的同时，双手腾出来，咣哧咣哧，逛吃逛吃，把树皮草根薅个片甲不留。一旦长期从事不同的工种，手掌就不用再像脚一样支撑身体的重量，手的肌肉和骨骼结构也就相应地向着不同于以前的方向发展。而当手变得越来越会处理精细工作的时候，也就意味着智商同时得到了提高。

这种手脑协调相互促进的作用，在生物科学那里也得到了证明。科学研究表明，在人类进化史上，有几个关键的基因起着非常重要的作用。其中有一个坐落在1号染色体上叫作srGAP2的基因，具有增加神经元长度和功能，为大脑创造更多的联结，从而提高大脑的计算能力的功能。这个基因，自600万年前人与黑猩猩分开以来，曾经被复制过四次，第一次复制就是在340万年前，这一时间，和最早的工具使用时间恰恰相吻合。

▲ 成团是最好的出路

团队合作有多重要，听过付笛生的歌的人都知道。

"一支竹篙呀，难渡汪洋海；众人划桨哟，开动大帆船。一棵小树呀，弱不禁风雨；百里森林哟，并肩耐岁寒……一根筷子轻轻被折断，十双筷子牢牢抱成团；一个巴掌拍也拍不响，万人鼓掌声呀声震天。一加十，十加百，百加千千万；你加我，我加你，大家心相连……"

唱完歌，也得保持清醒的头脑，要认识到，群居不是什么都好，窝里斗就是经典的问题之一。

看过BBC 2018年度史诗级大片《王朝》（Dynasties）的人，对塞内加尔的那群以男一号大卫（David）为首的黑猩猩所表现出来的高智商应该都不陌生。打斗、背叛、隐忍、权谋、结盟、复仇，场面之宏大完胜《权力的游戏》（Game of Thrones），情节之跌宕更是秒杀《甄嬛传》，演员的表演水平，个个都可以得奥斯卡最佳演员。有一瞬间，我甚至都怀疑，我看的可能是一个由黑猩猩自己集体开会讨论出的剧本。

事实上，现实生活远高于艺术创作，在黑猩猩这种高智商且以腹黑出名的群体里，在上的权谋家总觉得卧榻之侧有他人酣睡，在下的野心家也的确时刻准备把老大拉下马，诸如挑衅、背叛、联盟、宫斗之类的权谋大戏，已经融入了日常生活的挠痒痒、抓虱子之中。

不过黑猩猩可不是只知道搞分裂。它们团结起来，也和人类有一拼。在面临外部威胁的时候，它们不需要号召，就能把先前那些争得你死我活的不共戴天之仇抛到一边。虽然是否一笔勾销不好说，但起码在这一阶段大家能够一致对外。反正，对于这些野心家和权谋家而言，没有什么问题是梳梳毛不能够解决的，实在不够，就再相互捉捉虱子。

毕竟，在种族存亡的关键时刻，抱团才是最好的选择，尤其是那些弱势群体。逛过动物园的人都知道，幼年时期的黑猩猩，和自己的母亲是片刻也不能分开的，那些半岁以内的黑猩猩，就和长在妈妈身上似的，爬树要背着，睡觉要背着，吃东西要背着，就连逃命也要背着。而2010年出土的阿法南猿塞勒姆则告诉我们，330万年前的祖宗们，婴儿期早已比猩猩们要长，需要妈妈照顾的时间只长不短；而且，它们没有铁笼子的保护，彼时的非洲，也远不是什么太平盛世——天上有兀鹫，地上有虎豹，水边有鳄鱼，树上有恐猫。

● 东非的阿法南猿家族想象图。这群古惑仔，虽然只是食腐，但气势不输。人多势众，英雄辈出，是 300 多万年前当之无愧的江湖豪门，非洲第一大帮。群体出动时，剑齿虎见了也不敢不服。

　　一个妇道人家，7 天 24 小时地挂着这么个累赘，吃不好，睡不好，且手无寸铁，也没有尖牙利爪，如果独自出行，无论是碰上哪一类野兽，结果都只是双双毙命。因此，群居，抱团，才是它们活命的根本大法，是种族得以繁衍的生存之道。从阿法南猿莱托利的两串脚印，到"第一家庭"的一大家子，以及后来的源泉南猿的一对母子，都充分表明，我们的祖宗，尽管不读书不唱歌，也知道人多力量大的道理。

　　除了可以提高安全系数以外，群居还有利于智商发育。

　　这个道理，孔子他老人家早就说过了，"三人行，必有我师焉"。民间谚语也总结过了，"三个臭皮匠，赛过诸葛亮"。著名的人类学家罗宾·邓巴（Robin Dunbar）也证明了，群体越大，成员的脑容量越大。因此，黑猩猩的群体，最多不超过 60 个成员，而南方古猿的群体，可以容纳大约 67 个成员；能人群体可以容纳 81 个个体。而我们今人，作为一种脑容量高达 1400 毫升的高智商生物，不借助任何社交软件，也完全可以在一个 150 人以内的群体中生活得游刃有余。

　　群居对促进智商发育的好处，到人类的演化进入人属动物的时候才会真正展现出威力。那时候，人类演化和其他生物的演化有了显著的不同，表现在我们除了和其他生物一样靠基因突变与自然选择进行生物演化以外，还能开外挂——靠文化进行演化，但这并不是说早期就不重要。事实上，群居正是文化诞生的先决条件之一，如果没有群居，文化要诞生、发展、延续、传承下去，几乎是不可能的。工具的发明、技术的改进、制度的建立等等真正推动社会进步的硬核科技，都需要仰仗社群组织才能得以实现。脑指数就明确告诉我们，群居动物普遍比独行侠智商要高。比如猫和狗，前者独来独往，智商就要差点儿意思，后者朋友遍地以至于我们还发明了"狐朋狗友"一词来描述它们的社交能力，显然智商也较高。

群居的第三个好处，在于可以增加食物的获取能力。

这一阶段的祖宗们，不再满足于当一个素食主义者，所以除了吃水果蔬菜、树皮草根，它们也开始尝试肉类。肉类的营养价值自然不是素食能比的。可是任何一件事情，收益高也就意味着风险高，吃肉也不能例外。在当时，吃肉虽然不花钱，但有可能要命，尽管这个肉是腐肉——腐肉也是从新鲜肉来的，一样是好东西，祖宗们爱吃，恐猫、鬣狗、兀鹫、狮虎也爱吃。而且，腐肉不像花草树木，有着固定的地方，不会跑，腐肉的分布是没什么规律的，要看运气。所以，很显然，无论是寻找腐肉，还是把腐肉弄回住地，人多，成功的概率才高。

群居的第四个好处，在于从长远来看，有利于人类种群的繁衍。

非洲的大草原，地儿大，物不博，仅靠采集食物为生，单位面积能够养活的人口，并不太多，所以注定是"猿"烟稀少。这种情况下，如果大家再变成风里雨里独来独往的独行侠，相个亲可就费了牛劲了。如果再考虑到时常发生的天灾人祸，比如前面所说的出门被恐猫带走、被山洪卷走、从树上摔下来等等，长此以往，种群面临的结果，自然不难想象。

◤ 吃肉是最划算的事

这一阶段的祖宗们，干果、水果、树叶、树皮、草根、块茎、昆虫、蛆虫、蜥蜴、毒蛇、小兔子……拈花惹草，捕虫捉兽，来者不拒。基本上，山上跑的、草里爬的、天上飞的、水里游的，只要能填饱肚子的，它们都吃。

除了来者不拒，这一阶段的古人取得的对后世最有深远影响的巨大成就，是开始吃肉。从吃素到吃肉的转变，不仅仅体现了生活水准的提高，还体现了获取肉类和消化肉类的能力的提高。

从素到荤的转变，以前考古学界一直以为是260万年前的能人，甚至是150万年前的直立人才完成的，但2010年在埃塞俄比亚迪基卡地区发现的被切割的动物化石，和2011年在肯尼亚的洛迈奎发现的149块石头工具，充分表明，阿法南猿和肯尼亚平脸人已经学会"酒肉穿肠过"了（对不起，没有酒，只有水）。

要知道，对于这一阶段的古人来说，生活不是那么容易的。最早的湖畔南猿生活在420万年前，而最早的工具发现于340万年前。不难推测，这80万年里，即使祖宗们有工具，也谈不上锋利，甚至谈不上称手。在长达上百万年的时间里，没有称手的工具，单凭它们那小小的身板，小小的脑容量，不难想象，它们不是猎人，而是猎物，不是追着野兽屁股跑，而是被野兽追着屁股跑。自然也不难想象，在没有工具，不会狩猎，自己本身还是猎物的情况下，要吃顿饱肉，得有多困难。运气好的情况下，等豺、狼、虎、豹或者秃鹫、鬣狗这些大爷吃饱喝足以后，祖宗们还能啃上点儿骨头上剩下的肉丝儿，吸点儿豺、狼、虎、豹、秃鹫、鬣狗等弄不出来的骨髓——骨髓和脑髓可是早期人类大肉的重要组成部分。运气不好的时候，别说吃肉了，祖宗们自己都会沦为别人的肉食。600万年前的图根原人，就死于剑齿虎的尖牙利爪之下；3岁的非洲南猿汤恩幼儿，死在鹰隼利嘴之下；编号为SK54的罗百氏傍人少年，被猎豹在自己的洞穴门口咬穿了脑袋。

吃肉，对于在地面上站稳脚跟有着怎么强调都不过分的好处。

首先，肉类能够提供的营养，任何蔬菜水果都比不上，遑论树皮草根了。除了人人都知道的蛋白质和脂肪，肉类还能提供钙、铁、锌、维生素B_{12}和维生素A等微量元素，这些在今天的我们看来最基础不过的日常摄入元素，正是身体正常运转所需要的重要元素。这些东西，绝大部分都是储藏在肉类之中的，偶尔有些蔬菜水果也有个别微量元素，但要么含量低得可以忽略不计，要么吸收率低得可以忽略不计。因此，在离善存片面世还有几百万年之遥的史前时代，要补充营养，没别的，只能靠吃肉。

● 能人食肉场景想象图。当能人们的食草朋友死了，它们就吃朋友的肉；当能人们死了，它们就变成肥料，滋养食草朋友们的食物。

其次，吃肉可以提升人类认识环境和改造环境的能力。不管是什么肉，都不像花草树木，会在固定的地方生长出来。你可以很容易地知道一大片无花果树林长在哪片山坡上，但你永远也搞不清楚下一头羚羊的腐肉会在哪里出现。寻找肉类，要走很多的弯路，需要比摘花更多的能量。体能消耗只是一方面，更重要的是，要在找肉上有胜算，还少不了要拥有地形地势的知识、空间方位的辨识能力、追踪猎物的能力、辨识猎物踪迹的能力、处理肉类的知识，以及制造工具的知识——这些能力和知识，正是人类认识自然、改造自然的基础。

有肉吃，就有工具出现，有肉吃，脑子就越来越好使。当脑子越来越好使的时候，它们又反过来能够改造工具，吃上更多的肉。当它们吃上更多的肉的时候，它们靠近今天的我们的速度，也就越来越快了。所以，尽管它们只是出于本能、出于活命的目的而吃肉，但它们一旦吃到肉，大脑就有了进化的燃料，天地就要为之变色了。正是它们这项无意的举动，开启了一个新时代。因此，从这个角度说，正是这批吃肉用工具的祖宗，开启了我们人类大脑的进化之路，奠定了文明的基础。

◢ 开外挂才能神速升级

2010 年以前，谁要是说这一阶段的祖宗会使用工具，一定会被笑掉大牙。

2010 年之后，谁要是说这一阶段的祖宗不会使用工具，也一样会被笑掉大牙。

因为，2010 年，顶级学术期刊《自然》刊登了发现塞勒姆的泽拉塞奈·阿莱姆塞吉德博士的文章。阿莱姆塞吉德博士在发现塞勒姆的迪基卡地区找到了4 块距今 339 万年的动物骨头，经过扫描发现，其中的 2 块骨头在变成化石之前，都确凿无疑经过了石器的敲击和刮削。而敲击和刮削，正是古人取食骨髓和肉丝的惯用手法。

阿莱姆塞吉德博士的文章一发表，就一石激起千层浪。因为在他之前，在所有发现的老祖宗里，能使用工具的，只有能人和惊奇南猿。最早的工具，也没有早于 260 万年前。但阿莱姆塞吉德博士并没有孤单太久，因为 2015 年，来自纽约州石溪大学的索尼娅·哈曼德（Sonia Harmand）教授在《自然》杂志

● 傍人打制石器场景想象图。

● 砸坚果和掏白蚁的黑猩猩。

上，公布了她在肯尼亚图尔卡纳湖西岸的洛迈奎 3 号遗址发现的距今 340 万年的 149 片石片、石锤和石砧等石器。

虽然这些洛迈奎石器和迪基卡地区的动物骨头有可能不属于同一祖宗所为，但起码是同一时代的祖宗所为。而且，尽管这些洛迈奎石器比奥杜威石器更加原始，还要手残，但是，从这些石器的形态来看，祖宗们在制造石器的时候，已经对石头的断裂力学和剥片技术有了初步的认知，是有意识制造出来的。

这些证据，不仅仅是将人类使用工具的时间往前推了 80 万年，进而也把制造工具的时间，向前推进了 80 万年，还推翻了长久以来学术界对史前人类文化阶段的划分。

在洛迈奎石器出现以前，关于旧石器时代的文化，主要是根据格雷汉姆·克拉克（Grahame Clark）博士的五种石器水平划分的。根据这一划分标准，从 260 万年前到 1 万年前，人类社会经历了五个发展阶段。第一阶段是 260 万年前的奥杜威文化，代表技术是类型单调、器型简单的石核和石片工具，主要使用人群是能人；第二阶段是 180 万年前的阿舍利（Acheulian）文化，代表技术是器型较为规整的两面技术和水滴形的阿舍利手斧，主要使用人群是直立人；第三阶段是 30 万年前开始的莫斯特文化，代表技术是勒瓦娄哇技术、软锤技术，用石片毛坯加工成精致的刮削器、尖状器，主要使用人群是尼安德特人（*Homo neanderthalensis*）；第四阶段是 5 万年前开始的石叶文化，代表技术是间接剥片技术、软锤技术、压制技术，使用人群是智人；第五阶段是细石器文化，以细石器技术及其制品为代表，复合工具广泛出现，使用人群还是智人。

而洛迈奎石器产生于至少 340 万年前，比从前想象的要早 80 万年，因此这一发现，意味着人类使用工具的历史需要改写。祖宗们比我们想象的要聪明得多。虽然在动物界还非常弱，在食物链上的地位也非常低下，但不管怎么说，它们已经挣扎着迈出了关键性的几步——能下地，能站稳，能吃肉，能过集体生活，还能制造工具。

它们做梦也不敢想象，几百万年以后，它们的后代会爬到食物链的顶端，掉过头来制服当初追着它们屁股跑的那些猛兽，但是，正是这些不敢做白日梦的祖宗，踏踏实实、一步一个脚印地走来，才成就了我们今天的光荣与梦想。

从这个角度来说，虽然它们长得还不太有人样，但叫它们一声祖宗，也没什么不好意思的。

PART 3

工具思维很重要

历史进入 200 万年前的时候，人类进化大戏再次出现了一个巨大的高潮。这主要归因于大环境的变化，从前那个慢慢变凉、偶尔振荡一下的气候，让位给了更加凶猛、反复变迁、激烈振荡的可怕气候。图尔卡纳盆地的动物化石表明，240 万—220 万年前，以及 200 万—180 万年前，这里的哺乳动物的种类和数量都有巨大的变化。那些适应草原生活的动物，无论是种类还是数量，都有了明显的增加，那些不适应草原生活的动物，则要么数量下降，要么灭绝。证据还显示，250 万年前是一个关键的转折点，从这一时期开始，几乎每 10 万年气候就发生一次巨变，动物也跟着换一茬。

这种复杂多变的气候，对生活在其中的生物的影响，无疑是巨大的。显然，只有那些有着更强的主宰命运的能力的人，才能适应这种"乌卡"的剧情。而人类进化大戏从前的那些主演，到此时，要么已经作古，要么快要作古，演不动了。这一时期的风云人物不再是各种古猿，而是各种被称为 Homo——"人"的人属动物。

别看中文叫作"××人"的主角很多，真正在用拉丁语命名的生物分类法里，和我们今天的人同在一个属的，只有各种叫"Homo"的动物。这表明，比起其他那些"××人"，这些名叫"Homo"的人属动物，和我们拥有更多的共性，离我们更近。

既然被尊称为人，就必须得有点儿人样才行。所以，这一时期的主角们，不仅能站起来，还能跑起来；不仅会敲敲打打，还会做点儿像样的工具，寻求技术上更大的突破；不仅能敲边鼓吃腐肉，还能主动出击，追着动物到处跑；不仅能吃生肉凉菜，还学会了简单而又实用的烹饪方式——烧烤。

随着它们打怪技能的不断提升，非洲那一隅已经容不下它们那颗蠢蠢欲动的心了。于是，在它们勇敢地与乌卡大环境做斗争的过程中，它们的舞台也从非洲大草原转移到了非洲以外的亚欧大陆，人类进化大戏的第三幕——《极限挑战》正式拉开了帷幕。

第一场
能人：地位堪忧的技术专家

"能人"这个概念，最早是 1964 年提出来的。

1960 年，路易斯·利基和玛丽·利基（Mary Leakey）夫妇在奥杜威峡谷发现了一个天灵盖和一块带牙的下颌。这就是被称为"乔尼的孩子（Jonny's Child）"的 OH-7——第 7 号奥杜威人。很快，一个没有脚趾头、被鳄鱼咬了两个洞的成人脚部化石也被发现了，这就是苦命的 OH-8。1963 年，一位脑袋被马塞族人的牛群践踏成碎片的十五六岁的少年也出土了，这就是编号 OH-16 的"乔治（George）"。

这几个骨架残缺不全的祖宗都生活在 170 万年前，磨牙小于南方古猿，脑容量却高出 45%，还有一双制造石器的好手。鉴于这些特征比稍早一点儿的非洲南猿，以及同一时期还在嚼草根的鲍氏傍人要杰出太多，能耐太多，利基夫妇和他们的小伙伴们把它们归入了人属（Homo），还起了个很响亮的名字——能人（Homo habilis），种名"habilis"，是拉丁文，意思是"心灵手巧的，能干的（able, handy, mentally skillful, vigorous）"。

1964 年的考古学家们，判别是人是猿，是有一个很高的标准的，只有超过 750 毫升的脑容量才有资格做人。而被利基夫妇命名为"能人"的那个模式标本——OH-7 小祖宗，脑容量的上限还没有达到"人"的下限。所以，利基夫妇的文章一发表，就引起了巨大的争议。

反对能人分类的考古学家，主要有两类。

一类认为，这些化石和南猿比起来，虽然看上去确有区别，但它们看起来更不像人——脑空肠肥，只在非洲活动，生长发育速度和方式接近猿，有巨大的二型性差别。所以，这些化石，只不过是非洲南猿，所有的差别，不过是同一物种内的多样化。

另一类认为，这些化石有着更长的腿、更灵巧的手、更聪明的大脑，能说

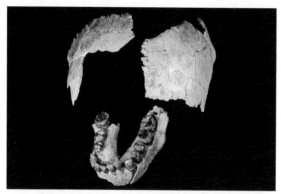

● 能人 OH-7，乔尼的孩子。

● 能人 OH-8，脚被鳄鱼咬过。

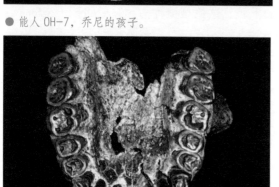

● 能人 OH-65，犬齿虽然比现代人大，但整个牙弓已经呈现出现代人特有的抛物线形状。

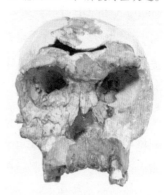

● 能人 OH-24，代号"崔姬"。

明它们能吃更多的肉，而且虽然看上去有点儿像猿，但它们时时处处都透出和直立人的相似之处。所以，这些化石不过是早期的直立人，所有的差别，不过是同一物种内的多样化。

虽然这些争议到今天一直存在，但利基夫妇对奥杜威峡谷的发掘，以及对"能人"这一概念的提出，依然具有重要的意义。首先，他们再一次确凿无疑地证明了达尔文关于"人类的起源应该是在非洲"的论断。所以，在他们之前，在非洲找化石的基本都是非洲人，或者是在非洲生活的人，而他们之后，在非洲找化石的，几乎都是非非洲人了。此外，他们还掀起了一场长达几十年的关于早期人属祖宗分类问题的争论。时至今日，新的化石早已证明了达尔文和利基夫妇对人类起源的判断，而关于祖宗们的世系，却依然没有确定的答案。

虽然能人的命名一直有争议，但被归到能人旗下的化石却非常多。

1968 年，还是在奥杜威峡谷，编号为 OH-24 的崔姬（Twiggy）面世了。这个生活在 180 万年前的祖宗，头骨被挤压成了一张煎饼，薄得和当时瘦成纸片人的英国超模 Twiggy 有一拼，"崔姬（Twiggy）"一名便由此而来。在经过考古学家的乾坤大挪移之后，这位纸片人祖宗恢复了惊人的容貌，脑容量高达 590 毫升，远超南方古猿 485 毫升的平均水平，这显然不是用种内的多样性能解释得通的。因此，那种把能人和非洲南猿看成同一种祖宗的观点从一定程度上来说丧失了立足之地了。

1972 年，路易斯·利基病入膏肓之际，他的二儿子理查德给他捧来了世界上最好的临终安慰——一个编号为 KNM-ER 1470 的头骨。这个生活在 190 万年前的祖宗，和 180 万年前的崔姬一样惨，头骨碎到考古学家需要用细筛子才能给它一片片地筛出来。虽然惨不忍睹，但经过考古学家们的妙手回春之后，这个头骨也展现出了非凡的一面——它的脑容量高达 775 毫升！

这把昏昏沉沉的路易斯吓得都回光返照了，两天后，路易斯满意地闭上了眼睛。学术界，也跟着消停了。那把骨头，虽然少了点儿，但还是挺像咱老祖宗的。毕竟，脑袋不小，也会做石器，智商在那儿摆着呢！

学术界消停了，理查德却消停不了。1973 年，还是在发现 KNM-ER 1470 的库彼福勒（Koobi Fora）地区，他的团队又发现了另两个头骨。一个生活在 190 万年前，编号 KNM-ER 1813；一个生活在 170 万年前，编号 KNM-ER 1805。

编号为 KNM-ER 1813 的头骨，脑容量只有 510 毫升，和南方古猿相差无几，远小于生活在同一时代同一地区的 KNM-ER 1470；编号为 KNM-ER 1805 的头骨，长了几条和傍人一样的矢状脊，但脑容量却达到了 581 毫升，远超过南方古猿 485 毫升的平均水平。这些头骨，尽管彼此之间有巨大的不同，但在那个统一派大行其道的年代，要么被解释为种内多样性，要么被解释成较大的雌雄二型性，总之，统统归到了能人旗下。

1986 年，由两位知名人士，唐纳德·约翰逊——露西小姐的经纪人，和蒂姆·怀特——著名的"斜杠中年"、露西小姐和阿迪小姐的联合经纪人，共同发掘的 OH-62——第 62 号奥杜威人，隆重出土了。

这位生活在 180 万年前的祖宗，出土的时候已经碎成了 308 块，还没有脑袋，不过，虽然无脑，这些残破的手足却是迄今为止唯一面世的长在同一个能人身上的胳膊腿儿，是研究能人的身体比例唯一的直接证据。这位祖宗虽然胳膊的确偏长一点儿，但腿长已经属于现代人的范围了。这说明，比起南方古猿，能人已经可以更好地适应地面上的生活，能够长距离行走，并没有从人类进化的大道上跑偏。

2007年，考古学家又在图尔卡纳盆地发现了144万年前的一个能人的天灵盖。2015年，在埃塞俄比亚盛产古人化石的阿法地区，又出土了一个280万年前的能人下巴。这两个发现非常重要，前者将能人生活的时间下限往后延续了20万年，后者将能人出现的时间上限往前拓展了50万年。

但这些被归到能人属下的化石，不但没有解决能人这一分类的合理性问题，反而让这个问题更加凸显。因为，280万年前，能人露面的时候，各种南猿正繁荣昌盛；190万年前，能人如日中天的时候，直立人也开始显山露水。这三者都会制造工具，都似像非像，而被归到能人旗下的化石又是如此千姿百态。显然，不仅仅是能人的分类问题需要重新思考，之前那种能人进化成直立人的观点，也要重新评估了。

不过，尽管彼此之间差异不小，但能够被归到同一旗下的这些化石，还是有很多共同点的。最起码的一点，就是比起前一阶段的祖宗来说，这些化石在智商方面都出现了巨大的进步。表现在骨骼气质上，就是尽管个别化石的脑容量属于南方古猿的范畴，但整体的平均脑容量比南方古猿增加了近50%，差不多是现代人类的一半。这些进步反映在行为举止上，就是它们可以制造、使用和保存工具了。

虽然使用工具和制造工具不算什么新技能，330万年前的老祖宗，已经会制造洛迈奎石器，今天的黑猩猩，也会抓起石头砸坚果，折根树枝钓白蚁，但能人会跑到比较远的地方，去找适合砸坚果、掏根茎、刮腐肉的石头、木头和骨头棒了。考古证据显示，195万年前的能人，已经学会在12千米以外的地方寻找石材，而且这一石材厂在长达10~20年的时间里都有被重复使用的迹象。这充分说明，它们对选材是有讲究的，它们对于不同石头的物理属性，已经有了一定程度的认识。

●能人使用工具生活场景想象图。用打狗棒掏个木薯，朝野兔扔个奥杜威牌
手斧，爬到树上摘个水果，钻到草丛里偷个鸵鸟蛋，偶尔群体出动，去豹口、
虎口夺食，捡漏吃个大肉，能人的生活也是挺滋润的。

除了讲究选材，它们制造工具的手法也进步了不少。洛迈奎石器和今日黑
猩猩砸坚果所用的石器并无二致，制造时都是双手将一块石头举过头顶，然后
奋力砸向地面上的另一块石头。这样的石器，块头巨大，不称手，器型远谈不
上标准，而且，作为一锤子买卖的产物，工程质量毫无保障，有可能砸偏，有
可能砸碎，还有可能砸着自己的脚。

能人的石器，虽然依然是拿一块石头敲另一块石头的结果，器型也依然谈
不上标准，但根据断裂力学分析，它们已经能够识别正确的敲击角度，懂得石
头的断裂力学，对石头属性的认识已经有了巨大的进步。所以，这个敲，不是
闭着眼睛乱敲的，而是一手握着当手锤的石头，一手握着当工具的石核，有选
择、有角度地敲。

别小看这点儿进步，今天的黑猩猩，虽然可以训练它们用石头砸石头、制
造石器，但它们无论怎么训练，都没办法识别出正确的敲击角度，每次是否能
砸出可用的石器，全看运气。可见，这个工艺反映出的智商水平，是黑猩猩们
难以望其项背的。

最后，最重要的是，能人会保存工具。它们不但会为今天、明天、后天做准备工作，用完这些工具还会随身带着，以便一路走，一路砸坚果、掏树根、钓白蚁，以及敲骨髓。这不但比起黑猩猩来说是一种进步，和从前的祖宗们比也是一种进步。

懂不懂保存工具，不是会不会持家这么简单，而是对未来有没有预见性。

同为灵长目动物，预见性的高下，有着天渊之别。比如蜘蛛猴（spider monkey），对时空有一定的感觉，所以知道在特定的时间、特定的地点，找特定的水果吃。比蜘蛛猴更高级一点的是我们的兄弟——黑猩猩。它们不但懂得在特定的时间、特定的地点，找特定的水果吃，而且，还懂得去折树枝、拔草茎、钓白蚁，也懂得用石头砸坚果。这说明，它们已经初步具有了工具思维，懂得用一种介质把不同的事物联系起来。而能人，不但会给自己在附近搞一个石材厂，还会提前打造好要用的工具，以便随时拿出来用。这说明，它们不但懂得把不同的事物联系起来，而且还懂得把不同的空间、不同的时间联系起来。

从单纯懂得食物来源，发展到能用简单的工具获取食物，再到精心修整和保存工具，所需要的心智水平，在今人看来，也许没什么明显的不同，但正是这些微小的分别或者说是进步，却有着本质的区别，体现了一种预见性的不同，一种智商的提高，从而为技术的发展，直至今天人类社会的形成，奠定了基础，铺平了道路。

所以，为了纪念能人的伟大成就，考古学家们不但把它们当作人属的老大，还根据它们的出土地点奥杜威峡谷（Olduvai Gorge），给它们发展的技术也取了个名，这就是"奥杜威文化（Olduvai culture）"。

会制造工具，意味着它们获得的食物来源更加丰富，质量也更高，从前不能得手的，都能得手了。从前，那些不会制造工具的祖宗，要吃肉，多半只能吃些蜗牛、毛毛虫、小乌龟之类的小肉，或者只能靠天吃饭，当机会主义者，吃豺狼虎豹吃剩了的残羹冷炙，或是因其他原因死亡的动物。会制造、使用、保存工具后，一切就不同了，虽然早期它们大部分时间还是吃腐肉，但它们可以吃到最精华的——豺狼虎豹弄不出来的脑髓和骨髓。这可是高脂高热的上好补品，正宗的脑白金，补脑效果一流。它们还可以很快地把想要的部分切下带走，到安全的地方再慢慢享用。
当找不到腐肉、捡不到便宜的时
候，凭借手里的工具，它们还能
吃上新鲜肉和新鲜菜。从前那些
没办法得手的穿山甲、刺猬、乌
龟之类的，看到了，上去给一棒
子，就能拖走。那些深埋在地下
的靠手要挖半天才能得到的植物
根茎，也用石头、木头或者骨头

● 只需一锤子买卖，就可以制造出的奥杜威石器。

做的尖状器刨几下就可以搞定。从前那些无处下口的贝壳，一手锤可以砸个稀
巴烂。总之，它们的石头砍砸器，虽然粗糙，功能也略等于一把低配版的斧头；
刮削器虽然厚得好像没开过刃，但也约等于低配版的瑞士军刀或者镰刀；至于
尖状器，那是低配版的锥子、匕首、锄头……别看都是低配版，低配版也是武
器，是赖以生存的工具，可以保证它们能把非洲大草原翻个底朝天，不浪费一
点儿大自然的馈赠。

　　工具不仅仅可以拓宽食物的来源，还可以提高获取食物的效率。有了工具，
单位时间里，它们可以吃到更多的水果，掏更多的鸟窝，捅更多的蜂窝，挖更
大的植物根茎，砸更多的坚果。以前要花五六个小时才能把自己喂饱，现在，
三四个小时绰绰有余了。

　　那多出来的时间干什么呢？

　　还能干什么？捉虱子、梳毛、晒太阳、追跑、打闹、做游戏呗。别以为它们
不务正业，这可是真正的素质教育。捉虱子、梳毛、晒太阳是促进感情交流、加
强团队合作最有效的社交活动，和现在的人谈心、喝酒、逛街、唱 K 效果一样。
追跑、打闹、做游戏则是现场教学，和演习、军训、拓展、进健身房一个性质。

　　再说，闲了，成年人也可以干点儿啥，比如，生孩子。

　　说到生养孩子，就得说说孩子是怎么来的了。

　　在灵长目动物里，婚姻家庭和性模式有三种。第一种，是群婚杂交模式。
猕猴，就过着这种生活，要是不小心有了娃，虽然爸爸（们）偶尔也会搭把手，

但主要还是靠妈妈自己。第二种，是一夫多妻制。我们的兄弟黑猩猩，还有山魈，过的就是这种生活。这样的群体里，杀伐大权是大哥的，地位是大哥的，财富和女人也是大哥的。对于大哥的女人们来说，只有孩子是它们的。至于大哥的小弟嘛，受得了那份气的，就安心当个小弟，拍马屁，挠痒痒，吃点儿残羹冷炙。受不了那份气的，要么拉一帮队伍，把大哥拉下；要么外出创业，另立山头，自己当老大。第三种，是一夫一妻制。过这种严格要求自己和配偶的生活的，主要是长臂猿。这种社会里，抵御外敌、养育孩子，是夫妻俩共同的责任和义务。

当大哥当然得有两把刷子。这两把刷子，正是大块头和大犬齿。所以一般二型性明显的灵长目，都被认为拥有一夫多妻制的社会结构。

不过，虽然二型性明显可以当作判断一夫多妻制的证据，可是反过来，这事并不成立。也就是说，那些二型性不那么明显的动物，既有可能过着一夫一妻制的生活，也可能过着群婚杂交式的生活。因此，要分辨进化中的祖宗们的二型性是否明显并不容易。别说凭牙齿区分男女了，就连把不同的牙齿归到正确的门下都十分困难。所以，才会有考古学家在每一个人种的江湖地位和身份上都吵得不可开交的事情发生。何况，影响牙齿大小形态的，不只是性选择。食物来源、环境、御敌、同性竞争，都会影响牙齿的形态大小。所以，光凭牙齿大小，几乎不能准确判断出祖宗们的社会结构。

在以上各种问题的纠结之下，考古学家关于老祖宗们的婚姻家庭和性生活的猜测，有几个相互对立的观点。

第一派观点，总结起来是"乱来"两个字。

这部分科学家认为，人类的一夫一妻制是社会化的产物，是文化发展到一定阶段，出现了法律约束和道德限制才有的东西。在能人的时代，大家衣服都不穿，遑论道德法律了，所以，这一阶段，没别的，就是乱来。

所以，一个毛手毛脚毛公脸的能人宝宝，肯定是只知有母、不知有父的。它们同其他那些和自己一样毛手毛脚毛公脸的伙伴生活在一起。白天，大家下地，分头找吃的，晚上，大家就爬到同一棵或者相邻的几棵猴面包树上去睡觉。

这时候，除了自己的亲妈以外，其他毛公脸究竟和它们是什么关系，能人宝宝是完全不知道的。当然，它们也不知道自己不知道。

就这样，能人妈妈一天24小时都得抱着或者背着这个毛孩子，虽然没有小背篓，但是好在毛孩子的手天生带钩，有着很强的抓握力，而毛孩子的妈妈浑身是毛，所以，揪着妈妈身上的毛就行。

等毛孩子会下地走了，不用吃奶了，毛孩子的妈这时候多半又有了小宝宝。所以，毛孩子只能自食其力。要么学着上树掏鸟窝、捅蜂窝、摘水果、钓白蚁，要么自己想办法弄个奥杜威牌的手斧，去沟沟坎坎里挖根茎、砸坚果。

如果这位毛孩子运气好，没有饿死，也没有被豺狼虎豹叼走，平安长大，到了青春期，也别指望老妈会帮着相亲，这事儿最后全靠自己的魅力指数。

不出意料的话，毛孩子天天见到的女性就那么些，它们可能是姐姐，也可能是妹妹，可能是侄女，也可能是外甥女，当然，也可能是姑妈、姨妈、姑姥姥、姨奶奶……

如前所说，这些关系毛孩子理不清，它也不知道自己理不清。其实不但毛孩子本人理不清，毛孩子见到的那些女性也理不清，当然，它们也同样不知道自己理不清。

所以，结果是，当毛孩子想交配的时候，它随意找一个女的交配就是了。

毛孩子不会害羞，这时候的祖宗们口味重得很，交配讲究肥水不流外人田，专杀熟，毛孩子也不必害怕要负责任，因为即便雌性有了身孕，也未必是毛孩子的，毛孩子在乱来的时候，父母兄弟姐妹姑舅姨们都在乱来。

大家都是乱来的，乱来才是正常的，不乱来反而是不正常的。

都有交配权，就意味着都没有占有权，因此生下来的孩子，和毛孩子当年一样，只知有母，不知有父，长大以后，想和谁交配就和谁交配。

但是别忘了，凡事都是有利又有弊的，近亲群婚的后果，就是生下的孩子体质不行，脑子不灵光，腿脚不灵便，各种遗传病少不了，寿命也长不了。

个人的命运放大到整个种群，就是种群竞争力不行。

"乱来派"的理论，曾经是一种比较主流的观点。观点的提出者是19世纪的美国学者路易斯·亨利·摩尔根（Lewis Henry Morgan），他不但凭借对印第安人社会的极度了解，提出了关于原始时期社会、婚姻、家庭制度的理论，还用自己的亲身血泪经历，教育人们不要近亲结婚。恩格斯就是在他的理论基础上，撰写了《家庭、私有制和国家的起源》。而鉴于马克思、恩格斯的思想在国内拥有的巨大的影响力，很多接受马克思主义教育的中国学者，也是这一观点的持有者。在他们看来，旧石器时代早期以及中期的祖宗们，过的都是这种没羞没臊的生活，因此，他们管这种社会叫"原始种群"，这种婚姻制度叫"群婚""杂交"。

但近年来，这个理论受到了质疑。理由是，我们的两个近亲——黑猩猩和倭黑猩猩，已经知道避免近亲繁殖，所以雌性的黑猩猩到了发情期，就会离开本群，去别的群找男朋友，雄性的黑猩猩到了发情期，也会自动离开本群，到别的群去找女朋友。此外，对南非的罗百氏傍人和非洲南猿祖宗的牙齿同位素的分析也表明，100多万年前的祖宗们，已经实行女儿外嫁的婚姻制度了，并不是一味地肥水不流外人田。因此，推而广之，不难想象，我们人类的老祖宗，无论如何，也不会只吃窝边草。

但这些观点也遇到了一些挑战。比如，尼安德特人的基因检测就显示，它们有着严重的近亲繁殖的现象，看不出女人外嫁的痕迹。祖宗们早已灰飞烟灭，所以各派所采用的证据都无比有限，除非新技术或是新的研究路径出现，否则仅靠现有的证据和现有的研究方法，学者们不可能达成共识，也不可能提供百分百准确的答案，我们也就没办法百分百确定老祖宗们的种族繁殖情况。

但不管有没有乱来，祖宗们这一时期，比更老的老祖宗们已经进步了不少，起码，它们掀起了人类历史上的第一次技术革命。

这是自直立行走以来，人类取得的第二项令人瞩目的成就。往小了说，这些石器可以帮它们切割腐肉、挖掘块茎，和攻击者保持一定的距离，进行正当防卫。往大了说，这是人类从被动地适应大自然到主动征服自然的第一步，是现代机器制造业的雏形，是人类科技的起源。别说锤子、剪刀这种基本的用具了，就算是汽车、电脑、原子弹、太空船，追根溯源，都可以归结到能人搬起石头砸石头的那一刻。

因此，可以说，从这刻起，人类就在自己和其他动物之间劈开了一道不可逾越的鸿沟，并踏上了超越自然界其他一切动物的快速发展通道，开始向着更高更快更好不断奋进。

第二场
鲁道夫人：40 年了，编制还没解决

　　鲁道夫人得名是因为化石发现于曾经的鲁道夫湖（Lake Rudolfe），今天的图尔卡纳湖（Lake Turkana）。

　　这个生活在 190 万—180 万年前的祖宗，拿得出手的，看上去有点儿人样的化石只有一个，就是 1972 年理查德·利基团队在库彼福勒的图尔卡纳湖畔发现的 KNM-ER 1470。

　　最初，因为 KNM-ER 1470 和编号为 KNM-ER 1813 的能人生活在同一时期、同一地点，所以考古学家理所当然地也把它归到能人属下，但当考古学家细细品味它们的关系时，就发现不对劲了，怎么看，怎么像一对强扭的瓜。

　　KNM-ER 1813 的脑容量只有 510 毫升，而 KNM-ER 1470 高达 775 毫升，比能人的上限还高；KNM-ER 1813 的上颌是圆润的，而 KNM-ER 1470 是方形的；KNM-ER 1813 的牙齿小小的，接近现代人，而 KNM-ER 1470 的牙齿巨大，和傍人有几分神似。

　　有的考古学家认为，以上差别，有可能是因为巨大的二型性导致的。但这个理论，又解释不通为什么身为一个弱女子，KNM-ER 1813 反而有着更加突出的眉脊和更加前凸的嘴巴。于是有的考古学家把视线瞄准了粗壮系的南方古猿。但这个愿望也落空了，作为一个男人，KNM-ER 1470 一方面缺乏傍人男子汉那种霸气十足的矢状脊，另一方面，却又有着傍人力所不能及的巨大脑容量。

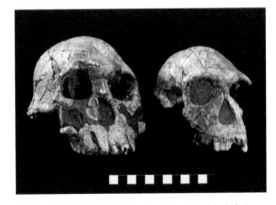

● KNM-ER 1470（左）和 KNM-ER 1813（右）。

　　考古学家踅摸了一大圈，实

在找不到一个现成的门户安放它这个特立独行的灵魂，于是，他们只好另起炉灶，给它单独弄了个编制——鲁道夫人。

大旗扯好了，剩下的，该招兵买马了。于是，2012 年，它的经纪人之一，米芙·利基在《自然》杂志上昭告天下，说自己帮 KNM-ER 1470 司令招来了 3 个部下。一个是编号 KNM-ER 62000 的少年的下半张脸，一个是编号 KNM-ER 60000 的下巴，还有一个是编号 KNM-ER 60003 的下巴的一小块。

都是新兵蛋子、年轻人，还都是边角料。所以她的文章一发表，招来了很多考古学家的质疑。曾经在源泉南猿的归属问题上针锋相对的"斜杠中年"蒂姆·怀特先生和源泉南猿的经纪人李·伯格，这回站在了同一阵营，公开朝米芙·利基喊话。前者说，古人的差别那么大，怎么会有考古学家仅凭几颗牙齿、2 个下巴和半张脸就能够断定它们属于哪个种类？后者说，只和另一个身份不明的 KNM-ER 1802 比较，就能推断出这 3 个新兵蛋子的归属，米芙同志的证据是不是弱爆了？

事实上，不说米芙同志的 3 个新兵了，那个鲁道夫人的模式标本——1972 年就出土的司令官 KNM-ER 1470 同志，编制问题到现在也没有完全解决呢。2015 年，一些科学家以现代智人的种内多样性为参照，再次对 KNM-ER 1470 和 KNM-ER 1813 又进行了多角度的对比，结果发现，它们之间的差别，还是远大于同一种群内的二型性的区别，将二者放入同一种群，的确不合适。然而，尽管这次比较再次确认了它具有单列门户的资格，但并不是所有人都认可 KNM-ER 1470 的司令官地位。

说到底这个编制问题，暴露的主要还是人类考古学的分类标准不完善的问题。

地球上现存的灵长目动物只有 200 多种，人科动物只有 8 种，而根据灵长类动物学家的推测，地球上曾经有超过 6000 种灵长目动物，归属于人科的有 84 种。目前已经明确的人科动物不到一半的数量，这一半的数量，说不定还有放错了位置的。面对这些错综复杂的线索，关于什么样的动物应该归于同一属，学界缺乏一个明确且可操作的标准。因此，有的认为占据同一生态位、采取相近的生态策略的动物，属于同一属；有的认为基因最接近的属于同一属；有的认为能够交配的才属于同一属（比如尼安德特人、智人和丹尼索瓦人，都属于人属，彼此能交配）；有的认为，拥有同一祖先的应该归为一属；有的认为，长得像的应该归为一属……

大家自说自话的做法，给科学分析带来了巨大的障碍，让身在其中的考古学家们不胜其烦，于是，到了 20 世纪 40 年代，风向开始变化，一种合并同类项的风尚开始在考古学界疯狂流行起来。一位从来没有亲手挖过一块化石的鸟类学家、强迫症患者、处女座代言人恩斯特·迈尔（Ernst Mayr）提出，大道至简，人类的进化也是如此，任何一个历史时期，都有且只有一种人存在。这个观点，就是著名的"渐变理论"，即演化是在种群中逐渐产生的，"大自然不产生飞跃"。

这个连续进化的观点简单粗暴，让"心陷泥沼"的考古学家当事人们顿时明心见性。于是，很长一段时间内，大家把这一理论奉为人类考古学的圭臬。也因此，很长一段时间内，大家都深信，所谓的人类的进化，就是一条直线。在这条直线上，南方古猿排第一个，能人排第二个，直立人排第三个，我们智人排第四个。这个观点的影响是极其之大的，因为直到今天，很多书本在说到史前史的时候，采用的都是这个说法。

问题是这个人类世系虽然清晰明了，但祖宗们并不满意。就拿能人来说，从 1972 年开始，就陆续有祖宗们跳出来给大家看它们长得有多么的不同。这些祖宗，最开始都被归为能人旗下，但后来，因为一个个长得实在是太不团结了，考古学家们不得不分门立户，给它们弄了个鲁道夫人的编制。

那些长着大脑袋大个子的，被放入鲁道夫人旗下；那些长着小脑袋小个子的，则被放入能人旗下。但随着化石越来越多，能人和鲁道夫人两个编制也不够用了。总有那么一些化石，看大小，应该归到能人旗下，看形状，却又和鲁道夫人形似。放到能人那里不对劲，放到鲁道夫人那里也不合适。另一方面，有一些化石放到能人里面也说得过去，放到鲁道夫人那里也还凑合。

没办法，大家只能各说各话，最后，第一个考古学家嘴里的能人，可能是第二个考古学家嘴里的鲁道夫人、第三个考古学家嘴里的直立人、第四个考古学家嘴里的南方古猿……

这种不能一一对应的关系，给本来就理不清的人类世系凭空又增加了更多的障碍。虽然这种自说自话的情况，在其他祖宗那里也不是没遇到过，可是到了早期人属祖宗这里，是格外的明显，格外的严重。严重到不说普通人，就连考古学家们自己，也有点儿蒙圈了。

一些聪明的考古学家试图重新划分阵营，一方面把这些早期的人属化石，笼统地称为"早期人属（*Non-erectus Homo*）"，再根据牙齿和面部的不同，分成 KNM-ER 1470 集团和 KNM-ER 1813 集团。

由于标准高，KNM-ER 1470 集团的队伍不但没有壮大，还缩小了，核心成员除了鲁道夫人司令官以外，只剩下半张脸 KNM-ER 62000、下巴颏 KNM-ER 1482 和 KNM-ER 60000 三个。不过，虽然人少，但新的集团军就跟仪仗队一样，军容挺拔，个个体重 35～50 千克，脑容量在 560～750 毫升之间，脸平，脑袋圆，门牙、犬牙整齐，磨牙稍大，看上去十分帅气齐整。

相比之下，KNM-ER 1813 集团的军容就要差些意思了，尖嘴猴腮，上肢强壮，脑容量大的可到 775 毫升，小的不过 510 毫升，体重不过 30～42 千克，估计战斗力也差点儿意思。虽然战斗力不行，但这支部队人数多，除了司令官 KNM-ER 1813，还有 KNM-ER 24、KNM-ER 1805、OH-13、OH-65、OH-62、KNM-ER 3735，极有可能，KNM-ER 1802 和 U501 也属于这一派。

但这个分类，也不是没毛病。因为标准严格，所以很多化石进入不了集团的编制，比如能人的代言人 OH-7 就因为受损严重，看不出和哪派更近而没有着落。此外，两个集团之间是什么关系，和后来的直立人又是什么关系，谁是正牌的祖宗，也依然没有答案。如果考虑到那位 180 万年前的长得和能人十分相似的格鲁吉亚 5 号人物，最后都能被归入直立人的范畴，没准有一天，这些集团也统统都会被收编到直立人旗下。

第三场
直立人：文治武功，都是我最牛

直立人（*Homo erectus*）的种名"*erectus*"，是"*erect*"的拉丁语形式，意思是"直立"。起这个名，是为了表彰它们了不起的成就——直立行走。虽然在本书里，所有的祖宗都是直立行走的，但在 1891 年，直立人的第一个化石出土那会儿，还没有发掘出有直立行走的原始人化石。

直立人生活在 190 万—14 万年前，是整个人类大家庭里存在时间最长的人种，是第一个走出非洲的人种，也是绝大多数考古学家认为的后来的人属动物——海德堡人、尼安德特人及我们智人的祖宗。

直立人是第一个长得更像我们今人而不是猩猩的祖宗，它们的踪迹遍布欧亚非三洲。由于所处的时间跨度大，空间范围广，整个化石呈现出"横看成岭侧成峰，远近高低各不同"的千姿百态。而这种多样化，让考古学界分裂成了保守派、温和派和激进派。

一部分保守派学者认为，只有分布在印尼和中国等东亚地区的那些直立人，也就是常说的北京人、蓝田人、爪哇人、南京人、元谋人等，才是真正的直立人。理由是，这些人拥有差不多的解剖特征和差不多的分布范围。而同时代的非洲及格鲁吉亚的那几个匠人（*Homo ergaster*），它们长得和亚洲的直立人似像非像，和能人及更早的人类也似像非像，绝不是同一人种，顶多算是兄弟部门，泾渭分明的那种。

激进派说，从南猿到直立人，中间的空间实在太小了，容不下能人，更不用说鲁道夫人了。所以，除了亚洲的直立人和非洲的匠人以外，能人和鲁道夫人，也应该归到直立人的麾下。

温和派则认为保守派的说法太狭隘，低估了生物的种内多样性，缺乏放之四海而皆准的胸怀和眼光，激进派的观点又太笼统，高估了人类的种类多样性，低估了人类进化的复杂性。所以他们认为，真正的直立人，应该既包括欧

● 爪哇人和北京人复原图对比。看起来不太像一家子，但这只是因为二者生活的地方不同，一方水土养一方人。

亚大陆的直立人，也包括非洲的匠人。非洲的匠人代表了早期的一部分直立人，欧亚大陆的直立人就是这些直立人走出非洲后产生的地区变种。

这三种观点里，从前狭义派占据优势，后来激进派一度颇有市场，现在，随着越来越多的化石出土，温和派逐渐成为主流。

的确，龙生九子，尚且各不相同，何况一个存活时间达 150 万年之久，活动范围几乎为整个旧大陆的人群。我们今天的智人，不过在 7 万年前分开，就已经长得千姿百态了；180 万年前的德玛尼斯的 5 位同志，同在一个屋檐下，长得也是大相径庭；甚至，不说不同国度了，就是在同一城市，随便拦截一辆公交车，上面的几十位乘客也是高矮胖瘦各不同，有的屁股大，有的脑袋大，有的水桶腰，有的锥子脸。所以，长得不一样，才是正常的，长得一样，反而是在挑战自然规律。

直立人的长相之所以如此不同，主要原因就在于它们一方面活得太久，另一方面彼此又离得太远。非洲直立人的生活时间是 190 万—150 万年前。亚洲直立人的生活时间是 160 万—13 万年前。非洲的直立人比较幸运，可以与傍人、能人、鲁道夫人同行。而亚洲当时荒无人烟，所以亚洲的直立人只能与野兽共舞。从身高来说，亚洲的直立人，相对矮壮，非洲的直立人则较为修长。

无论是亚洲的直立人，还是非洲的直立人，五官也都比从前的老祖宗长得更有人样，脑壳已经没有那么方了，嘴巴也没有那么凸了，牙齿没有那么大了，浑身上下的毛也稀疏了不少。而最值得歌颂的，是它们的四肢比例，已经和从前大不一样了。一米八的大长腿，细细的胳膊，不但拥有无限接近今人的手脚比例，而且脚趾头已经学会了排排坐，大脚趾不再特立独行，老往外边拐了。大长腿的出现，意味着曾经的"有巢氏"终于完全彻底地放下了身段，遇到危险，不会再往树上跑，而是"宝贝向前冲"。

最后，直立人最重磅的东西——脑容量，来了。

由于直立人是个时间跨度大、分布广的人种，所以各个时期的脑容量有所不同。但总体来说呈现出一种越来越厉害的态势。它们虽然和其他祖宗头顶同一片蓝天，脚踩同一片大地，抬头不见低头见，但由于它们喜欢吃肉，并且采取了积极有为的策略——主动出猎，把大刀向动物们的头上砍去，所以，直立人能吃上很多的肉，尤其是新鲜肉。因此，它们得到了比其他祖宗们更加充分的营养。

● 200万—150万年前非洲大地上的"人生百态"（想象图）：骑在树上吃斑马腐肉的是能人，在河边捋树叶的是傍人，远处英勇狩猎并大战鬣狗的是直立人，角落里当吃瓜群众的是鲁道夫人。

● 直立人（右）攻击傍人（左）想象图。竞争是演化的重要条件。除了种内竞争，还有不同物种之间的种间竞争。

　　直立人之所以敢抡起大刀，向动物们的头上砍去，是因为起码在 176 万年前，它们就发明出了更加先进的工具——阿舍利石器，代表器物就是阿舍利手斧。比起单面开刃、一器一型的洛迈奎石器和奥杜威石器来说，阿舍利手斧有两个特点，一是对资源的高效利用。作为一把双面开刃的多功能复合工具，1 千克的燧石，如果拿来制作奥杜威石器，可以打出 8 厘米的刃，拿来制作阿舍利手斧，则可以打出长达 35 厘米的刃部。二是器型很规整，整个手斧看上去呈水滴状，像《泰坦尼克号》里面 Rose 小姐的海洋之心大蓝宝，且是大号的。因为器型规整，刃部向上集中，除了可以用来砍砸，阿舍利手斧还可以拿来当钻、凿和剥皮刀使用。所以，不夸张地说，拥有一把阿舍利手斧，相当于拥有一把瑞士军刀。

　　学会了十八般武艺的直立人，踏上了旧大陆的广袤大地，并在各处留下了自己的踪迹。

　　迄今已被发现的，在南亚有著名的爪哇人；在西亚有著名的格鲁吉亚人；

在非洲有著名的匠人，它们分布在肯尼亚、南非、坦桑尼亚等广大地方，以著名的"图尔卡纳少年"为代表；在中国则有著名的北京人、元谋人、蓝田人、上陈人等。

▲ 图尔卡纳少年：我年纪虽小，个头却不小

1984 年发现于肯尼亚北部图尔卡纳盆地、编号 KNM–WT 15000 的图尔卡纳少年（Turkana Boy），是迄今为止唯一一个完整的直立人化石。

虽然死的时候才八九岁，但这位生活在 150 万年前的小祖宗身高已经蹿到了 1.6 米。科学家曾经推测，如果它活到成年，身高不会低于 1.85 米。考虑到早前的古猿们平均身高不过 1.3～1.4 米，这无疑是一个令人震惊的数字。不过，后来考古学家们根据更正后的生长曲线进行重新测算，认为这位少年祖宗如果活到成年，身高大约在 1.63 米。

即使身高被一下拉低了 22 厘米，图尔卡纳少年依然是考古学家们的宠儿。因为，一方面它依然比前面的祖宗们高，另一方面，它全身上下还保留着 75% 的骨骼，比露西小姐和阿迪小姐还要完整。有了它，考古学家在研究古人长相的时候，就不用再东凑一个屁股西凑一对胳膊，无疑能大大提高研究的准确性。

这的确是一个非常难得的模特儿。除了该在的部分都在，它的长相和身材比例在古人里面，也无出其右者。面容精致，五官立体，高鼻梁，小嘴巴，没有强壮的咬肌，没有能人和鲁道夫人的矢状脊，一口洁白的牙齿齐齐整整。而且，双腿修长，肩膀瘦削，盆骨狭窄。总之，从外表上看，它已经长得和从前的祖宗完全不同，开始高度接近今天的人类。这意味着，如果把露西和我们智人及一只黑猩猩摆在一起，任何人都会觉得露西是一只黑猩猩，而如果把图尔卡纳少年和黑猩猩及我们智人摆在一起，任何人也都会觉得，它是我们智人的一员。

● 图尔卡纳少年复原图。这个小小少年虽然脸蛋不如今天的小鲜肉帅，但身段已经和我们智人很相似了。

外表惊艳只是图尔卡纳少年的优点之一,论智商,它也同样令其他祖宗难以望其项背。才八九岁,就已经拥有高达 880 毫升的脑容量,假如活到成年,它的脑容量起码可以达到 910 毫升。尽管脑容量的增大和它的块头增大有关,但是它脑容量增长的比例,显然超过了块头增大的比例。这说明,它的脑指数更高,智商更高。大脑是一个耗能极高的器官,所消耗的能量是同等质量肌肉的 16 倍,图尔卡纳少年更高的脑容量背后,反映的必然是它们获取高质量食物的能力的增强。

身体特征与前人的迥然不同,意味着它们的生活方式也和前人迥然不同。而这种生活方式的变化,显然是为了更好地适应环境的变化。它们生活在热带的稀树草原上。纤细的身材既可以减少阳光的照射面积,还有利于散热,能够高度适应赤道附近的热带气候。修长的双腿和狭窄的盆骨则意味着步幅更大,而且行走的时候侧向移动的幅度更小,两者叠加,说明它们踏得一脚好"凌波微步",具备在稀树草原上健步如飞的能力。

五官立体,牙齿齐整,则是向我们表明,虽然生活在 150 万年前,离农业革命还有 149 万年,但它们的生活已经不再是天天吃糠咽菜嚼树皮了。虽然听上去不可思议,不过,考虑到它们此时已经用上了堪比瑞士军刀的阿舍利手斧,所有咬不动的素菜,都可以先用手斧切碎了捣烂了砸开了吃,倒也不难理解。

可惜的是,虽然化石透露了很多早期人类的信息,但究竟是什么原因导致这位少年早夭,还没有一个确定的答案。考虑到它侧弯的脊柱、狭窄的椎管、突出的腰椎间盘和畸形的下巴,考古学家一度怀疑,它极有可能带有某种先天疾病,导致它骨骼发育不良。畸形的骨骼可能影响了它的行动速度,并最终导致了它的死亡。但最新的发现表明,它的椎管大小位于正常范围之内,腰椎间盘固然突出,但也不至于八九岁就丧命。它的身上,也没有被猛兽啃食的印记,因此,要明确这位少年祖宗的死因,还得需要更多的证据才行。

▲ 德玛尼斯人·同是一家子,怎么差距这么大

德玛尼斯位于西亚的格鲁吉亚,离首都第比利斯大约 85 千米远。这个位于高加索山的小镇,曾经是丝绸之路的重要城镇,以及拜占庭帝国的前哨堡垒。随着政治版图的变迁,这个东西方交流的重镇渐渐失去了重要性,最后湮没在

● 从左至右依次为德玛尼斯的 1 号、2 号、3 号和 4 号人物头部复原图。

了历史的尘埃之中。

在人类进化大戏中，这是实实在在地第一次把场景设定到非洲大陆以外的地方。

1991 年，一块带着满口牙的人下巴，编号为 D211，和数不清的已经灭绝的动物的化石，以及石器工具，映入了考古学家的眼帘。1999 年，另两个和它一样古老、一样原始的脑壳，在同样的地层里露面了。这就是著名的德玛尼斯 1 号（Skull 1）和 2 号人物（Skull 2），编号分别为 D2280 和 D2282。D2280 是个男的，脑容量 775 毫升，D2282 是个女的，脑容量 650 毫升。考虑到两人生活在距今 180 万年前，这个脑容量倒也不算难看。不过，1 号人物更引人注目的，是它脑袋上的两个大洞，这是咬掉它脑袋的剑齿虎留下的。

不久，3 号、4 号、5 号人物也相继出场。3 号人物死的时候，还很年轻，智齿刚刚萌出。4 号人物是一个无牙男，满口只有一颗牙，因为口腔疾病，连下巴都快烂掉了。5 号人物是全世界第一个拥有完整头骨的男性直立人，也是全世界脑容量最小的直立人，仅仅 546 毫升，几乎快要连南方古猿都比不上了。

这几个祖宗的出现，刷新了几乎所有考古学家的认知。

第一个让他们震惊的，是这几位人物的长相。从前考古学家们一直以为，要从非洲那地方走出来，没点儿本事肯定是不行的，毕竟，有图尔卡纳少年的模子摆在那里呢，即便没有腿长一米八，也得身高一米七，脑容量就算没有1000毫升，起码也得700毫升以上。可是没想到，这几个祖宗，并没有达到这些条件。

第二个让他们震惊的是，尽管这几个祖宗发育未达标，却已经吃上"放心肉"了。和4号无牙男同时出土的，有8块动物骨头，这8块动物骨头上，无一例外都有石器的刮痕。这是史前人类的食肉惯用手法。

第三个让他们震惊的，是这几个祖宗已经懂得关爱彼此。证据是4号人物在牙齿早就掉光光的条件下，还活了好多年才死。

第四个让他们震惊的，是尽管发育未达标，但几位祖宗的脊柱宽度却和我们今人相差无几，这意味着，它们可能拥有足够控制咽喉处细小肌肉的神经，极有可能会说话。

最后一个让考古学家们震惊的，是这几号人物的长相所体现出来的多样化程度。同样是爷们儿，1号人物拥有最大的脑容量，而5号人物拥有最小的脑容量。如果不是在同一时间、同一地层发现，如果不是彼此生活的时间那么接近，地点那么接近，如果不是它们的身材比例更像直立人，如果不是能人从来没有走出过非洲，考古学家铁定会把这几个家伙归为不同的种类。既然它们是同一种人，考古学家不得不思考的问题就变成了——从前大家认为理所当然的人种分类标准，会不会有点儿问题？会不会那些和这几个家伙似曾相识的能人和鲁道夫人，原本就是一家？会不会人类的进化真的是世代单传？会不会我们好容易才从单线进化修正到多线进化的人类进化史，是错的？

以上问题，目前还没有定论。德玛尼斯遗址，也还处于不断发掘之中。相信，随着越来越多的化石遗址被发现，这些问题，慢慢会被解答。

◢ 北京猿人："史上第一北漂"

虽然中国不是最早的人类发源地，但是，在人类第一次走出非洲的时候，富饶美丽的神州大地还是成了它们的最佳落脚点。

大约212万—126万年前，一批神秘的祖宗到达陕西蓝田县的上陈，并在离公王岭不远的黄土中，陆续留下了96块奥杜威石器、1块牛骨头和1块鹿骨头。这些石器，既有石片工具，也有石核工具，既有刮削器，也有尖状器，甚至还有用过的手锤，其中有6块石器，包括刮削器、尖状器和石片工具，就分布在距今212万年前的地层里。这意味着，这批上陈人不但比德玛尼斯早，而且比最早的非洲直立人遗址都还要早。

● 面相很酷的北京猿人复原像。

而在此之前，学术界公认的非洲以外最早的人类遗址，是距今180万年的格鲁吉亚的德玛尼斯。但是，由于这些石器旁边没有发现人的化石，因此，这些神秘人物究竟是哪位祖宗，还是一个谜。不过，不管是哪位祖宗，这一发现在考古学上都毫无疑问地具有伟大的意义。如果石器的断代无误，且确认是人力所到，必然会再一次推翻目前考古学家关于走出非洲的人种和走出非洲的时间的认知，从而改写人类进化和扩散的历史，为考古学家们提出新的课题。

上陈之后，云南的元谋也开始有了人烟。这些170万年前的祖宗，带着它们的奥杜威石器，在这里做了短暂的停留。由于人不多，时间也不长，因此，今天除了2颗铲形门牙、4个奥杜威石器和一些动物骸骨以外，再也没有其他的"遗产"。从它们使用的工具、屠宰动物的手法和门牙的形状来看，它们极有可能是一帮从非洲"自驾游"来的直立人。这批"自驾游"的直立人，似乎已经学会了使用火。不过这个线索似有还无，而关于其生存年限，学界也有很多争议，所以元谋人的江湖地位，并不那么稳固。

中国境内，地位相对巩固的，是166万年前桑干河上游泥河湾的直立人。证据显示，前仆后继的直立人祖宗们在这里陆陆续续生活了50万年。泥河湾位于北纬40°，早就超越了亚热带的地理范畴，而且毗邻黄土高原，冬季来自西伯利亚的寒流十分强烈，50万年的时间里，气候也经过无数次振荡变迁和冷热切换，但它们居然能够绵延不绝，超强的生存能力不能不说是一个奇迹。

除了以上这些遗址，在所有的直立人遗址里，还有 130 万年前的蓝田人、70 万年前的北京人、60 万年前的南京人、40 万年前的和县人等。而其中最有代表性的，便是北京人。

北京人的发掘，始于 1921 年。到 1937 年抗日战争全面爆发，前后一共组织了三次挖掘，共挖出分属于 40 多个直立人的 5 个头骨、15 个头骨碎片、14 个下颌和 52 枚牙齿，此外，还有上千件工具和 10 万件石器碎片。可惜的是，这些骨头自从 1941 年以后就不知所踪，如今我们看到的头骨都是复制品。不过，据见过真品的学者说，这些复制品质量很好，算得上是真正的高仿，足以以假乱真。

根据考古学家的判断，这群北京人是"史上第一群北漂"，大概在 78 万—68 万年前进京，落户在北京西南五环外的房山周口店。别看它们是"北漂"，它们可代表了那个时代最先进的科学技术和最先进的生产力。

它们的生产力水平，首先体现在用火方面。在这个山洞里，从上到下发现有四层面积较大而且较厚的灰烬层，最上面的灰烬层位于一块巨大的石灰岩块之上，一共是两大堆灰烬。中上部灰烬层最厚处可达 6 米，中下部灰烬层最厚处可达 4 米，最下部灰烬层位于顶部堆积之下约 30 米深处。这说明，在整个居住期间，它们都有用火。此外这些灰烬虽然大，却没向四周蔓延，说明北京猿人已具备较强的管控火的能力。

除了用火，它们的先进生产力还体现在开发新式工具上。遗址中有许多鹿和水牛的肢骨，被打制成尖状器，用作挖掘工具，还有上百件完整的鹿的头骨，其中许多头骨的鹿角被去掉，面部骨骼及脑颅底部被砸掉，反复加工打击的痕迹清楚，各个骨器形状也大致一致，考古人员推断是做"水瓢"用的。

先进的生产力保证了北京人优裕的物质生活。洞里那数不清的坚果和水果，成堆的野牛、野猪、犀牛以及超过 3000 头鹿的化石，还有灰烬层里那些被烧过的石头、兽骨和朴树籽，说明几十万年前的"北漂"，生活还是比较滋润的。

由于化石众多，所以考古学家们对直立人的了解相当广泛。但与此同时，由于它们时间跨度长，分布范围广，彼此有太多的不同，又留给我们很多的疑问。它们的祖先是谁？和能人及鲁道夫人的关系如何？为什么要走出非洲？走

● 北京猿人的日常生活场景想象图。会打猎，会生火，还有个不用交物业费的史前豪宅住。

出非洲的过程中，健壮的体格、食肉的增加和工具的使用哪个是最主要的因素？它们多大程度上吃肉？对火的使用究竟有多么熟练？生长发育模式，是接近我们人，还是接近猩猩？最重要的，从它们到我们的路线是怎样的？是不是亚洲的直立人真的走向了灭绝，非洲的直立人进化成了尼安德特人和智人的共同祖先海德堡人？

　　关于这些问题的讨论十分热烈，但都没有确定的答案。不过，这并不妨碍我们对它们的尊重和敬仰。作为第一个从热带、亚热带地区进入北纬40°的人种，第一个跨越高山大河占据整个旧大陆的人种，第一个主动出击把大刀朝动物们的头上砍去的人种，直立人在人类演化过程中的作用，无疑是里程碑式的，带有重大转折性。因而，比起其他祖宗来说，它们在人类大家庭中的江湖地位是相当稳固的。虽然关于它们由谁演化而来，又是如何演化成我们今天的模样，还有很多不同的观点，但很少有人去试图将它们从我们直系祖宗的位置上拉下来。毕竟，它们的文治武功，在那儿摆着呢。

第四场
先驱人：英勇的游击队员

先驱人（*Homo antecessor*）是第一个有名有姓的欧洲人，种名"*antecessor*"翻译成中文就是"开拓者、先锋、早鸟（explorer，pioneer，early settler）"的意思，它们生活在120万—80万年前，之所以取这个名字，是因为1994年出土的第一个先驱人化石，属于当时欧洲发现的最早的人属动物化石。

这个低调的祖宗，过的是游击队员的生活，偶尔出现在西班牙北部的莽莽群山之中，依稀又在英国的沙滩上留下脚印两对半。

生活在西班牙的游击队员，虽然都属于阿塔普尔卡山区（Atapuerca Mountains），但也分成了两个派系。一派住在象山洞窟（Pit of the Elephant），另一派住在格兰多利纳洞穴（Gran Dolina）。住在象山洞窟的游击队员，战斗在120万年前，2007年才被发现。住在格兰多利纳洞穴的游击队员，战斗在90万年前，1994年就露了面。

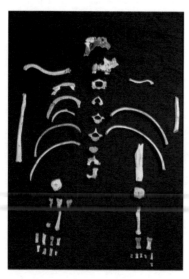

● 格兰多利纳洞穴的先驱人化石。

在格兰多利纳洞穴发现的游击队员，一共有6个。把它们挖出来的时候，它们已化身为92片化石残片。考古学家眼疾手快，把它们的武器和粮草也一并缴获了，一共是200块石器、300块动物骨骼。

象山洞窟挖出的游击队员，只有一颗来自120万年前的珍贵的臼齿、一个下颌残片，以及一些石器和被处理过的骨骼。看上去，这日子过得不怎样。不过，象山洞窟极有可能是个兵工厂。考古学家发现很多它们制造兵器的证据，包括过程中产生的石片废料等。

既然是游击队，科技水平就差点儿意

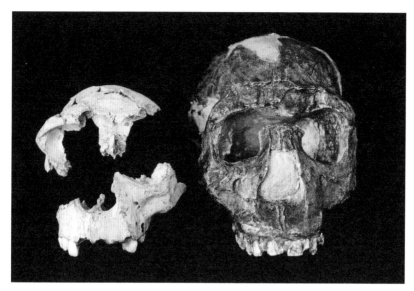

● 格兰多利纳男孩（左）和图尔卡纳少年（右）的头化石对比。

思，同时期的非洲直立人，阿舍利手斧都已经用了 50 万年了，这些游击队员拼命制造的，还是上一代的奥杜威石器。事实上，就连奥杜威石器，它们也造得不咋的，几乎都是一锤子买卖砸出来的，没经过二次加工。

既然是游击队，生活水平也差点儿意思。同时代的非洲，已经发现有用火痕迹了，但从象山洞窟的游击队员的牙齿残留物来看，它们那会儿吃的还是没煮过的草和生肉。

从五官来看，这几个西班牙游击队员和其他古人一样，有的现代，有的传统。长得比较现代的，是鼻子突出，颧弓突出，牙齿较小，下巴秀气，犬齿窝很明显，而且牙齿的生长模式接近现代人。长得比较传统的地方，是眉脊突出，看上去不好惹；额头低平，官运大概是不行的，都落草为寇了，没官运也是正常的；另外，后脑上有明显的勺子状，天生反骨，脾气估计比较拧；前臼齿还有不止一个牙根，比我们今天的人粗犷，我们今天的人，都只有一个。

除了西班牙，英国也惊现先驱人模糊的身影。

一个是在哈比斯堡（Happisburgh）那旮儿，一次惊涛拍岸，拍出了 100 万年前的几十个脚印。另一个是在佩克菲尔德（Pakefield）的悬崖之下，考古学家发现了 70 万年前的石器和大批动物化石。

● 先驱人的生活环境想象图。

　　鉴于当时的欧洲除了有先驱人的化石，还没有其他人种，因此有的考古学家认为这时期的英国人是先驱人。如果真的确定是先驱人的话，它们就是目前发现的最早突破北纬52°的祖宗。这表明它们具有超强的适应寒冷生活的体质和生活方式。

　　但这些推测很大一部分原因是基于和西班牙的先驱人在时间上的相近，并且尚未发现其他同时期的人种的前提之上的。事实上，一个是脚印，一个是脑袋碎片，二者无法直接比较；而且，没有发现这一时期的化石，未必意味着将来不会发现，将来不会发现，也并不意味着其他人从未出现。所以，严格来说，这些化石是否同属一类，还无法确定。

　　不管怎样，总之，以上就是全部的先驱人，和它们全部的技术成就。虽然少是少了点儿，差也差了点儿，但它们可是代表了最早的一批欧洲游击队。只不过这几个游击队员，究竟算是哪位爷，为谁战斗，是怎么逃到这犄角旮旯的，目前还没有定论。一部分人认为，它们有一些和直立人的共同之处，有很多和海德堡人的共同之处。但最早的海德堡人化石主人的生活年代不过是60万年前，所以，无论从时间还是从长相来判断，它们都是直立人的后代，是海德堡人的亲爹，是我们智人的最佳爷爷候选。另一部分人则认为，它们虽然和古人很像，和今人也很像，但它们最大的问题是年龄太小。小孩子总是靠不住的，小时候看着好看的，长大了未必好看，小时候看着像的，长大了也未必真的像。

何况，考虑到它们的工具水平，估计也不是很聪明的样子，很难躲过65万年前开始的那次长达5万年的冰期。所以，它们有可能就是一群"自驾游"到欧洲的非洲直立人，本想在西班牙开辟一片天地，结果水土不服，中途夭折了和后来的海德堡人没有直接关系。

的确，它们除了生存的时间和我们智人心目中的爹的年岁相近，其他无论是长相、地理空间还是工具手法，都不如同时期的非洲直立人更有优势。因此，连它们的经纪人，曾经力挺它们的西班牙考古学家们，最近也放弃了对它们认祖归宗的想法，认为它们有可能是一批非洲过来的"殖民者"，出师未捷身先死，走入了演化的死胡同。

不过，尽管它们不大可能是我们智人的直系祖宗，尽管它们人少化石不多，尽管它们技术落后，不是什么先进生产力的代表，但这位祖宗还是有必要提一下的，因为它们开启了人类进化的另一项新风尚——食人（cannibalism）。

格兰多利纳洞穴里没有发现任何带有葬仪性质的物品，几乎所有的骨头，不论人骨还是兽骨，都一视同仁地和食物残渣混在一起，被随意丢弃，而没有

● 先驱人的吃人场景想象图。

刻意分开。说明这个洞不是什么墓穴，这些人也没有被刻意安葬。此外，几乎所有的骨头都支离破碎，有被宰杀、剥皮、去骨、刮肉、去除内脏或者去除骨髓的痕迹，那些较大的骨头，比如腿骨，还几乎全被敲成粉碎性骨折，和那些吃腐肉吸骨髓的老祖宗们用的手法一样。考虑到动物不会这样处理肉类，而方圆几百里和前后几十万年里都只有自己人，显然，它们只能是被自己人吃掉的。

它们为什么要吃人呢？要知道，虽然它们是游击队，虽然它们还不会生火做饭，但它们却占尽了天时地利——它们生活的年代，欧洲正处于沃林间冰期（Oling Interglacial），在这样的温度下，植被繁盛，物种丰富，插根扁担都能开花，能吃的东西不要太多。它们生活的地点，河流交汇，绿草茵茵。动物们也要喝水，喝水通常都是最好的狩猎时机。出土的动物化石也证明了这一点。这些动物化石里，已知的有马、鹿、老鼠、熊、狐狸，可谓是既有小型动物，也有大中型动物，既有食草动物，也有食肉动物。这充分说明，它们是不愁吃不愁喝的一群人。

它们也不大可能是为了树立自己的权威、震慑别人而吃肉的。所谓"擒贼先擒王"，如果非要靠吃人来震慑别人，应当吃点儿成年人，才能显出煞气，吃小孩子，显然只能落个残暴变态的名声。

事实上，科学家们最倾向的一种动机，是它们把人肉当美食。这不仅是说它们的杀人手法和食用动物时一模一样，更重要的是，这些被吃掉的人大都比较年幼。一个关于食肉的常识是，嫩肉比老肉要好吃。因此，考古学家猜测，它们就是一群食不厌精、脍不厌细的人。人肉，就是它们美食的一部分。在它们眼里，人和其他动物没什么区别，都只是食物，吃人也和吃其他动物没什么区别，都只是为了填饱肚子。

它们是目前发现的最早的吃人的祖宗，但不是唯一的一个。始作俑者，其无后乎，大量证据表明，继它们之后的海德堡人和尼安德特人，也把阿舍利手斧向自己人的身上挥去了。

第五场
海德堡人：我们搅乱了欧洲古人类的家谱

1907年，考古学家奥图·萧顿萨克（Otto Schoetensack）在海德堡（Heidelberg）附近的一个小村子里，发现了一个与众不同的下颌。这个下颌没有我们今人特有的略微前翘的下巴，比我们今人的大出许多、厚出许多，但却嵌着一排和我们今人大小相差无几的牙齿。这长相，显然不是现代人。何况，伴随这个下颌出土的，还有很多早已灭绝的动物。

鉴于这个下颌与尼安德特人的不同，又因那个年代流行每发现一个化石就起一个名字的流行风尚，1908年，他们给这个编号毛尔1号（Mauer 1）的下颌所代表的人种起了个新名字——海德堡人（*Homo heidelbergensis*），以纪念它的故乡海德堡。

此后，一切和这个下巴相似的化石，都统统划归到了海德堡人旗下。希腊的佩特拉罗纳人（Petralona man）、德国的施泰因汉人（Steinheim man）、赞比亚的卡布韦人（Kabwe）、埃塞俄比亚的波多人（Bodo man）、印度的纳尔马达人（Narmada）以及中国的大荔人（Dali man）等，都被划到了海德堡人的队伍里。

这些化石，都不同程度地展示出和直立人相似的一面，比如脸盘子大、眉骨高、额头低斜、脑袋窄长，但同时，也展现出和直立人不同，和后期的尼安德特人及智人更相似的一面，比如牙齿偏小、脑袋更圆、脑容量更大等。介于这些特征，考古学家们肯定了它们介于直立人和我们智人之间的辈分。

但这个辈分的确定，并没有一劳

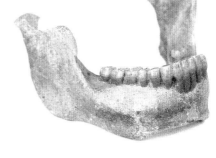

● 1907年发现的海德堡人化石——毛尔1号。下颌和我们智人纤细且前翘的下巴迥然不同，非常厚实，牙齿却和我们智人一样小巧精致。

123

永逸地解决它们的身份问题。那个从来没有挖过一块人化石的鸟类学家、强迫症患者、处女座代言人恩斯特·迈尔提出的连续进化观点，主宰了考古学界几十年。海德堡人这个名头也因此和尼安德特人及其他上新世晚期的人类一起，被看成是智人的早期形态，这就是所谓的"古老型智人（Archaic Homo sapiens）"。

随着越来越多的尼安德特人化石出土，它们和我们智人之间的差异也表现得越来越明显。而且随着基因科学的发展，现代智人非洲起源说的观点开始占据主流。欧亚大陆的尼安德特人，因此被排除在我们祖先之外。而随着尼安德特人被革除祖先序列，早期智人的说法也失去了意义。这样一来，海德堡人的地位摇摇欲坠——尽管彼时归于它旗下的化石非常多，但人多势众，恰成了海德堡人最大的问题。

于是，在这个问题上，考古学界再次分裂。主张一个"大海德堡人"概念的学者认为，它们是直立人的后代，80万—20万年前，生活在广袤的非洲和亚欧大陆，并演化出了尼安德特人、智人和丹尼索瓦人（Denisovas）。而主张一个"小海德堡人"概念的学者则认为，它们是土生土长的欧洲人，随着时间的推移，它们变成了尼安德特人。这就是所谓的"广义海德堡人"和"狭义海德堡人"的概念。

按照广义派的理解，海德堡人由非洲的直立人进化而来，后来，一部分留在原籍非洲，另一部分则走进了欧亚大陆。留在非洲的那些，叫"非洲海德堡人"，也就是曾经的罗得西亚人（Homo rhodesiensis），是我们今天智人的亲爹。走进欧洲的那些，则变成了"欧洲海德堡人"，是尼安德特人和丹尼索瓦人的亲爹。走进亚洲的那些，包括大荔人、马坝人、金牛山人，被我们智人消灭了，没留下什么子嗣。

而按照狭义派的理解，它们或者是土生土长的欧洲人，是先驱人的后代；或者是移民二代，是非洲的直立人到达欧洲后的后代。但不管是哪种，它们都只是尼安德特人和丹尼索瓦人的祖先，既没有到达过非洲，也没有到达过东亚，所以，既不是我们智人的祖先，也和东亚的大荔人、马坝人、金牛山人没关系。

广义派一度很有市场。因为这一观点更容易解释 80 万—20 万年前这段比乱麻、糨糊、泥沼、混沌还乱的人类进化历程。但最近，海德堡人的亲爹地位受到了一点儿挑战。

原因主要有两点。

一是 2016 年科学家通过对尼安德特人的基因测序发现，根据分子基因钟的推算，尼安德特人和智人早在 75 万年前就已经分开。而目前发现的最古老的海德堡人化石，不过来自 60 万年前。所以，从时间上看，海德堡人只是尼安德特人和丹尼索瓦人的祖先，和我们智人是叔侄关系。在大家庭中的地位，属于三代以内的旁系亲属。

二是今天的现代人基本都有犬齿窝（canine fossa），而那么多祖宗当中，唯一发现有这个东西的，是先驱人。犬齿窝就是犬齿上方，眼睛下方，鼻子外侧的那个部位的凹陷，一般认为，这种凹陷和咀嚼功能的退化相关。

上述两个发现，让很多考古学家不由得怀疑，海德堡人的隔壁住了一个至今神龙见首不见尾的先驱人。于是，海德堡人就这样成了人类史上又一个既不确定谁是自己的爹、也不明白自己是谁的爹的祖宗。

尽管身份不明，但它们的长相考古学家们十分清楚。不管是哪里的海德堡人，比起现代人来说，长得都十分粗犷，嘴巴依然前凸，前额依然低斜，没有下巴，而且骨骼粗大，块头比现代人大。但比起直立人来说，它们又相对文雅些，表现在嘴巴没有那么前凸，臼齿也变小了，而且，它们的眉脊高耸，脑容量和身高也增加了——直立人脑容量 973 毫升，它们平均已达 1206 毫升；直立人男的身高可达 1.7 米，女的可达 1.55 米，而海德堡人男的平均 1.75 米，女的 1.57 米。

一方水土养一方人，所以不同地方的海德堡人，长得也略有不同。在非洲出土的海德堡人，总的来说相对纤细，属于抗热体质，怕冷不怕热。在欧洲出土的海德堡人，格外粗壮，属于耐寒体质，怕热不怕冷。

欧洲的海德堡人和早期尼安德特人的界限并不分明，所以，一部分学者认为，海德堡人是尼安德特人的亲爹，但另一部分考古学家则认为，它们就是尼安德特人本尊，是少年时候的尼安德特人。二者的区别，不过是漫长岁月塑造的结果，就好像，我们 30 岁的时候，看上去和 13 岁时不同，但我们依然是我们一样。因此，很多时候，它们也被叫作"前尼安德特人（*Pre-Neanderthal*）"。

但现在，随着越来越多的化石出土，考古学家们认识到这个所谓的"少年尼安德特人"和后来的"经典尼安德特人"有很多不同，而且在很多方面都创造了辉煌的历史，推动社会历史前进了一大步，再屈居在他人之下实在有些委屈，因此，逐渐给了它应有的名分，把它和尼安德特人分别对待。

从目前的化石发现来看，60 万—30 万年前，海德堡人遍布欧洲，24 万—4万年前，尼安德特人到处出没。而 30 万—24 万年前，到今天为止，却既没有发现海德堡人的踪迹，也没有发现尼安德特人的踪迹。

没有证据，也就不能胡说，因此，一部分考古学家主张，把 30 万—24 万年前作为一个分水岭。30 万年以前的，叫海德堡人，24 万年前以后的，叫尼安德特人。至于 30 万年前与 24 万年前之间的，说是海德堡人的活动时期也行，说是尼安德特人的活动时期也行，反正，没什么拿得出手的化石证据。

▲ 英国海德堡人：身高八尺腰围也是八尺

海德堡人大约在 48 万年前到达英伦三岛。那时候，英国还不是一个孤岛，而是西欧的一个半岛，东南部和法国西北部之间有陆地相连，即使在温暖的间冰期，动物们也可以自由地出入。直到 45 万年前，欧洲迎来了盎格鲁冰期（Anglian glaciation），冰川湖决堤，冲垮了这个通道，欧陆和英伦之间的陆上自由行才告断绝。

到达英国的海德堡人，生活在西萨塞克斯（West Sussex）一个名叫博克斯格罗夫（Boxgrove）的小村子里。这个名叫"博克斯格罗夫人（Boxgrove Man）"的海德堡人，出土于 1994 年，全部身体只剩两颗牙和一根小腿骨。这是英国当时发现的最早的人类化石，虽然后来无论是佩克菲尔德的石器，还是哈比斯堡的脚印，都显示这个博克斯格罗夫人并不是最早踏上英伦三岛的人，但是，它们依然是英国迄今为止发现的最早的人化石。

博克斯格罗夫人的腿骨虽然上面没有膝盖，下面没有脚踝，被截裂成了两块，一眼看上去，和一截晒干了的笋壳差不多，但这条腿却让考古学家们吃了

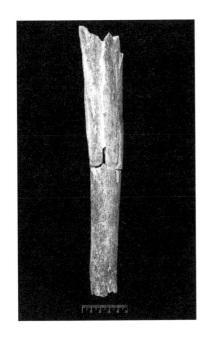

● 博克斯格罗夫人的小腿骨化石。

● 50 万年前生活在英国的海德堡人的大杀器——阿舍利手斧。

一惊，因为它的块头实在太大了。根据这个腿骨的比例计算出来的博克斯格罗夫人，身高起码 1.80 米，体重最少 89 千克。这个块头，别说 50 万年前了，放在今天，也是个大块头。而尽管名字带"man"，身材也十分威猛，但严格说来，不百分百排除这个身高八尺、腰围也是八尺的家伙，是个女生。

　　和这位性别不明的前辈埋在一起的，有 300 多件当时最先进的大杀器——阿舍利手斧。还有不少动物，都是肉多的，比如野马、田鼠、犀牛、大象、熊、狮子、青蛙等。其中一片马的肩胛骨上，有一个近似圆形的洞。一部分考古学家认为，这个洞很像被尖状器——比如矛那样的——刺穿的，可见，50 万年前的英国人会打猎。但另一部分认为，这个洞，说圆不圆，说方不方，周围又没能找到存在尖状投射武器的证据，50 万年前的英国人，不大可能有这么厉害。

　　但不管有没有矛，这个好汉爱吃肉是得到公认的。凭博克斯格罗夫人彪形大汉的气质，以及它们所制造的大杀器，打猎并非难事。而且，和它一起出土的动物骨头上，布满了被工具敲击和刮擦过的痕迹。这些切割痕迹在先，肉食动物的牙印在后，这说明，论吃大肉的顺序，它们已经超越了从前那些食腐的祖宗。

● 英国海德堡人打猎场景想象图。这是一次酣畅淋漓的成功猎杀，紧密的团队合作和高精尖大杀器，是 50 万年前的"英国绅士"——海德堡人的制胜法宝。

不过，除了动物身上的刮痕以外，好汉自己腿上也有被工具刮擦的痕迹，这说明，除了吃动物以外，这个好汉所在的种群也吃人。史前时代，吃人大约是一个了不起的优秀传统，所以前有先驱人吃人，现有海德堡人吃人，后来的尼安德特人也吃人。

▲ 西班牙海德堡人：我们有一座神秘的恐怖墓室

70万年前，全球最大的城市在北京，43万年前，全球人口最多的城市在西班牙北部的阿塔普尔卡山区一个叫白骨坑（Pit of Bones）的地方，这里汇集了90%的海德堡人化石。

这个"史前第一城"是个死亡之城，位于莽莽群山之中一个神秘而恐怖的洞穴，这是一个非常复杂而诡异的洞穴。洞穴位于地表以下30米，非常深；距离现在的入口至少500米那么远，而且暗无天日，曲里拐弯；要下到骨坑底部，还得经过一个13米深的垂直狭窄的竖井，非常陡。洞里除了数不清的史前动物骸骼，就是数不清的蝙蝠粪便，十分阴森恐怖。

海德堡人的骨头，就埋在蝙蝠粪便之下。和先驱人不同的是，这里的人骨，大部分不是和动物骨头夹杂在一起，而是埋在肉食动物的尸骨之下。在人骨和兽骨的上面，是一些从洞顶上落下来的碎石，最上面，是一层厚厚的蝙蝠粪便，再无任何骨头。蝙蝠是一种喜欢暗夜的动物，任何有亮的地方，都是它们厌恶的，因此，这种情况说明，蝙蝠入住以后，这个洞的入口变得非常狭小，以至于再也没有任何其他动物能够进得来。

可能是名字起得好，这个洞的白骨格外丰富，从首次发掘到现在，一直在源源不断地出土海德堡人。迄今为止，已经找到了至少28个祖宗，有老有少，有男有女。科学家们估计，未来这个数字起码还得翻倍。

在地下埋了43万年之久的这群海德堡人，到了出土的时候，单位已经变成"颗""片"，而不是"个"了。28个人，被地壳运动切成了6800多块碎片，摆在工作台上，一眼望去，就像一箱被挤压之后的米花糖一样。

和这些破碎的灵魂一起出土的石器，只有一把外号"圣剑（Excalibur）"的红石英打造的阿舍利手斧。和这些破碎的灵魂一起出土的动物化石却很多，有狮子、山猫、豹子、狼、狐狸等，其中最多的，要数和史前人类相爱相杀的史前巨兽——洞熊，学名德宁格尔熊（*Ursus deningeri*）。

截止到目前，考古学家们已经发掘出了166头洞熊的骨化石。这些体重1000多千克的大家伙是不是被祖宗们用那把圣剑砍死的不好说，但可以肯定地说，海德堡人一定是吃过熊掌的。不过，吃上熊掌，并不代表它们的生活就无忧无虑，坑里那个5号头骨的主人——一个30岁的男人，就是活活被人打死的。一个手拿燧石工具、惯用右手的人，朝它的左脸重击了13下，导致它牙齿被打掉，左脸被打歪，最后，败血症找上了它，把它送上了西天。

还有17号同志，也是面门遭受了致命的两连击，导致它还没有入洞就死去了。其余的头骨，也都有类似的骨折，虽然不能排除可能是从竖井跌落的时候导致的，但结合其他那些确定的击打，考古学家们推测，这个时候的祖宗们是一帮嗜血成性、好勇斗狠的人。

它们的后代尼安德特人，继承了它们的残暴基因，所以当它们遇到它们的堂兄弟——我们智人时，它们不是打招呼，而是抡起拳头，把我们打回了非洲。

问题是，这坑里，为什么会有如此多的海德堡人呢?

第一，这地方肯定不是它们的家。史前人类都不拘小节，即便是国际大都市，市民们也不懂得布置，如果是家里（洞里），肯定满地都散落着生活垃圾，包括食物残渣和用过的石器。但这里，除了一个特别精致的手斧以外，一片石器也没找到。

第二，这地方也不像是它们的斗兽场或是屠宰场。因为，这地方曲里拐弯的，离地表30米深，离洞口500米远，其中一段还是一个13米高的垂直深井，根本不适合做屠宰场，更不用说打歼灭战和伏击战了。

第三，这里也不太可能是肉食动物的巢穴。首先，这里找不到一个属于食草动物的化石，连史前欧洲最常见的猎物——驯鹿，在这里都看不到一丝影子。所以，除非这些肉食动物是武林人士，喜欢搞华山论剑，高手对决，否则，不可能只有大批的竞争者而没有一点儿美食。其次，这28个人里，大部分正当壮年，老人和小孩并不多。这种年龄分布，不符合常理，如果真的是被猛兽们拖到洞里的，应该小孩子更多。再次，只有1%的人骨上有肉食动物的牙印。

第四，从化石分布来看，兽骨十分分散，说明动物是不小心自己栽下去的。但人骨全都在最下面一层，十分集中，看起来不太像交通事故，反而更像是在很短的时间内有意放进去的。而且，17 号同志是死后才进洞的，而一个死人是不会走路的，所以，显然，它是被放进去的。

最后，这坑里有一个镇坑之宝——一把红石英手斧。史前人类工具不少，可是像这把手斧这么精美的，不多。这么气度不凡的东西，无论是拿来当劈柴刀还是当切肉刀，都属于暴殄天物，唯有作为祭祀用品，拿来陪葬，才显现得出它的价值。

所以，这个骨坑，应该是海德堡人的公墓地。这把圣剑，应该是海德堡人神圣的陪葬品，带着生者的思念，陪同死者，在另一个世界里披荆斩棘，杀熊斩豹。

● 传说中的"亚瑟王圣剑"——
红石英手斧。

公墓地的说法，并不被所有人接受。反对派说，所谓的圣剑，无非是现代人的牵强附会。这玩意儿一块儿紫一块儿黄的，在海德堡人那里，极有可能是属于既不中看也不中用的废物，砍柴不好使，割肉也不好使，拿着死沉死沉的，还不如丢到垃圾堆（死人堆）里。

说海德堡人懂得安葬死人就更是无稽之谈了。这 6800 多片骨头片片里，拼凑起来，也是脑袋多，手脚少，和遥远的东方那个北京人的龙骨山洞一样。可见，这地方才不是什么公墓地，充其量是个下水道的尽头。

双方各执一词，各有证据，谁也说服不了谁。

这个问题，选哪个答案，可谓十分关键，因为这个问题绝不仅仅是关于古人的风俗，而是关系到对人类演化历程的认识。

关于人类演化的一个常识就是，从猿到人的转变，不是一下子就完成的，今天变一点儿，明天变一点儿，一步一个脚印，变了几百万年，才变成我们今天的模样。但听上去很简单的道理，具体分析起来，往往不那么简单。由于祖宗们的每次演化都是马赛克式的，不是一次到位的，因此，关于老祖宗演化的

● 白骨洞的葬仪场景想象图。

诸多问题，就有好多的争论——先变的是什么，后变的是什么；它们什么时候站起来的，什么时候下地的；什么时候制造工具的，什么时候学会打猎的；什么时候脑袋大起来的，什么时候学会搞艺术创作的；哪个在先，哪个在后……几乎每一个问题，都会引发无尽的争论。

白骨坑圣剑和葬仪的问题，就关系到这样一个进度问题——我们的老祖宗从什么时候开始考虑生死问题的？海德堡人具不具备了解死亡意义的智商？

说这是下水道的科学家，否认它们拥有正确看待生死的能力。他们认为，我们的老祖宗虽然每一个都在拼尽全力活下去，但那是出于求生的本能。所以，虽然大多数老祖宗总是见到亲人的死亡，它们也知道只要死了，就找不回来了。但树上的果子、草原上的小鹿、枝头上的花，也是吃了就没了，开过就谢了。死了，在它们眼里，大概和果子被吃了，花儿开过了一样，没了就没了。至于像"为什么会死""死了以后会怎么样""能不能不要死"这类的意义问题，这个世界上，除了我们智人能整明白，其余的人类连边儿也摸不着。而即便是智人，也不是一开始就能整明白。它们也起码要等20万年，才能发展出原始的洞穴艺术。至于群体的大爆发，那更是25万年以后的事情了。离今天，不过区区5万年。所以，43万年前的海德堡人，绝不可能明白死亡的意义，也绝不可能发展出能搞安葬仪式的心智。凭一把手斧，就说海德堡人拥有这样的心智，显然是不成熟的。

单独就白骨洞的化石证据来看，认为海德堡人具有搞安葬仪式的心智的确不太充分，但是如果结合这一时代其他海德堡人的遗址来看——法国发现的海德堡人能造房子，非洲的海德堡人发明了预制石核技术和装柄技术，德国的海德堡人可以组团猎杀野马——这样的人，搞个安葬仪式，似乎也不算离谱。

不过，这些问题至今依然没有确定的答案，而它们也不是围绕白骨洞的全部问题。除了它们的心智水平，现在另一个让考古学家们打破脑袋的，是它们的身份问题。从前，鉴于它们的外表兼具早期的直立人和后期的尼安德特人的特征，又大约生活在60万年前——德国的海德堡人和英国的海德堡人最为活跃的时候，因此考古学家们自然而然地将它们划归到了海德堡人旗下。但最新的测年法表明，它们生活在43万年前，并没有想象中的那般古老。并且，2014年和2016年的两次基因测序表明，智人、尼安德特人和丹尼索瓦人早在它们出现之前就已经分开。因此，很多考古学家认为"海德堡人"的名号不宜单独存在，因为它们不过就是早期的尼安德特人，就好像一个人13岁和30岁时的长相以及行为方式是完全不同的，但不能因此就认为这是两个人。

▲ 德国海德堡人：40万年前就知道什么是工匠精神

今天的德国，一直是工匠精神的代名词。汽车、医疗设备、精密仪器、机床……几乎所有的工业领域里，无论是设计，还是制造，德国都是各国看齐的榜样。

30万年前的德国，也这样。只不过，那时候的工业中心，不在斯图加特，而在北部的汉诺威；代表行业，也是工业——手工业；代表产品，则是军工产品——赫赫有名的大杀器，舍宁根矛（Schoningen spears）。

这个史前工业中心位于德国汉诺威的舍宁根地区，今天，这是一处露天煤矿。但 30 万年前，这地方是一个大湖。一群没穿衣服的海德堡人就在这片芦苇茂密的湖畔露营、打猎、喝水、吃肉。

历史发展到这个阶段，打猎、吃烧烤不算新鲜，不穿衣服也没什么奇怪的——可能前面的祖宗都没穿。但值得一提的，是它们打猎用的高精尖的武器——舍宁根矛。

严格说来，这并不是全世界最早的木制武器，40 万年前，生活在英国克拉克顿那里的祖宗，已经学会了这门手艺。不过，这是迄今为止规模最大的木制武器遗址。截止到现在，已经在这里发现了 10 根木矛、1 根双尖棍、1 根被火烧过的木棍、1 万多片动物骨骸，包括起码 35 匹欧洲野马和少量的马鹿、野牛。

12 件武器里面，除开 4 号是用松树做成的以外，其余的全是用云杉的树干做的，而且大多是用 50 年以上的云杉做的。尽管在所有的木材里，红豆杉才是史前人类的最佳武器材料，韧性强，硬度高，比它们早 10 万年的英国克拉克顿的祖宗们用的就是这个，但这些海德堡人所处的年代和地点，没发现有红豆杉生长的痕迹，云杉已经是最好的材料。相比松树，云杉长得更慢，结构更致密，硬度更高。而为了获取最高的硬度，这些海德堡人在制作矛的时候，选用的都是靠近大树枝的树干，矛尖部分还刻意避开使用树干最中心质地较软的位置。

除了选材讲究，这些德国海德堡人的制作工艺也十分精湛。首先是标准化生产。除了其中一根长矛的长度更长以外，剩下的矛长 2.1～2.4 米，直径

● 重见天日的舍宁根矛。

● 被舍宁根矛猎杀的动物骨骸化石。

● 海德堡人手持长矛，群体作战，围猎落单的猛犸象场景想象图。像这样干一票大的，可以一下解决很长一段时间的吃饭、穿衣、住房以及弹药补给问题。

2.9 ～ 4.7厘米。其次是符合人体工学。后面粗、前面细的矛，重心在后，穿透力、投掷速度和距离都不行。前面粗、后面细的矛，重心在前，投掷速度和距离虽然能提上去，但矛尖太粗，穿透力又不行。要保证速度和穿透力，最好的矛，要像今天的标枪一样，两头细，中间粗，而且最粗的地方——重心所在，要在前面1/3处。舍宁根矛正是如此。而选材和形制符合科学标准，并不是德国制造的全部，细节也同样重要。因此所有的舍宁根矛，不但剥掉了树皮，去掉了枝丫，削尖了矛头，还进行了抛光处理和回炉再造。这个设计，不夸张地说，放在今天，是一定会包揽所有的红点设计奖的。

　　这样制作精良的矛，创造出30米的有效射杀距离，自然是小菜一碟。试验表明，一个运动员，手持这样的矛，可以创造出70米的有效射程；站在5米开外使用，这样的矛可以毫无压力地穿透25.5厘米厚的凝胶。考虑到海德堡人比我们今人强健得多的体魄，射程只会更远，穿透力只会更强。所以，这一配置，基本上等于将祖宗们的胳膊加长了70米。对于猎物来说，这就是中程导弹一般的恐怖存在。

　　我们的祖宗，就是举着这些"史前中程导弹"，埋伏在湖边榆树丛生的高处，瞄准了前来饮水的野马。当清凉的湖水缓缓淌过野马们的舌头时，屁股后面陡然传来动地的鼙鼓。前面是深深的湖水，两侧是茂密的芦苇，后面是陡峭的高地，进退维谷的野马，就这样倒在了湖畔的淤泥中，迎来了生命的终点。

这显然是一次有预谋的屠杀。杀戮的背后，是尖端的武器、精密的计划、完美的配合，是海德堡人令猎物们望而生畏的智力，是人类的崛起。

▲ 法国海德堡人：我有一所房子，面朝大海，春暖花开

史前人类的居住方式，经历了一系列演变。

200万年以前的世界，不论是带领全世界人民站起来的伟大领袖乍得沙赫人，还是图根原人、地猿，以及南方古猿的所有家人，甚至能人，都是名副其实的"有巢氏"，都在树上睡觉。第一个在地面睡觉的祖宗，有据可考的，是直立人。生活在160万年前的图尔卡纳少年，身体结构已经不再是手长脚短了，这表明，它们彻底告别了树栖的时代。

不过，告别树栖并不意味着立刻就有了建筑行业。很长一段时间里，它们想要睡个安稳觉也不容易，只能寄希望于天然的庇护所，比如，靠近湖畔的岩壁、山脚下的洞穴之类的。这些地方，是那个时代天然的豪宅、高级的服务式公寓，牢固、安全、温暖，无须任何装修布置，拎包就可入住，是祖宗们的理想家园。

但是，这地方也不是完全没有缺点。

第一个缺点是这种地方不多。物以稀为贵，史前的天然豪宅，要仰仗自然的恩赐，所以，也不是所有人都能住得上的。

第二个缺点是这种地方竞争激烈。好东西谁都喜欢，除了兄弟姐妹之间要争抢，那些四脚兽也喜欢。对于欧洲的史前人类来说，经常和它们因为哄抢房源而发生流血斗殴事件的，就是那个体重1000多千克的洞熊。

第三个是豪宅的地理位置不行。如果上班——打猎的地方或者水源地，距离史前大别墅太远，一来一回，不安全，还折腾，太不划算。

因此，为了一次性解决交通问题、谋生问题和安全问题，史前人类开始憋大招了——给自己盖房子，盖一座离上班地点近一些的房子。

第一个有据可考的敢想敢干的，就是海德堡人，确切地说，是法国的海德堡人。

● 法国尼斯的海德堡人建造的房屋想象图。"海边度假村"平地起建，完全突破了史前豪宅的稀缺性限制。迎着海风，烤着烧烤，法国人的浪漫，深入史前 38 万年。

　　38 万年前，这群住在法国尼斯附近的泰拉阿玛塔（Terra Amata）的海德堡人，盖了一座椭圆形的房子，长 7～15 米，宽 4～6 米，建筑面积 100～150 平方米。这个以大象肋骨和木材为柱子，以兽皮为墙的小房子，绝对是人类第一奇迹，没有砖瓦，没有榫卯，没有钉子，固定柱子的，不过是沿着柱子的走向围成一圈的鹅卵石。房子虽然没怎么装修，但功能齐全，里面设有火塘——欧洲历史上有据可考的最早的取暖设施，为了防止常年刮来的西北风吹灭篝火，火塘的西北部还用鹅卵石砌了半圈挡风墙。

　　这样一所创意满满的浪漫兽皮小屋，坐落在法国南部的地中海边，真正的"面朝大海，春暖花开"。每逢春夏之交，这群浪漫的法国人就来到这里，它们把捕获到的犀牛、大象、野猪、雄鹿、羊、狐狸等大中型动物拖到这里来，在这座小房子里，迎着地中海浪漫的海风，欣赏着地中海迤逦的风光，架起篝火，吃烧烤。到了冬天，当海风变得有些冷冽的时候，它们又离开这里，回到温暖的洞穴。

　　昔时人已没，今日水犹寒。38 万年过去了，地中海依然是地中海，法国人却不再是那些法国人，欧洲历史上最早的房子，如今也只剩地基和一圈残缺不全的鹅卵石。当年烤得嗞嗞响的大象腿、犀牛角、狐狸尾，也变成了满地的化石残片，静静地躺在那里，看着 38 万年后的来人。

◢ 非洲海德堡人：技术才是硬道理

这一时期的非洲比起人丁兴旺的欧洲，显得有些人烟稀少。曾经叱咤风云的各路南猿、傍人和能人都走了，匠人也没音了。剩下的海德堡人仿佛也经历了数量上的减少，迄今为止，只发现了 4 个残缺不全的脑袋。

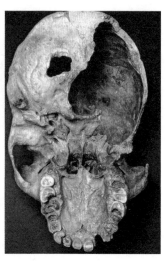

这 4 个脑袋，生活时间在 60 万年—12.5 万年前。其中最早的，是 60 万年前生活在埃塞俄比亚的阿瓦什河（Awash River）地区的波多人；其次是 50 万年前南非萨尔达尼亚（Saldanha）地

● 非洲海德堡人化石颅底照。

区的萨尔达尼亚人；再次是 40 万年前的坦桑尼亚恩杜图湖（Lake Ndutu）的恩杜图人；最后一个，便是大名鼎鼎的生活在 30 万—12.5 万年前的卡布韦人。

卡布韦人又叫布罗肯山（Broken Hill）人，虽然年纪不大，性别未知，骨架子也不完整，但作为最早死于龋齿引发的感染的祖宗，凭着一口龋齿，它成功地跻身史前名人之列。

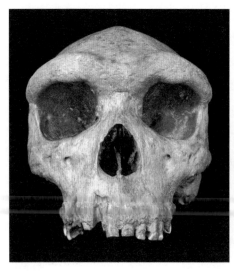

● 非洲海德堡人化石正面。

● 非洲海德堡人复原图。这个英气逼人的祖宗，最后死于龋齿引发的败血症。

1万年前的农业革命，让人类有机会摄入大量的糖分和淀粉，所以在今天，龋齿既不是什么罕见病，更不是什么致命的病，10个小孩子估计起码有8个都得过，去医院，顶多遭点儿罪就解决了。但这个生活在12.5万年前的哥们儿，距离农业革命起码还有11万年，距离甘蔗传入非洲至少还有11.5万年，它上哪儿吃了这么多糖，到底怎么得上这个病的，考古学家们也说不清。

这个脑袋的重要价值，当然不仅在于向人们揭露了史前人们的口腔疾病问题，作为整个非洲大陆发现的第一个非我们智人族类的脑袋，这位同志还向整个世界表明，非洲那地方，也是有历史的。

这4个脑袋在长相方面，有很多和早期的直立人相似的地方，比如国字脸，眉脊突出，头骨有棱，后脑勺比较明显。但比起非洲的直立人，它们又有很多先进的地方，比如脑袋相对较圆，骨头更纤细。更重要的，是更大的脑容量。波多人的脑容量高达1300毫升，得龋齿的那位卡布韦先生也高达1280毫升。

除了长相先进，这些非洲海德堡人在技术上，也要甩直立人几条街。这个技术的集中展现地点，便是南非北开普的卡图（Kathu）考古遗址。50万年前，正是在这里的海德堡人，鼓捣出了两项超越时代的发明——预制石核技术及装柄技术。所以，尽管卡图面积不大，但在人类历史上的地位不俗。

所谓的预制石核技术，是指为了获得满足预期形态的大石片，事先对石核进行修整的做法。因为修整的技术与流程非常系统化和标准化，石核所呈现出来的形态（龟背状）也趋于一致，可以保证后续能顺利剥取下符合预期的大石片。预制石核技术是一项非常高精尖的技术，需要非常高的智商才能完成。考古学家曾经认为，这个技术是智商更高的尼安德特人和我们智人才掌握的专属技能。但卡图遗址的发现，表明50万年前的海德堡人，已经学会了这一技术，所以这让考古学家们非常吃惊。

卡图遗址发现的石器，平均长度7厘米左右；形状呈三角形，其中顶端有严重的磨损，底部有横向的凹槽，两边的刃口十分锋利，呈现出二次加工保持刃部锋利的磨痕。

7厘米的长度，拿来做手斧和端刮器显然太小，做矛头却正合适；顶端有严重磨损，则说明这东西用的不是两边的刃，而是锋利的尖端部分；底部的横

● 预制石核技术工具。一块被修整过的石核(左)，可以快速打造出许多杀伤力惊人的石叶工具，实现资源的高效利用。

向凹槽，则有利于保持绳子和木柄的紧密结合，几十万年后新石器时代的智人祖宗们做复合武器用的就是这种手法；两边都保持锋利刃口的工具，自然不是捏在手里用的，除非这个人想要喝自己的血，吃自己的肉。

不难看出，这些石器，从尖到刃，再到底部的凹槽，都透露着无与伦比的独创意识。因此，这些非洲兄弟所展现出来的技术水平，并不输给后来的德国兄弟。10万年后的德国兄弟们造出的舍宁根矛虽然制作精良，细节完美，可到底还是单体武器，而非洲兄弟们造出的这些石矛都是复合武器。制作复合武器需要的心智，包括想象能力、规划能力、概念能力、联结能力、手眼协调能力等等，绝不是制作简单工具所能比的。

武器技术的创新，反映出的还不仅仅是心智水平的提高，更有社会方式的进步。舍宁根矛和卡图复合武器的出现，充分说明，这一时期海德堡人的生活方式再次发生了改进。虽然依然是狩猎，但是已经不再是从前那种耗时耗力的持续性狩猎了。它们多半已经不再满足于单纯地跟动物们比拼体力，而是要比拼智力了。

所以，南非这个发现，不单把复合武器的技术向前推进了20万年，而且让大家了解到，复合装柄武器这种高阶发明不光尼安德特人和智人会，50万年前的海德堡人也会，从而大大地改变了对人类演化速度的认知。

小　结
祖宗们的赫赫武功

人类的演化，无非是对环境变迁的适应。

"大江东去浪淘尽，千古风流人物"，要想在变化的环境里继续存活，除了改变自己，与时俱进，别无他法。

对于我们的老祖宗们来说，也是如此。所以，1400多万年以前的祖宗之一，原康修尔猿，长着一副可以在树上跌宕起伏、腾挪跳跃的无尾猴的身子骨，以适应遮天蔽日的热带雨林生活。700万年前的乍得沙赫人，要学会直立行走，才能既有机会摘取树冠上的果实，又能下地找点儿虫子。320万年前的阿法南猿露西小姐，生活在日益干枯的开阔林地，必须能迈开步子，甩开膀子，武装上巨大的牙齿，陆树双栖，才能在日益干枯的开阔林地站稳脚跟。

到了200万年前，气候越发反复无常，人属的祖宗们，也只能继续与时俱进，改变自己。因此，它们在不到100万年的时间里，发明了新的武器，学会了把矛头对准各种中型动物，征服了广袤的欧亚大陆，从内到外地实现了从猿到人的全面转变。

这些赫赫武功，乍一看上去十分突然，但是深究起来，却又是那么的自然。如果非要用一句话来概括这种巨大转变的原因的话，那就是"技术是人类社会发展的第一推动力"。

▲ 工具：今日长矛已在手

200万年前的罗百氏傍人、250万年前的惊奇南猿、260万年前的傍人、330万年前的肯尼亚平脸人，乃至340万年前的阿法古猿，都会制造和使用工具。不过，同样是制造工具，这一阶段的人，有很多地方比前一阶段的祖宗都要进步。

一是取材更加讲究。

作为人类最早发明的工具——330万年前的洛迈奎石器，从取材到制作都非常原始粗陋。取材上，通常是目光所及之处，100米之内，有啥就是啥。260万年前，我们人属祖宗取材范围扩展到了几百米开外。195万年前，肯尼亚南坎杰拉（Kanjera South）的祖宗，更是已经会从12千米远的地方采石。150万年前，奥杜威石器的使用者们，不但会跑到14千米以外的地方取材，而且再也不只是满足于在河流湖泊周边短摸。到了100万年前，奥洛戈赛利叶（Olorgesailie）盆地遗址显示，祖宗们的取材范围已经远至46千米以外，而且不再着眼于寻找鹅卵石，而是学会了使用优质的石矿。取材范围越来越远和选材越来越优质的石器工厂的背后，是它们更加宽阔的眼界和游刃有余的开发利用环境资源的能力。总之，对于人属动物而言，生活已经不再只是眼前的苟且，还有石和远方。

二是器型开始分类定型。

洛迈奎石器形形色色，有的三个尖，有的八条棱，有的圆溜溜，有的曲里拐弯，这就是像黑猩猩那样东一榔头西一棒子砸出来的，所以看不出有什么固定的形制。奥杜威石器比洛迈奎石器有了明显的进步，虽然依旧是一器一型，五花八门，但起码已经看得出祖宗们在做石器的时候，具有能够识别正确的角度的能力。阿舍利技术石器则更进一步，实现了标准化生产，石器的器型变得相当规整且类别明确——两侧具有锋利刃缘的是手斧，具有三棱形尖部的是手镐，远端为宽的横向或斜向刃缘的是薄刃斧。这三种最常见的工具组合，既是旧石器时代的瑞士军刀，具有切割、砍伐、挖掘，以及加工木质工具等多种功能，也是后续人类历史中形形色色工具的鼻祖。从乱七八糟到规整的器型和明确的分类，证明我们的祖宗们脑海中已经逐渐建立起某些特定的概念版型（concept plate）。这些概念版型，便是人类抽象思维存在的最早、最直接的证据。

三是，打制石器的工艺和流程也有了巨大的创新。

旧石器时代的打制石器技术手法只有两类，一种是直接打击法，一种是间接打击法。所谓直接打击法，就是用石头碰石头。这招简单粗暴直接，不需要辅助工具，对智力和手艺要求不高，所以从南方古猿到能人，再到我们智人，都用过这个方法。不过听上去道理简单粗暴，实际上却严重依赖个人技艺。

间接打击法是打制石器的高阶版，因为除了对手法有要求以外，还需要用到辅助工具。一般来说，死去的大中型动物的棒子骨或者木头棒子都是不错的辅助工具。把石料放在地上，一手扶着棒子骨或者木头棒子，对准要击打的点，另一手拿一块石头当石锤，锤击木棒或者棒子骨的顶端。因为打击的力量是通过木棒或者棒子骨间接传递的，所以不但石料受到的打击力相对比较均匀，而且可以精准定位。这种打法容易剥下像柳树叶子一样又长又窄的石片，也就是石叶，所以这种手法也是生产旧石器晚期的石矛、石镞等高级武器必不可少的核心技术。

300多万年前的洛迈奎石器用的技术，无疑是直接打击法。那时候的祖宗，智商受限，严格说来也谈不上有什么技术含量，所以基本上和今天的黑猩猩一样，两手搬起石头砸另一块石头。这种一锤子买卖，靠运气干活，工程质量自然也完全没有保障。

能人发明的奥杜威石器尽管也非常粗陋，但比起洛迈奎石器，它们对石头的断裂力学、硬度等物理属性已经有了一定的了解，也有了一定的预见性，制造过程不再是乱砸一气，已经学会了硬锤敲击，会找到正确的击打台面，识别角度。

而阿舍利石器的制作者们，在奥杜威技术的基础上更进了一步，已经学会了间接打击技术。显然，这说明它们脑子里已经有一定的物理知识，懂得杠杆、压强、定点爆破的基本原理，比起前面的祖宗，显然智商已经有了极大的提高。

四是阿舍利石器的尺寸更大，效率更高。

1千克的燧石，如果拿来制作奥杜威石器，可以打出8厘米的刃，拿来制作阿舍利手斧，则可以打出长达35厘米的刃部。尺寸更大的工具，制作和使用更费力气，对人的体力和智力要求也更高。所以那些身高1.5米以下、脑容量不到今人一半的南方古猿和能人，只能搞定刃部低于10厘米且器型简单的洛迈奎石器和奥杜威石器，阿舍利石器这种平均尺寸超过10厘米且器型规整的工具它们是搞不定的，阿舍利石器只可能产生于身高1.7米且身体比例和智商接近现代人的直立人之后。因此，从这个角度，我们也可以说，阿舍利技术的出现，是人类进化历程中的里程碑式的事件，标志着人类的智力和体力在前人的基础上，又前进了一大步。

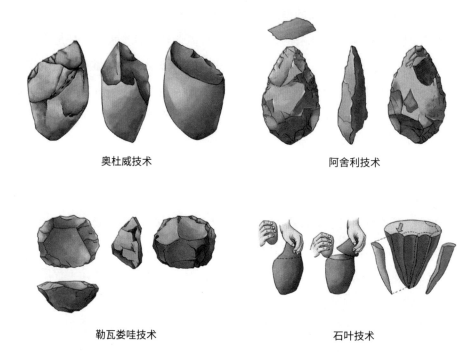

奥杜威技术　　　　　　　　　阿舍利技术

勒瓦娄哇技术　　　　　　　　石叶技术

● 旧石器时代的四种典型技术，打制手法逐渐复杂，生产效率越来越高，同一块石头，打造的刃部越来越长，杀伤力越来越大，有效射程也越来越远，武器从最初的手榴弹，变成了中程导弹。

五是体现了祖宗们预见性的提高。

洛迈奎石器和奥杜威石器是一种一次成形的原始技术，一锤子买卖，不需要有太多的预见性和概念能力，也不需要有很强的学习能力。而阿舍利石器，不可能一锤子买卖就能完成。要制作出符合预想形态的工具，必然涉及多个前后相关的行为决策，而任何一个环节出现问题，都可能导致制作工具的失败。因此，要避免失败，打制者必须在前一环节就要考虑和预见到后一个环节可能出现的各种情况。现代学者曾进行过系统的手斧模拟打制实验，结果表明，对于一个没有石器打制经验的初学者来说，至少需要花费 3 个月时间，才能制作出类似于史前人类使用过的手斧，可见其制作之难。

最后，阿舍利石器体现了一种实用性与艺术性的结合。

阿舍利遗址中发现的一些手斧标本，其两侧与两面的对称程度很高。而对称性是一种非常重要的美学要求。中国古典建筑的代表——故宫，之所以震撼人心，一个重要的原因就是所有的主要建筑都是中轴对称的。因此，可以说人类的美学意识，从阿舍利石器时期就初露端倪。

虽然我们今天看到的只有石器技术，但它们当年使用的，绝不仅仅只有石器技术。关于这点，直接证据非常有限。因为无论是木头还是骨头，藤条还是筋腱，均属有机材料，既不像石头那样经久耐用，变成化石的概率也要打无数个折扣。尽管考古学家掘地三尺，发现的最早的木质工具也不过是40万年前的英国克拉克顿矛（Clacton spear），以及距今30万年的10根德国舍宁根矛。但黑猩猩都懂得折根树枝剥光叶子钓白蚁，脑容量比它们大的能人和直立人，没理由不会。黑猩猩都会用矛狩猎，更早期的头脑简单、牙口发达的傍人会用骨头掏白蚁，脑容量比它们大的能人和直立人，没理由不会。尤其是直立人，连阿舍利手斧这种难度大得多的标准化工具都会制造，连火都能使用，会制造使用木矛，毫不奇怪。因此，矛在早期的人属祖宗那里，一定是一种常规的武器。

不管是阿舍利手斧，还是矛，都体现出祖宗们的概念能力、计划能力和对美的追求，也就是所谓的复杂的认知能力。而复杂的认知能力是人类独有的能力，它为人类的想象力插上了翅膀，也为源源不竭的创造力提供了源泉。所以，随着一个个新工具被创造出来，祖宗们获取资源、抵御风险的能力也就越来越强，它们离我们今天也越来越近。

◢ 狩猎：谁还不是个"爱马士"啊

吃肉并不是人属动物的专利——从前那些吃肉的祖宗，偶尔也是能够斩白蛇、戳蜥蜴、钓蚂蚁、砸乌龟的，但人属的祖先，绝对是第一个真正主动出击的祖宗。

当然，和制造工具一样，吃肉也是个技术活儿，不是一蹴而就。早期的老祖宗们，吃的肉是腐肉，它们得乖乖地等熊罴虎豹、秃鹫鳄鱼这帮大爷们吃饱喝足，逍遥离去之后，再偷偷摸摸地靠近它们，吃剩下的骨头，啃点儿它们吃不干净的肉丝和弄不出来的骨髓。

这种守株待兔、靠天吃饭的消极做法，安全系数高是高，就是吃不饱。而且多半，等这些大爷们吃完，肉也不新鲜了。所以，伴随它们出土的动物，不是老弱病残，就是布满各种牙印、沾满猛兽口水的那种。

随着时间的推移，它们的食腐技能日臻完善，开始想要改变了。于是，它们学会了虎口夺食。

夺食的办法主要有两种。

一是去偷。像恐猫、豹子之类的野兽，打到吃不完的猎物，它们绝不浪费，一定会不辞辛劳地衔到高高的树上，挂好，存着下次再吃。这虽然苦了不会上树的狮子、老虎和鬣狗，但对于我们那些手天生带钩的祖宗来说，绝对是天降福瑞。所以，等豹子、恐猫们遛弯去了，它们就有的放哨，有的装肉，有的跑腿，有的断后。虽然这样做不免会丢掉几条性命，但大部分情况下，只要配合得好，有惊无险，吃一顿大肉并不难。

二是去抢。虽然单个拎出来没什么战斗力——个人英雄主义是好莱坞的专利，我们的祖宗从不出去单挑，人海战术、车轮大战、群众运动，才是它们的硬核智慧。祖宗们的机会，在于非洲大草原上，爱吃肉的那几个，除了狮子和鬣狗喜欢成群结队外，都是独行侠。独行侠武艺再高强，也怕遇到团伙。祖宗们只要站到一起，叽哩哇啦地乱喊乱叫，再拿几个石头棒子漫天乱扔，制造点儿紧张气氛，就可以叫独行侠夺路而逃。

经常这么操练，时不时地赶跑几个独行侠，祖宗们的胆子也就越来越大，功夫也越来越熟练，吃肉的机会自然也就越来越多。肉吃得越多，智商也就越高。因此，它们迈出打猎那一步，也就是理所当然的事情了。

更何况，这时候的它们，还有着技术上和体能上的优势。技术上，它们有高精尖的武器——平均刃部达 20 厘米的阿舍利手斧和有效射程达 70 米的矛。阿舍利手斧，相当于史前瑞士军刀；矛，相当于史前中程导弹。一个杀伤力大，一个射程远，无论是近身肉搏，还是远程射击，都有胜算。体能上，它们具备为打猎而生的骨骼——除了接近今人的手脚长度比，还有接近今人的水桶状的胸腔，像个人一样瘦削的肩膀，以及比今人还要狭窄的盆骨和盆腔。这种上身轻便、下肢修长、摊薄了的身材，不仅有利于散热，还有利于跑马拉松。凭借这样的骨骼，它们每天可以覆盖到的范围，不是从前那些长胳膊小短腿的祖宗所能比的。它们奔跑起来的速度，也不是先前的祖宗们能够想象的。覆盖范围相当于今天的市场份额，奔跑的速度约等于今天的生产效率。市场份额大，销售收入多，生产效率高，总产值就高。古今道理一也。

凭借这些先天的优势，它们在狩猎方面发展出了两种从前那些祖宗想也不敢想的手腕——持续性狩猎和伏击狩猎。

持续性狩猎又叫追击狩猎，核心技能就一个字——追。先远远地观察一群食草动物，比如羚羊，锁定最弱的那只，然后慢慢靠近。食草动物一般警惕性都很高，一看有不明生物靠近，第一反应就是四散而逃，发狂前奔。它们跑，我们的祖先就追，别的不追，专门追那些老弱病残。一个人一群羊，要么跑上好几十公里，要么跑上好几天——不管多久，这幕追逐游戏一旦开启，结局就基本无法改写。我们祖先外号"裸猿"，两足动物，自带三套散热系统——没毛，

● 阿法南猿（左）、源泉南猿（中）和直立人图尔卡纳少年（右）的复原图。

皮薄，还不停地流汗。它们既不怕中暑，还不用挨饿，边跑还能边吃东西喝点儿水，不存在体力跟不上的问题。所以，最后的结局，一定是猎物越来越慢，停顿的时间越来越长，最终绝望地放弃。

追击狩猎在非洲大陆是一个比较好使的办法，生活在非洲卡拉哈利沙漠（Kalahari Desert）里的布须曼人（Bushmen），又叫桑人（San），就是电影《上帝也疯狂》里的那群人，直到20世纪，用的还是这个追击狩猎的技能。唯一不同的是桑人们还携带有生化武器——弓箭的箭头上抹有从各种植物和动物中提取出来的毒液。

但是到了地形多变、树木丛生的欧亚大陆，追击狩猎就不一定好使了。不好使的原因主要有两个。一是地形地貌的限制。在平地上，搞龟兔赛跑问题不大，因为不管兔子跑得多快，乌龟都能看得到，不至于跟丢了。而欧亚大陆大部分地区大部分时间里，不是山地，就是丛林，一个不小心，猎物就跟丢了。此外，气候条件也不利。非洲的稀树草原上，天气暖和，甚至是炎热，动物不

● 持续追击狩猎示意图。带上大刀长矛，瞄准老弱病残的动物，日出而追的话，一般日落之前就可满载而归。

耐热，跑一会儿心脏就会受不了，我们裸猿自带三套散热系统，不存在体温过高、供血不足的问题，优势能充分发挥出来。但欧亚大陆大部分属于中高纬度，天气凉爽，通风条件好，散热效果好，比赛马拉松，动物也未必会输给人类。

既然追击狩猎的方法不好使，就必须采取更有效的策略——伏击狩猎。手持舍宁根矛的德国海德堡人，用的就是这个办法，它们躲在高高的芦苇荡里，等待野马们到河边饮水的时候，从芦苇丛里杀出来，受惊的马，面对前面不知多深的河水，和后面凶残成性的海德堡人，自然是进退维谷，死路一条。

伏击法虽然听上去危险且费劲，但风险高收益才高，追击狩猎每次只能收获一只猎物，伏击法则极有可能斩杀一群。祖宗们的脑容量，之所以能够在短短 100 万年里，实现 14 倍的增幅，靠的就是大规模地密集吃肉。而作为史上第一种天生为吃肉而生的人类，它们所能吃到的肉，不是我们今天生活在城市当中的"没见过世面"的人所能想象的。鸟、鸟蛋、蛇、蛇蛋、蝎子、蜈蚣、蚱蜢、蝗虫、兔子、乌龟、毛毛虫、虾蟹、鱼……那些还不被允许跟随大人去狩猎的毛孩子们，拿根木棍，一块石头，甚至徒手，也能搞到这些优质的蛋白质。

● 海德堡人狩猎场景想象图。有致命武器，会团队合作，还会打伏击战，是当时全世界顶级的猎人。

◢ 用火：给我一星火，我能拿它烤肉

为什么这一时期的祖宗，突然就变成了大长腿的现代模样？哈佛大学的灵长类动物学家理查德·兰厄姆（Richard Wrangham）认为，唯一的解释，就是它们在 190 万年前就学会了生火做饭。

190 万年前的祖宗，是否真的会生火还不可知，但生活在 170 万年前的云南元谋地区的直立人可能会生火——至今只剩两颗牙齿的那个家伙所在的地层，的确发现了被加热过的黏土。到了 150 万年前，发现的用火证据更多了，比如罗百氏傍人和能人的大本营，南非的斯瓦特克朗洞穴（Swartkrans Cave），肯尼亚巴林哥湖（Lake Baringo）附近的切苏旺加（Chesowanja），肯尼亚库彼福勒地区的两处遗址以及肯尼亚的奥洛戈赛利叶遗址等，都发现了用火的痕迹。虽然这些遗址里的痕迹有的没办法和野火区分，有的年代测定令人生疑，但 100 万年前南非的奇迹洞（Wonderwerk Cave），却是确定无疑地展示了祖宗的玩火能力——科学家在离奇迹洞洞口 30 米的深处发现了动植物燃烧后的灰烬。显然，再牛的闪电，也劈不到这么深的地方。此外，以色列北部的盖塞尔·贝诺特·雅阿科夫洞（Gesher Benot Ya'aqov）有 79 万年前的多处火塘的痕迹，包括烧过的石器、种子以及好几种木头。我们中国那群"史上最早的北漂"——周口店的北京人，也烧出了厚达 6 米的灰烬。这说明它们已经能够频繁而长期地用火，拥有了使用和控制火的能力。

这些证据，虽然比 190 万年前还是差得有点儿多，但这并不代表理查德·兰厄姆先生信口雌黄。用火的证据比化石还要难找，不但需要精细的田野工作，还需要排除野火的因素，必须从第一步起就用到各种精密分析、微观技术。而早期的绝大多数化石挖掘现场，这些细微的证据是很难被识别出来的。等回头再去这些现场，就算找到了用火证据，也很难区分那是手持 AK-47 的牧羊人放的，还是某个百万年前的祖宗放的，是煤田自燃的，还是大打雷劈造成的。但考虑到这一时期的祖宗，已经可以在不同纬度之间游走切换，它们极有可能已经会用火。

不过火这个东西，不像石头、木棒或是动物，屁股底下，洞穴外面，哪儿

哪儿都是，它比较抽象。没有冒出来的时候，你不知道它来自哪里，它冒出来的时候，你凭两只手也抓不住它。说来就来，说没就没，这对于没有上过学、脑容量顶多只有我们3/4的祖宗们来说，认识理解它还是相当困难的。因此，科学家推测，人类学会用火，和它们学会走路、学会打制石器一样，耗费了数以十万年计的时间。

用火的第一步，是认识野火。

"野火烧不尽，春风吹又生。"上古时期，大自然"擦枪走火"的事时有发生，比如露天煤矿的自燃、火山的爆发、五雷轰顶。咔嚓一个闪电劈下来，生机勃勃的大草原立刻浓烟滚滚。花花草草颤抖着，小动物们四处乱窜着，老鹰、秃鹫盘旋着，一副世界末日的景象。

没有消防队的日子里，火一旦烧起来，不烧个彻彻底底是不会罢休的，因此，烧个几十上百年，不是不可能。今天绝大多数野兽之所以见火就逃，就是因为骨子里都有怕火的基因。史前火灾的发生不是一次两次，那些不怕火的，不知道躲的，早烧没了，留下来的，都知道火的威力，不会随便玩火的。这正是达尔文所说的自然选择的后果。

同样是动物，我们的祖宗们和狮子老虎一样，也怕火。毕竟那玩意儿挨近了搞得人火烧火燎的，不好受。但人和狮子老虎不一样的地方在于人不是一味地逃避，而是懂得去观摩，认识野火。今天塞内加尔的那群黑猩猩，就是《王朝》里面那群家伙，对火的认识水平，已经和它们的宫斗水平不相上下。这帮家伙，遇到火不但不会像其他动物那样转身就逃，反而还会站在安全距离之外，观摩火势的变化。而且，等火灭了，它们还会跑到火烧过的地方，去找干果、小动物及烤熟的地瓜。

考虑到我们人属祖宗的脑容量和工具水平，它们对火的认识水平绝不在黑猩猩之下。因此，它们同样懂得在熊熊大火熄灭之后，到灰堆中去取栗，刨烤熟的小兔子、大老虎和自己的同伴。

经过火烧过的种子和动物，不但散发出诱人的香气，而且释放从前不能被吸收的营养要素，让吃过烧烤的祖宗们，印象深刻。自然而然地，它们想要随时都能吃烧烤。因此，也许是它们在寻找被火烤熟的小兔子、小乌龟的时候，由于怕烫，顺手折了根树枝去挑，火星子点燃了树枝；也许是它们疯玩疯闹的时候，抓起带有火星子的树枝掷来掷去，发现了树枝能着火。总之，它们发现了一个现象：火能传递，挪个地儿还可以继续做烧烤。

就这样一代一代，它们渐渐学会了用干枯的树皮做成卷，底部用宽大的树皮、树叶兜着，放上些野牛粑粑、大象便便，撒上些灰，灰堆里埋进去几块燃烧的木炭，阴燃着，需要用火的时候，再把携带的木炭倒出来，拨到易燃的枯枝败叶里，使劲吹几口，袅袅炊烟出来，随即变成一堆熊熊大火。直到20世纪，非洲丛林的一些特别原始的部落，仍以这样的方式随身携带火种。

但人肉带火并不是万无一失的，树皮卷没卷好，或者灰填得太死，或者途中遇到大雨，走路脚下一滑，过河时一个浪头打来……都可能整熄火。荒郊野外，每个族群之间有一定的距离，又没人抽烟，借个火可不是那么容易的。所以，一熄火，解决方案只有一个：等！等下一次老天显灵，能咔嚓响个炸雷，给它们送来野火、温暖、光明和遍地的叫花鸡、叫花兔、叫花虎。

夏天熄火其实没什么大问题，反正天气炎热，一场雷暴来了，又能带来火

● 直立人取火场景想象。

种。冬天整熄火，赶上那地方没有火山，没有煤田，日子就有点儿糟糕了。运气好的，没被冻死，也许来年夏天，上天感应，能送来光明和叫花鸡；运气不好的，别说一年了，几辈子可能都等不到这种五雷轰顶的奇遇。能人和直立人的牙齿普遍较大，就说明它们虽然学会了用火，但大多数时候还是吃的费牙的生鲜食品。海德堡人的牙齿普遍较小，说明已经吃上了烧烤。

学会用火是人类进化史上非常重要的里程碑事件。它给人类带来的第一个显而易见的好处，就是饮食革命。民以食为天。没有火，祖宗们永远都只能吃刺身和沙拉，有了火，可以吃烧烤了。从前那些让人上吐下泻的树薯，烤熟了好像没毛病了。那些消化不了的淀粉，好像也可以接受了。那些不怎么新鲜的肉，烤一烤，不但吃着美味，而且也没什么毒副作用了。总之，自从有了火，天上飞的、地上跑的，都可以变成舌尖上的美食，这时期祖宗们眼里所看到的食材范围，绝不是从前的祖宗们所能够想象的。

火给人类带来的第二个显而易见的好处，是安全保障。绝大部分猛兽都是夜间才出来猎食。对于上一阶段那些手长脚短、爪子带钩、保留了树居特征的祖宗来说，这不是个事儿。因为大还没黑它们就上树睡觉了。但对于人属动物，尤其是直立人和海德堡人来说，这就太难了，别说此时很难找像从前那样50米高的树，就算有，它们怕是也没本事天天在上面睡觉还不掉下来。树爬不上去，就只能找洞穴岩壁了。但这种地方，毕竟可遇不可求。史前猛兽又多，不管白天还是夜晚，生命都没有太多保障。有了火，这一切就不同了。只要点燃一堆火，哪怕敌军千万重，四周都是猛兽，也丝毫不需要担心，再猛的兽骨子里都怕火，就算饿死，也不敢向着火前进一步。

火给人类带来的第三个好处，是为社会交往的扩大及后来语言的产生提供了绝好的机会。祖宗们过的都是采集狩猎生活，白天都得分工合作，四处找食，没什么机会聚在一起聊闲天。到了晚上，不用找食，大家还是要躲到洞穴里、岩壁下睡觉的，因为睡在旷野上会被恐猫吃掉。漫漫长夜，无心睡眠。你想约几个和你一样肚子咕咕叫的朋友去喝酒撸串，却发现跟你住在一起的那几个，死活不愿意出洞门。你想找几个和你一样不安分的朋友去 K 歌、泡吧，却发现也没人搭理你。

　　这不是它们不饿，而是它们害怕一出洞，肉串没捞着，反而把自己变成豺狼虎豹的肉串。这也不是它们不懂情调，而是它们的朋友不多。大家都过着靠天吃饭的日子，方圆几里的物产养活不了几个人。亲戚全是远房，不是住在山的那一边，就是住在河的另一面，又没有电话微信，所以要找同伴，就得跋涉好几公里远。大晚上，乌漆墨黑的，又遍地都是豺狼虎豹，出去就是找死啊。所以，最终的结果，是除了在洞里哀叹这日子没法过啦，就只能睁眼到天明。

　　这一切，等有了火，就不一样了。

　　晚上生上一堆火，可以聚集一大群人来啊。亲戚们可以走动起来啦。在火堆旁边，温暖又光明。贪吃的可以整烧烤，风情的可以跳锅庄。尤其是看到远处的豺狼虎豹居然也有干瞪眼而不敢靠近的时候，祖宗们的心就开始兴奋得要死。一高兴，难免会手舞足蹈。它们的亲戚朋友也开心啊，毕竟，大家一样，都是寂寞的人啊。它们惺惺相惜，可能会一边啃着白天拿石头和矛猎到的小兔子、大老鼠、野鸡之类的美食，一边叽里呱啦的，挑逗或者嘲弄远处干着急的豺狼虎豹，庆祝自己的聪明和伟大，评价对面哪个女原始人吃相优雅，哪个男原始人毛多，谁今天又捡到了大棒子骨，谁拿黑曜石做了一把极其锋利的砍砸器……它们当然还完全没有意识到，自己已经开始在嚼舌头，在交流啦。交流是最有效的社交，是社群建立的前提条件。可以说，日后它们的子子孙孙，之所以能够建立伟大的国家，都是靠它们当时嚼舌头打下的坚实基础啊。

　　火带给人类进化的第四个好处，是促进大脑发育。700万年前的乍得沙赫人，脑容量只有350毫升，一听可乐的量；400万—300万年前，南方古猿的脑仁，平均不到500毫升；200万年前的能人，脑容量630毫升，增加有限。但是直立人的脑容量达到了惊人的1055～1300毫升，100万年的时间里，脑容量增加了700毫升，增加速度是前人的14倍。这固然和祖宗们身高体重的增长有关，但这个增幅不是完全用块头增大能够解释的。大脑是个高耗能的器官，没有足够的高营养是养不活的，而火烤正是释放食物能量和提高营养价值的重要手段。

　　最后，火还让祖宗们拥有了突破中低纬度的温度限制、度过漫长冰期的能力。后来的智人之所以能够走出非洲，踏上冰雪覆盖的亚欧大陆和美洲大陆，并成功地度过漫长的末次冰期，就在于我们拥有使用和控制火的能力。

不过，幸福从来都是来之不易的。从学会使用天然火到学会控制火，从小规模的偶然使用，到大规模的系统普遍使用，祖宗们经历了漫长曲折又反复的过程，中间有多少引火上身、火烧眉毛、重度烧伤，甚至是葬身火海的悲惨故事，几十上百万年后的今天，我们不得而知。但不管如何，生活是彻底被改变了。以前，只能吃沙拉、刺身，现在，可以吃铁板烧、烤串了。以前，晚上只能三三两两地躲在洞里或是树上相互摩擦取暖，现在，可以集体围着篝火跳锅庄了。以前，晚上不用加班，有了火，免不了有灯下缝补衣服的场景。以前，想吃肉，只能等狮子老虎吃了豺狼吃，豺狼吃了鬣狗吃，鬣狗吃完了才轮到人去啃骨头。现在，有了火，一切就不同了。即便只是一个纤纤弱女，她摩擦出火星子的那一刻，就已经拥有了火烧荒原成赤壁的魔力啦。

当然，它们也许没有那么强的安全意识，说不定也会把自己烤熟。

▲ 语言：不说话，很多事就干不成

关于老祖宗们语言的研究，不像其他方面那么容易。因为语言是典型的人走茶凉，死了也就消失了，不像骨头和工具，人死了还能以化石的方式留给子孙后代做研究。不过，这并没有难倒我们的科学家。从19世纪开始，他们就大胆地展开了想象的翅膀，对我们的祖宗们的第一句话提出了野性十足的假设。

著名的东方学家、哲学家弗里德里希·马克斯·缪勒（Friedrich Max Müller）和其他的学者，把这些野性十足的假设，概括为"汪汪"说（bow-wow theory）、"叮咚"说（ding-dong theory）、"噗噗"说（pooh-pooh theory）、"唷嘿吼"说（yo-he-ho theory）、"啦啦"说（la-la theory）和"它它"说（ta-ta theory）等。

"汪汪"派属于野兽派，认为祖宗们学会的第一个单词是模仿野兽的吼叫和鸟的叫声。"叮咚"派是和谐派，认为声音和意义通过自然天生联系在一起，这种人与自然环境的和谐才创造了对语言的需求，所以祖宗说话就和泉水叮咚似的。"噗噗"派认为说不说话全看心情，祖宗们一定是想要表达喜怒哀乐才会说话。"唷嘿吼"派比较苦情，说没别的，人类的第一句话就是集体劳动喊号子。"啦啦"派说，你们别忘了人类极有可能是围着火炉吃肉的时候才产生交谈欲望的，所以它们载歌载舞，说出的第一句话一定是"啦啦啦，啦啦啦，我是卖报的小行家"。"它它"派说，你们说的都不对，你们应该想想，人为什么要说话，那是因为手势和动作不够用了，所以老祖宗的第一句话肯定是配合手势和动作来的。"它它"派的理论虽然不一定对，但今天非洲南部的原始部落科伊桑人，说话的语音，倒是的确和"它它"有几分相似。

总之，19世纪的语言学家们都挺幽默的，他们认为我们祖宗一旦能够把发声和意义联系起来，就自然可以说话了。但从讨论这个问题开始，大家都没什么实证，还都各执一词，像极了魏晋南北朝时期的清谈。1866年，巴黎语言学会觉得，清谈误国，还影响团结，所以一生气，禁止语言学家在会上讨论关于语言起源的问题。这个决定影响了西方语言学界100年，直到20世纪70年代，西方才又开始了类似的讨论。

这次加入战团的不仅仅是语言学家了，还有考古学家、历史学家、生物学家、社会学家、心理学家、人类学家。比起19世纪的幽默语言学家来说，重新开启的研究，开始重视语言出现的时间，以及和人类进化的关系，并且使用更多的科研方法。比如利用统计学方法，通过对语言的多样性、传播速度及种群效应进行逆向追溯，从而确定语言起源的时间；还有从解剖学、基因及社会学的角度，研究祖宗们的语言能力等。

从解剖学角度来说，现代人类之所以有语言能力，主要有三个因素。

一是颈部有舌骨而没有气囊。舌骨是长在下颌骨与喉之间的一块特殊的小骨头，不与其他骨头联合形成关节，只是靠韧带和肌肉支撑着。骨头虽小，作用可不小，它可以控制舌头的肌肉及气流的升降，从而让人能够发出连贯而多样的音素。气囊可以帮助动物发出洪亮的声音，但气囊的存在，也妨碍了音素的多样化。所以黑猩猩可以发出狮子吼，却没办法说出清晰而连贯的话。人没有气囊，所以可以发出连贯且多样的语音。

二是喉处于较低的位置。所有的灵长目动物里，除了人，确切地说是成年人以外，喉的位置都处于颈部高处。这个喉，就像一个阀门，可以把进入鼻腔后部的空气锁住。这样，它们可以一边呼吸一边吞咽东西。人类的婴幼儿在2岁以前，喉也处于比较高的位置，所以，他们虽然说不出流利的话，但可以一

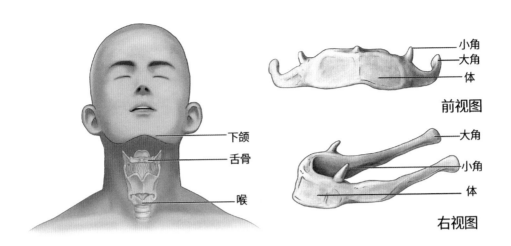

下颌

舌骨

喉

小角
大角
体

前视图

大角

小角

体

右视图

● 喉部和舌骨构造示意图。

边吃奶一边呼吸。2 岁以后，喉的位置开始逐渐下降。这时候，孩子虽然具备了语言能力，但却没有边吞奶边说话的能力。之所以经常发生两三岁的孩子把东西吸进气管里的情况，和这种生理上的改变不无关系。不过，尽管容易发生致命事件，这个变化也并不全是缺点。随着喉的下降，颈部的位置变大了，声道打开了，通过对肌肉的控制，就能发出更多的音节，而丰富的音节，是语言的必备要素之一。

　　三是耳道的结构不同。50 万年前的海德堡人，耳道结构已经和今人十分相似，和黑猩猩非常不同。所以，科学家们判断，它们已经具有语言的能力。

　　舌骨、气囊、喉骨及内耳道等结构，只是反映语言能力的硬件设备，要让语言具有能够承载多样化的意义，还得有软件和系统的存在。这个软件，就是各种控制语言能力的基因。

　　目前已知的控制语言能力的基因是叉头框基因（FoxP2），这个位于人类第 7 对染色体上的基因，一旦缺乏或是发生变异，不但会失去语言能力，还容易引起自闭。科学研究也发现，女人之所以都爱唠叨，一个重要的原因，就是她们的 FoxP2 基因表达普遍比男人要更加活跃。

　　尽管解剖结构和语言基因都很重要，但光有这两项依然不足以产生语言。作为一项极为复杂的能力，人类的语言和电脑是一样的，既要有硬件，也要有软件，还得有强大的网络。这个让硬件和软件充分发挥完全功能的网络系统，就是大脑，是智商。

我们智人的语言，可以创造出一个看不见摸不着听不见的抽象意义世界，甭管有的没的，张口就来，还都能说得跟真的一样。我们的近亲黑猩猩，世界上第二聪明的动物，虽然也有着复杂的社会结构，可以制造简单的工具，可以用它们的语言传递关于爱恨情仇的信息，但是，一只黑猩猩无论如何也没办法用语言创造出大千世界，用语言讲上几天几夜那些不曾看见和听见的内容。没有一只黑猩猩，可以讲佛法、布道，讲氧化还原反应，讲母猪的产后护理。它们只能传递实在的信息，因而创造不出抽象的内容，也就是意义世界。

语言对于人类进化的意义再怎么强调都不过分。人类社会的任何一个组织，

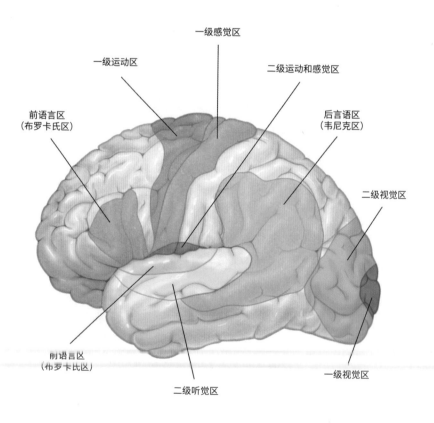

● 人脑功能分区示意图。

小到一个社团、一个部落、一个公司，大到一个国家、一种宗教，都是因为组织里面的人拥有某种共同的认同，才能够甘愿身处其中，享受作为其中一分子的好处，同时为整个组织出力。我们的机场、火车站，可以同时容纳几十万我们的同类，而彼此之间不会打得头破血流。如果让黑猩猩也像人一样，自觉地接受排队安检、检票，上飞机或是上火车，只怕它们会把飞机、火车都给撕成碎片。我们可以生活在一个人口接近 15 亿的国度而不用担心安全问题，而黑猩猩的一个团体只要有超过 15 只成年雄性在，就要开始搞内斗了。

同样是兄弟，之所以会有这么大的区别，一个很重要的原因，就在于猩猩们没有发展出像人类的语言那么丰富深刻的语言，也不会唱歌和跳舞。它们的认同，只能建立在梳毛毛、挠痒痒、抓虱子之上。而挠痒痒是一种高成本的建立认同的手段，一只黑猩猩，就算累死也挠不了多少痒痒，抓不了几只虱子。何况挠过痒痒的还可能叛变，还得再挠一遍——再挠一遍也未必够。至于没相互挠过的，更不用说了，连痒痒都没挠过，虱子都没抓过，怎么能够值得信任呢？不信你们看《王朝》里面的猩猩，一个个腹黑着呢。

那么，我们的祖宗是什么时候开始说话的呢？

有的科学家认为，能人已经会说话了。证据是，发掘的奥杜威石器，大部分都是用右手打制的，这说明，它们的大脑已经出现不对称的发育，这是拥有语言能力的重要表现。至于直立人，既然人的大脑里控制精细动作和运动的区域，正好也同时控制语言，而直立人已经能造出双面对称、美观大方的阿舍利手斧，所以毫无疑问具备充分的语言能力。从化石证据来看，150 万年前的图尔卡纳少年已经拥有非常发达的布罗卡氏区域（Broca's speech area）。而且，阿舍利手斧分布范围如此广泛，存在时间如此之长，却能够始终保持一样的器型，如果没有语言，很难想象这种事情的发生。

但这个观点并不为所有人赞同。反对派认为，PET 扫描显示，人在说话的时候，布罗卡氏区域并不总是处于活跃状态，因此，有无布罗卡氏区域不能作为能否说话的评判标准。说话是一个复杂的动作，需要神经对很多细小肌肉有着非常精细的控制，而从图尔卡纳少年的椎骨化石来看，它的脊椎只有现代人的一半宽，这说明它根本不具备控制这个动作的能力。其次，技术的传承并不总是需要通过语言来进行，黑猩猩就是如此。它们不会说话，可是代代都会用小棍捅白蚁。阿舍利手斧虽然器型标准，但制作原理并不复杂，用现场教学的方式，天天看，天天练，学会也不难。何况，上百万年的时间里技术无突破，器型无创新，恰好证明了它们不会说话。

两种争论之中，认为只有智人会说话的那一派曾经占据上风，但现在，风向发生了变化，认为直立人、尼安德特人等会说话的那一派，占据了上风。

这个结论，主要是从祖宗们的生活方式和社会组织方式推断出来的。

直立人之前的祖宗们，生活以采集为主——寻找腐肉本质上也是一种采集。从直立人开始，在采集之外，生活增加了一项新内容——狩猎。这两种不同的生活方式或者说是经济形态，对应的社会组织方式是不一样的。采集是严重依赖个人技艺的生活方式。树上有果实，你自己爬上去摘就行了；地下有根茎，你自己去掏就行了；河边有贝壳，你自己去捡就是了。如果害怕危险，三三两两组成小团队，也就差不多了，不但不需要规模化经营和团队协作，反而最忌规模化经营。因为，人少才好吃馍，这片土地就这么多植物，大家又都是大肚汉，呼啦啦一大群出去，你一颗我一颗，还没吃饱，果子就没了。

所以，凡是吃素的团体，典型的组织方式就是，几十来个个体，占据一块资源相对集中的较小的地盘，然后在这个地盘上使劲儿薅羊毛，薅得差不多了，再集体转移到下一个水草丰美的地方去。我们的近亲黑猩猩，就是这么干的，所以它们的团体基本不会超过 50 只。而且，这 50 只也只是睡觉才在一处，白天觅食的时候，通常三三两两地在一起。

狩猎就不同了。首先，这是个技术活，高危职业。人多力量才大，成功概率才高。而且，光人多还不够，还得讲究人员之间的配合，甚至是提前制订战略。显然，在这样的情况下，光靠哇啦哇啦地乱喊乱叫肯定是不好使的。

其次，狩猎对体力要求更高，要走的路，远多于采集。虽然直立人拥有一双适合跑马拉松的米八的大长腿，不介意每天跑个半马全马，但不是每个直立人都有这样的体力。对那些大腹便便的孕妇、抱着孩子的妈妈、垂垂老矣的奶奶，还有那些三四岁不大不小的毛孩子来说，天天半马，无异于要人命。所以，直立人应该有一个中心营地。那些走不动的老弱病残，24 小时躺在营地

● 德玛尼斯直立人狩猎场景想象图。

看家。那些抱孩子的妈妈、大腹便便的孕妇、三四岁的毛孩子，就在营地附近转悠，弄些野花野果啥的。男人们，包括那些半大孩子，则出去跑马拉松，打猎去。

这点在人类考古学上是有证据支持的。摄入过量维生素 A 的直立人女士KNM–ER 1808 生前最后的岁月，就是在这样的中心营地里度过的。她从毒发到身亡，起码经历了一两周。如果没有人照顾，她显然是挨不过这么久的。还有第一个走出非洲的直立人同志，德玛尼斯 4 号人物（Skull 4），死前很久，满口就只剩一颗牙在站岗了。这个天真无牙的家伙，从无牙到死亡活了好几年，要是没人照顾，实在难以想象它怎么做到的。

除了生活方式证明它们会说话以外，最近考古学家们还在牙齿和骨骼上发现了新的旁证。43 万年前西班牙白骨洞里那些海德堡人的门牙磨痕表明，它们常常把牙齿当第三只手，用门牙咬住物品的一端，左手握住另一端，右手则握着工具进行切割刮擦。从这些磨痕的走向可以看出，它们大都是右撇子。此外，从直立人的化石可以看出，它们的右臂要比左臂健壮，这说明，它们的右手，比左手锻炼得更多。右撇子的出现，意味着大脑的左右半球发育并不对称，有了功能分区而这又是语言出现的先决条件。

虽然无论是大脑的发育、狩猎的生活方式，还是惯用右手的行为方式、各种解剖结构，都显示我们的人属祖宗们具有语言能力的可能性非常大，但语言的能力作为人类进化的一个方面，也需要经过漫长岁月的沉淀，所以，考古学家们一般都认为，祖宗们的语言，无论从哪个角度看，都不可能和我们今天相提并论。

▲ 分布：踏上新大陆

除了我们智人以外，有据可考的人类走出非洲的行为，都由我们人属祖先创造。其中最早的是陕西上陈石器的创造者，其次是格鲁吉亚德玛尼斯人，还有中国境内的元谋、泥河湾、蓝田、北京等地的直立人，印尼爪哇岛的直立人，欧洲的先驱人，以及印尼的弗洛勒斯人等。从这些遗址的时间来看，最早的可到 212 万年前，彼时直立人尚未出现，能人、傍人和南方古猿还非常活跃。最晚的不过距今 1.7 万年，离我们进入文明社会近在咫尺。除了时间不同，这些遗址所出土的工具技术也不同，有的是奥杜威石器，有的是阿舍利石器。这说明，走出非洲的行为，既不是只有一次，也不只是某一种人的特定行为。

这些地方远离非洲，中间还有高山大河、豺狼虎豹，这些祖宗为什么要背井离乡，远涉重洋，来到如此遥远的地方？考古学家认为，原因无他，主要有三点：一是它们愿意，二是它们必须，三是它们够厉害。

它们愿意，归因于它们是一群以吃肉为生的人。肉不像挂在枝头的水果、长在坡上的草。长在树上的果子，今年吃完了，明年夏天会再次挂满树梢。山坡上的青草，今年吃了，明年春天还会再长出来。今年在山坡上吃到的肉，来年真不一定会再次出现在那个山坡上。食草动物们幕天席地，逐水草而居、逐动物而居的祖宗们，自然也不可能有什么乡土情结，天大地大，处处是我家，哪里有食物和水源，哪里就是家。许多证据表明，第一批直立人在进入亚欧大陆的同时，大批的猪、牛、羊、龟等动物也进入了亚欧大陆。尽管这些带路党们从心底里并不愿意把直立人带到新大陆，实际上，它们的确充当了带路党。

祖宗们穿越千山万水，不是想要锻炼自己的吃苦能力，它们心里，没有非洲，也没有亚洲，只有前方的鸟语花香，水草丰美。一切的一切，不过是为了跟在这帮动物的屁股后面，等着吃口饱饭。所以，当地球进入一个气候温暖的间冰期，今天寸草不生的撒哈拉大沙漠也一片葱茏之时，动物自由地在这片热土上四处游弋，直立人也就追随着动物迁徙的步伐，顺利地通过了撒哈拉沙漠，沿着尼罗河的下游，进入西奈半岛，再沿着地中海东岸的黎凡特走廊（大致包括今天的以色列、约旦、叙利亚、黎巴嫩和巴勒斯坦），进入到格鲁吉亚。

这些热带来的祖宗，之所以能够做到不远万里，漂洋过海，侵入北纬 40° 的温带，是因为它们已经具备了三方面的能力——长距离移动能力、适应不同温度带的能力和突破天险的能力。

它们的长距离移动能力表现在它们拥有类似我们今人的手脚比，尤其是直立人，两条大长腿就跟 PS 过的一样。这种大长腿每天能够覆盖的距离，显然不是从前的祖宗们能比的。虽然从非洲到西亚、南亚再到东亚的路程加起来好几万公里，看上去似乎是不可能完成的任务，但加上漫长的时间期限，难度系数其实并不高。走出非洲，也是如此。德玛尼斯人的年代在距今 177 万—175 万年，元谋人的年代在 170 万年前，假设这是它们分别到达两地的最初时间，而元谋与德玛尼斯之间的距离为 6000 千米，那么，格鲁吉亚的德玛尼斯人，每一代（20 年算一代的话）每年只需前进最多 2.4 千米，就可以走到元谋；对于每个人来说，只需要每年移动 0.12 千米，就可以如期到达元谋。因此所谓的距离，丝毫不是问题。

当然，距离不是问题，不代表就没有问题，一个不容忽视的问题是要跨越温度带。

即便在今天这个温暖的间冰期里，冬天来临的时候，北纬 40° 地区的气温也可以轻易低到冰点以下。暖气开得太小，生不如死；少穿一条秋裤，也生不如死。所以，在这种地方存活的动物，要么像狼和鸭子一样浑身长满细密的毛，要么像海豹一样有厚厚的皮下脂肪，要么像北极熊一样既有细密的毛，还有厚厚的皮下脂肪。不管你是哪种动物，总得有点儿独门绝技才行。

但人是个例外，因为众所周知，在几百万年的历史长河中，人类真正能够靠脂肪来保暖的时代，不超过 100 年。至于毛，更是一辈不如一辈，老祖宗好歹还有点儿，到了直立人这里，大多数考古学家认为，连羞都遮不住，更不用说保暖了。

这也没有那也没有的祖宗，在凛冬将至的时候，又是如何度过这漫漫长夜的呢？

考古学家认为，起码有三套机制保证了它们的抗寒能力。

第一套机制是靠身体素质。傻小子睡凉炕，全凭火力壮。这一时期的祖宗，已经具备了适应恶劣环境的能力。老祖宗的两个常驻地，肯尼亚库彼福勒地区和坦桑尼亚的奥杜威峡谷，就清晰地记录了它们超强的生存能力。库彼福勒的地层显示，180万年前，这一地区的气候一直在干湿冷热之间频繁切换，不但图尔卡纳湖及周围河流的水位和植被周期性地发生变化，而且，附近活火山还时常爆发。坦桑尼亚的奥杜威峡谷则显示，190万—177万年前，这一地方起码遭受了三次剧烈的气候变迁。直立人的居住环境从潮湿的、布满沼泽的林地，变成干旱开阔的林地，再回到湿润的林地，然后再变成干燥、植被稀少的地貌。这种转换，平均每1.7万～3.7万年就来一次，其中，让人最不可忍受的干旱，更是不间断地持续了四五万年。然而，在这种剧烈而又反复无常的变化之中，这两个地方的祖宗们不但没有消失，反而变得更加繁盛。事实上，越是气候变化剧烈的时间里，地层中所含有的石器越多。并且，当浩瀚的湖泊因为气候的变化而不断地分裂为小块零碎的湖泊和沼泽时，以前只在湖边出现的人类遗址，在远离湖泊的地方也开始出现。从整个空间分布范围来看，200万年前的那些古猿祖宗，几乎只在非洲的草地和开阔林地出现，而180万年前出现的直立人，已经突破了北边的撒哈拉、西边的热带雨林和西南边的沙漠，广泛地散布在非洲大陆上了。

第二套机制是开外挂、用工具。第一拨出走的祖宗，出走时，阿舍利手斧技术尚未诞生，所以，从石器技术来看，它们只学会了奥杜威石器。不过，这并不代表它们除了奥杜威石器以外，就只有徒手空拳。石器永远只是祖宗们工具的 部分内容，黑猩猩知道用木矛狩猎，傍人知道用骨头捅白蚁窝，脑容量比它们大很多的人属祖宗，没理由不会。虽然最早的有机材料发现于40万年前，但是从40万年前的那个精良的制造工艺可以推想，这一技术绝非一朝一夕之力可以实现，一定是源远流长的。

第三套机制，是靠吃肉。从考古证据来看，绝大部分的早期移民，虽然成功地走出了非洲，但规模很小，而且停留的时间短。走出去也只是浮光掠影地到此一游，并未扎下根来。中国境内的元谋人、蓝田人、郧县人等遗址，格鲁吉亚的德玛尼斯遗址、西班牙和英国等地出现的先驱人的遗址等，就是这种情况。所以，极有可能，它们是在一个温暖的间冰期到达这些中高纬度的，一旦天气转冷、环境恶化时，它们要么撤回到了低纬度地区，要么就走向了灭绝，总之，并未能真正地成为当地的主宰。

不过，在很多的浮光掠影之中，也有一些特别的地方，位于河北桑干河上游的泥河湾遗址和位于北京西南周口店的北京猿人遗址，就是这样两个代表。

泥河湾位于北纬40°，靠近寒冷的黄土高原，气候并不那么宜人，常有耐寒的猛犸象出没，同时还没有发现用火的痕迹。但即使如此，考古证据显示，从166万年前到110万年前，这里一直有人居住。虽然听上去十分不可思议，但是，从考古证据可以看出，这些祖宗尽管没有赶上好的天时，却一直都占了好的地利。泥河湾附近有一个非常大的永久的湖泊，这个永久的水源地，不但有利于植物的生长，还是动物必不可少的饮水来源。因此，即便是冬季，或是冰期，也可以保证生活在这里的祖宗们有足够的食物来源和充裕的兽皮衣服。

如果说泥河湾的祖宗们占据了地利，那么北京周口店的祖宗们就占据了天时。考古发现表明，它们生活的期间，猿人洞外的植被，以温带的针叶和阔叶混交林为主，茂密的森林中常有剑齿虎、棕熊等大型动物出没。此外，山前有广阔的湖泽，水中有鱼和介甲目生物。还有大片的草原，草原上有三门马、双角犀、鼠等动物。考古学家据此判断，它们在房山的这几十万年间，气候虽然的确曾有过一些波动，时冷时热，时燥时潮，但大体上还是温带气候，没有出现过热带或寒带的气候。

最后值得一提的是祖宗们突破天险的能力。

从非洲进入亚欧大陆，理论上，有三条海路和一条陆路是最近的。三条海路，分别是从摩洛哥横穿直布罗陀海峡进入西班牙；从突尼斯登陆西西里进入意大利；和从曼德海峡漂到阿拉伯半岛，再沿着海岸线往南亚和东亚迁徙。一条陆路，则是沿着尼罗河北上，到达西奈半岛，再沿着黎凡特走廊进入西欧。

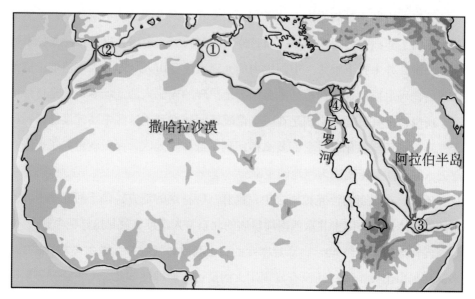

● 出入非洲的三条海路和一条陆路：①从突尼斯到西西里岛；②直布罗陀海峡；③曼德海峡；④经西奈半岛到黎凡特走廊。

比起陆路，海路是最容易被否定的，毕竟，作为陆地动物，在没有足够的技术支撑的情况下，人是没有办法穿越浩瀚大洋的。最先被考古学家否定的路线，是从突尼斯到西西里岛。原因无他，这里有 145 千米宽的海面。即便在冰期，海平面下降 100 米，跨越这个距离，对于没有导航的人属祖宗来说，也几乎是不可能的事。而且，目前为止，考古学家所发现的意大利境内的早期人类居住证据，全部是从北边南下的，这意味着，西西里也许并不是祖宗们北上的根据地。

其次是直布罗陀海峡。如果非要用一个成语来形容这个从 530 万年前就分开非洲和欧洲的海峡，那就是"深不可测"。今天，这里最狭窄的地方大约宽 14 千米，深 375 米。比起西西里，这个距离并不算什么。而且，根据考古学家的预估，盛冰期时，全球海平面下降一二百米，海峡会进一步缩短至 6.5 千米的宽度。

听上去，跨越 6.5 千米的宽度并不是什么难事，可是，除了距离、深度，这里有个让人无法忽视的障碍，就是地中海和大西洋的水位差和盐度差。

受周围气候的影响，地中海蒸发强烈，海水盐度高，因此，海水密度要远高于一峡之隔的大西洋。但同时，由于地中海海平面又低于大西洋，所以，在直布罗陀海峡这里，形成了上下两层洋流。从表层到 400 米深处，形成了从大西洋流向地中海的表面流，水从西往东流。400 米以下，则反其道而行之，形成了水从东往西流的密度流。

对于早期的祖宗们来说，它们想要横渡海峡，前往西班牙，需要对抗的，就是这个流速 2 节的表面流。听起来 2 节不算什么，也就 1 米 / 秒，但是，别忘了，这时候的祖宗们，同样也没发明出什么太复杂的技术。航海工具如果不是一根圆木，也只能是一捆芦苇。如果是圆木还好些，可能只需要应对航向的问题。如果是芦苇筏子，要应对的就不只是如何控制方向了，还有船体分裂的问题——芦苇秆在水里泡久了，就泡发了，很快就会因为吃水过多而沉没。3 万年前，拥有更高智商和更发达技术的尼安德特人被智人逼到西班牙的沿海地区，濒临种族灭绝，也没能完成突围，泅渡到了对岸的摩洛哥。不难想象，更早期的人属祖宗，要想通过这道海峡，可能性微乎其微，也只能是九死一生。

至于曼德海峡，这个连接红海和亚丁湾的海峡，是祖宗们第三次走出非洲，也就是 6 万—7 万年前，我们智人所选择的路线之一。这个海峡最窄的地方有 32 千米宽，虽然中间有小岛，但这个叫丕林岛的小岛并不处于正中间，而是靠近阿拉伯半岛，所以，距离非洲还是有 26 千米，几乎是直布罗陀海峡的 2 倍。

比起深不可测的直布罗陀海峡，这里平均深度只有 150 米，最深处只有 300 多米。当冰期来临时，似乎扎个简单的芦苇捆或者抱着一根木头，漂过去，也不是完全没可能。

但是，迄今为止，并未找到早期的祖宗们的渡海证据。虽然没找到证据不代表就没有证据，但显然，要证明早期的人属动物就具备能渡过浩瀚大海的能力，本身就是一件比较困难的事。毕竟这世上可以靠自身的身体素质渡过浩瀚海洋的，只有两大类动物，一是飞鸟，二是鱼类。而我们的祖宗，从 700 万年前诞生以来，就是典型的陆地动物。这意味着，出于本能，就算饿死、病死、被猛兽咬死，我们的祖宗，一种陆生动物，也不会把求生的路通向海洋，不会想出要横渡浩瀚的海洋这种事。

就算到了今天，我们人类依然只是陆地动物。如果不依靠强大的航海知识、技术和设备，只依靠自身，世界上最猛的人也只能在水底待 5 分钟。因此，虽然不能完全否认早期人属动物可能成功渡过这些海峡，但即使是有，也是不可重复的，而是随机的，撞了大运的，是少年派的奇幻漂流式的。

通过对三条海路的分析，我们不难发现，对于这一阶段的直立人来说，走出非洲，如果不是被浪卷过去的，还得靠陆上往来。对尼罗河谷的考古发现，现在非洲的标志景观尼罗河，原本只是地中海的一个海湾，200 万年前，这个水道开始初步形成，但到了 180 万年前，非洲大陆迎来了干旱，尼罗河消失了，中间或有出现，也时时断流，直到 80 万年前，今天的尼罗河才重新出现。

时断时续的河流意味着，如果东非及南非的祖宗们要通过这条河谷前往欧亚大陆，它们可以利用的时间窗口，只有 200 万—180 万年前，以及 80 万年前至今。80 万年以来的代表阿舍利技术和更晚期的莫斯特技术的遗址，在尼罗河谷沿线已经发现不少，说明 80 万年前至今，这里还比较宜居，这和 80 万年前尼罗河重新出现的理论可以相互印证。但早于 180 万年的遗址至今尚未找到。不过这并不能断定 180 万年前就没有人走出非洲。相反，这反而从另一个角度证明了考古学家的推断，那就是，早期进出非洲的时间窗口非常有限，地理窗口也非常狭窄，所以，早期的走出非洲，不过是一些零星的、个别的行为，并不是大规模的迁徙。

之所以我们的人属祖宗在这一阶段能够取得如此巨大的成就，归根结底，都是环境逼出来的。在环境因素里，气候因素，尤其是温度与降水，是影响动植物生存最基本的两大要素。而影响地球温度的第一大因素，是地球轨道的变化引起的太阳辐射变化，其次，才是热盐环流、太阳活动、火山活动等。

地球轨道的变化引起的太阳辐射变化，即米兰科维奇循环（Milankovitch cycles），是影响地球气候最根本、最宏大的原因。米兰科维奇循环和万有引力相关。万有引力告诉我们，任何两个物体之间都有引力。地球之所以有昼夜和四季的变化，就是因为地球在自转的同时，一直被太阳牵引着，围绕太阳公转。但太阳系不是只有地球和太阳，所以，太阳的引力不是唯一影响地球转动的因素。其他星体，主要是月球及比较巨大的木星和土星，也是一边转，一边在影响地球的运动轨迹。

这些影响综合起来，让决定地球运动轨迹的三个最主要的参数也在不断变化。这三个因素，就是轨道偏心率（orbital eccentricity）、地轴倾角（obliquity）和地轴进动（axial precession）。

轨道偏心率，指的是轨道椭圆焦点到中心的距离与半长径之比。地球绕太阳运行的轨道是一个椭圆形，但这个椭圆会因为其他行星的引力作用而不断发生轻微的变化，有时变得更扁，有时变得更像一个正圆。完成一个完整的变化周期，大约为 10 万年。

地轴倾角，指的则是地球在围绕太阳转动时的黄赤交角。这个角度对应在地面上，就是南北回归线的纬度。倾角不是永恒不变的，而是在 22.1°～24.5°之间变化。完成这样一个周期，需要 4.1 万年。目前，回归线的纬度在23.44°，在整个运转周期中，地球处于地轴倾角减少的阶段。倾角角度的减少，往往会造成温暖的冬季和凉爽的夏季。因此，推测大约公元 11800 年的时候倾角会达到其最小值。估计再过将近 9000 年，在北京冬天也不用穿秋裤了。

地轴进动，又叫岁差。指的是地球自转轴的方向相对于恒星的变化。地轴本身的指向不会一成不变，而是不断地摇摆。地轴的摇摆，使得地球的运动和陀螺很相似。完成一个摇摆的周期大约是 2.6 万年。

以上三个轨道因素的叠加，使得地球所能接收到的太阳辐射总量也一直变动不居。这是决定地球气候变迁的根本因素。

此外，由于地球表面大陆和海洋分布不均，陆地和海洋的比热不同，而不同海域的盐分和温度又都有不同，这些各种不同叠加起来，又会引起大气和洋流的循环不断变化，从而使得地球的温度也随着时间，不断地在冷（干）热（湿）之间切换。一些没什么规律的事件，比如太阳黑子活动的变化、火山地震的爆发等，也会在较短的时间里引发气候的突然变化。这种冷（干）热（湿）之间的不断切换，便构成了冰期和间冰期。

冰期的时候，全球大部分地方非常干冷。间冰期的时候，地球的大部分地方温润潮湿，非常宜居。我们今天，就处在一个温暖的间冰期。如果说冰期的存在，是大自然检验人类适应力、筛选不合格选手的淘汰赛的话，间冰期的存在，则是保证人类社会能够存活、发展并壮大的摇篮、温床。只不过，大自然的考核，就像高三一样，大考不断，小考连连。所以，人类历史上，总有漫长而严酷的冰期。

在这个大背景下，早期人属祖宗们所生活的环境，并不是从前所认为的一望无际的稀树草原。事实上，从各种数据综合得出的结论表明，东非地区植被最少的时候，只有5%的地方有树木覆盖，植被最多的时候，80%的地方都有树木。这种多元的环境，意味着多个生态空位，所以，在那个时期，既有超级爱吃草的傍人出没，也有什么都吃的非洲南猿出没，同时，还有不如傍人吃得那么挑，也不如非洲南猿吃得那么杂的人属祖宗在游荡。

长期的气候振荡和短期的季节变化，再加上不定时的火山活动和板块运动，也让祖宗们赖以生存的动植物环境和栖息地产生周期性的变化。这就是所谓的沧海桑田。比如肯尼亚奥洛戈赛利叶盆地遗址就显示，从120万年前到40万年前，这里起码经历了16次重大的环境变化。

这些变化，虽然给祖宗们的生存带来了巨大的挑战，但同时，也塑造并锻炼了我们祖宗的适应能力。所以，几乎每一次重大变化之后，哺乳动物的种类都会发生变化，然而我们的祖宗们，却一直顽强地生存着。正是在大自然的千锤百炼之下，它们学会了制造更加好使的工具，在这些更好使的工具的辅助下，它们扩展了食物的来源，具备了获取更高质量肉食的能力。

在工具和优质食品的双重刺激下，它们的形体也发生了变化，脑容量和身高体重不断增长，腿变得越来越长，肠子变短了，门牙和磨牙都变小了。而随着对肉食的摄入越来越多，它们寻找食物的空间也越来越大，适应不同环境的能力越来越强。

同时，随着营养越来越好，它们的寿命、生长发育周期及繁殖周期也越来越长。更长的生长发育期，意味着要保证种群繁衍，必须要有更多的来自成年个体的照顾；更长的繁殖周期，则意味着要保证种群数量而不得不面临更多的挑战。

于是，在这个过程中，残忍的同性竞争慢慢让位给合作互助，群婚慢慢让位给一夫一妻，二型性越来越小，社群联系越来越紧密。这种日益紧密的联系，进一步提高了它们抵御风险的能力，促进了交流和语言的诞生，从而让它们由内而外，由个体到群体，都变得和我们智人越来越相似。

PART 4

"史前三杰"之巅峰对决

30万年前，人类历史进入了旧石器时代中期，生活的人类已经全部换了一茬。直立人虽然尚未完全告别历史舞台，但早已沦为这一时期的配角。这一时期的主角是我们的祖先早期智人，以及我们的表亲尼安德特人和丹尼索瓦人。这三兄弟可谓是"史前三杰"，无论智力还是体力，都远超过从前那些祖宗。它们大部分时间里是在各自修炼，直到人类进化史快要结束的时候，才开始上演一系列爱恨情仇。

除了这"史前三杰"，还有两个非常闪亮的龙套。一个是自带流量的纳莱迪人，一个是从科幻片里走出来的霍比特人——弗洛勒斯人。两位虽然在人类进化的大戏里打酱油，但各自都十分出色。

与上一阶段相比，这一阶段的祖宗们生活普遍得到了改善。它们不但已经能熟练制造各种武器，对大自然的洪荒之力——火，熟稔于胸，还手持长矛，冲向了各种食草和食肉动物，并且还学会了开辟新的食物来源——向海洋要饭吃。

而当它们从菜鸟小白升级到高阶选手的时候，一较高下的时候也就到了。人类进化大戏第三幕《极限挑战》里主角们各自为战、互不相熟、独自应对恶劣环境的情节已经无法概括这一部分的剧情。主角之间开始有了大量的互动，剧情不再单调，而是充满波谲云诡、爱恨情仇，充满野蛮的杀戮。

人类进化大戏最高潮的部分——《巅峰对决》就此拉开帷幕。

第一场
纳莱迪人：配角出场也要自带流量

这位 2013 年才出土的纳莱迪人（*Homo Naledi*），是截止到目前最晚被发现的祖宗。虽然它出场最晚，是一个跑龙套打酱油的角色，不过，这位旁系祖宗，还是把自己变成了史上最受欢迎的路人甲。

这主要和它的经纪人李·伯格有关。这位雷蒙·达特的再传弟子、南非金山大学的考古学教授，发现源泉南猿的时候，展示的是一个杰出父亲的品质——他带着 9 岁的儿子在野外挖掘，后来有成果发表的时候，还试图将其列入源泉南猿的论文作者团之中。到了 2013 年，发掘纳莱迪人的时候，他则向全世界全程展示了如何在网络时代，在流量为王的时代，把一个杰出的考古学家变成优秀的企业家。

从前的人类考古，都是考古学家们秘密地组团，悄悄地进村，苦苦地寻觅，找到化石后，再默默地完成测年、对比、鉴别等等一系列的研究工作。因此，从开始挖掘，到论文发表，长达十年二十年是常态，阿迪小姐从出土到向全世界公布，就花费了 15 年时间。整个过程低调、寂寞、漫长，不为外界所知。人类考古学之所以成为一个一般人触摸不到的冷门学科，和这种秘密社团似的研发方式不无关联。

但李·伯格主持的纳莱迪人的发掘工作，颠覆了这一传统。

纳莱迪人是从一个被称为"新星洞穴系统（Rising Star Cave System）"的地方出土的。这个地方位于约翰内斯堡西北 50 千米处，属于南非"人类摇篮"世界遗址（Cradle of Humankind World Heritage Site）的一部分。两个喜欢洞穴探险的兄弟——瑞克·亨特（Rick Hunter）和斯蒂文·塔克（Steven Tucker），发现了这个诡异的洞里的累累白骨，就告知了他们的朋友——化石猎人佩德罗·博肖夫（Pedro Boshoff），佩德罗立刻把消息告诉了自己的老板兼老师李·伯格。

李·伯格当然不会错过这么重要的消息，不过，如果换作其他的考古学家，肯定就是赶紧悄悄地组团，默默地开挖，但是李·伯格不是那种"其他的考古学家"，他的操作，让所有考古学家惊掉了下巴。

首先，他没有像其他考古学家那样靠申报项目获取科研经费，而是利用了网络时代的红利，向社会各界媒体公开表示，自己手上有个洞，这个洞不是一般的洞，洞里的东西可能改变人类世系，颠覆所有的研究。为了教育世人，推广科学，他要搞公开考古、现场教学、网络直播。这一招出去，立刻引起了所有人的关注。作为他的老朋友，《国家地理》杂志二话不说，就赞助了他200万美元的经费。接着，一个73岁的女人，美国的女富豪、慈善家，亨特石油公司的继承人丽达·希尔（Lyda Hill），也被他的做法感动了，于是也二话没说，给了他300万美元的经费。

有了钱，下一步就是找人干活了。考古不是一个简单的活儿，是一个跨学科跨门类的活计，所以需要找一大批来自各个领域的经验丰富的专家，起码得需要物理学家测年，生物学家分析动物群落，化学家测同位素。如果挖的是完整的骨骼，还得需要脑科学家、运动科学家、研究骨骼的专家等帮忙。鉴于祖宗们不是那么好认，一般都需要非常有经验的人才行。

但李·伯格不走寻常路，他没有利用传统渠道向各大科研机构寻求合作，而是在Facebook、Twitter和Linkedin上公开发小广告，说要招募身形小巧、爱探险、无幽闭恐惧症、愿意接受无薪、有专业知识、最好是博士的"地下宇航员（underground astronauts）"。这个怎么看怎么像骗子的小广告，为他赢得了60多份简历。最终，他筛选出了来自加拿大、美国和澳大利亚的6位女生。

收了钱，招了人，就要兑现诺言了。于是，2013年11月，第一个轰轰烈烈的现场直播的考古行动开始了。在这场持续时间达三周的挖掘行动中，6位身形小巧的"地下宇航员"分成三班倒，在几十位资深专家的现场见证下，戴着高清摄像头，鱼贯进入了这个复杂诡异的洞穴。

化石挖回来后，要开始分析了。按照常规，结果要等个十年八年才能出来，显然，依李·伯格的性格，十年太久，只争朝夕。于是，两年后，第一篇综合论文发表了。李·伯格深谙合作才能共赢的道理，所以第一篇论文的署名作者多达43人，到了第二篇论文，干脆把最初发现洞穴的两个探险家也放入了作者

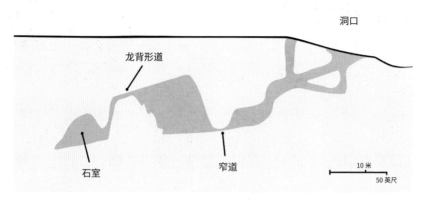

洞口

龙背形道

石室

窄道

10 米
50 英尺

● 新星洞穴系统的纵剖面示意图。洞穴有几段极其狭窄，其中一段还近乎垂直，所以需要依靠身材娇小的"地下宇航员"下去采集化石。

团。这个庞大的作者团，显然又让考古学家们惊呆了。

既然挖掘过程全程直播，论文自然更不需要再投放到那些看似高阶实则封闭、不订阅就看不着的传统学术期刊上了。一定要让所有人都看得见，都可以免费阅读下载的，才是好东西。因此，他不但在Twitter、Facebook上设立账号，开博客，同时，还把文章发表在了随便看随便下载的 *eLife* 上。

就这样，在这位不疯魔不成活的身披考古学家外衣的最强 CEO 的运作下，这两篇论文在发表后的第一周，就有超过 1700 次下载，截止到今天，已经有大约 20 万次下载，这绝对是个惊人的数字，因为统计表明，50% 的学术论文发表出去以后是从来没被人引用的。

就这样，在最强 CEO 经纪人李·伯格的纵横捭阖之下，纳莱迪人自带流量，成了超级网红。

不过，经纪人的运作，不是这位祖宗出名的唯一原因。的确，纳莱迪人本身也有很多让人着迷的地方。

首先让人着迷的，是它们的居所之复杂。这个离斯瓦特克朗洞穴不过 800 米远的洞穴，十分曲折幽深且诡异，整个洞穴埋于地表 30 米以下，离洞口 90 米长，入口十分不起眼，通道十分曲折——中间有一段被称为"烟囱"的近乎垂直的通道，只有 20 厘米宽。偏偏，含有化石的星室（dinaledi chamber）就位于这个洞穴的最深处。

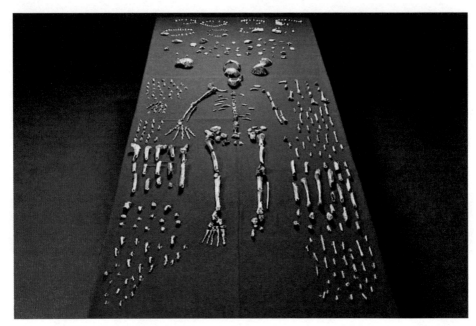

● 截止到目前，已公布的纳莱迪人化石数量惊人，且相对完整，为全面研究纳莱迪人提供了绝好的条件。

但就是这个诡异的洞里，却住着数不清的纳莱迪人。2013—2014 年的 2 次发掘，共搜集了来自至少 15 人的 1550 片化石。2017 年，在另一个和星室不相通但同样位于地下 30 米深处的勒塞迪室（Lesedi chamber）里，又发现了来自3 个祖宗的 131 块化石。在非洲所有出土的古人当中，规模高居榜首。但这远不是全部，据李·伯格说，这里面还有更多的洞，洞里还有很多的化石等待去发掘。

除了人数多，这些化石还十分罕见的齐全，一方面几乎涵盖了所有人体部位，另一方面还涵盖了所有的年龄层次，包括 3 个婴儿、3 个幼儿、1 个儿童、1 个少年、4 个青年，以及 1 个老年人。这种完整性，也让李·伯格和他的小伙伴们推测，这些化石是被人为放进去的。纳莱迪人虽然脑子小，但是可能已经懂得了安葬。

考虑到这些祖宗生活在 33.5 万—3.6 万年前，"史前三杰"的发展正如日中天的时候，懂得安葬，倒也不算什么十分超前的行为。但是，令人费解的是，在这个遥远的南方打酱油的祖宗，长得和这一时期的其他祖宗非常不同。它们

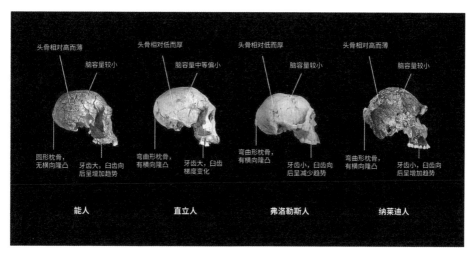

头骨相对高而薄

脑容量较小

圆形枕骨，
无横向隆凸

牙齿大，臼齿向
后呈增加趋势

能人

头骨相对低而厚

脑容量中等偏小

弯曲形枕骨，
有横向隆凸

牙齿大，臼齿
梯度变化

直立人

头骨相对低而厚

脑容量较小

弯曲形枕骨，
有横向隆凸

牙齿小，臼齿向
后呈减少趋势

弗洛勒斯人

头骨相对高而薄

脑容量较小

弯曲形枕骨，
有横向隆凸

牙齿小，臼齿向
后呈增加趋势

纳莱迪人

● 纳莱迪人与其他早期人类头骨对比。

● 纳莱迪人复原图。小脑袋，塌鼻子，凸嘴巴，这是一个在进化路上跑偏了的人种。

身高约为 1.4 米，体重大约 40 千克，脑容量 550 毫升，且缩脖端肩，凸嘴巴，手带钩，盆骨以上看上去活脱脱就是一只能在林间闪转腾挪的南方古猿。然而，牙齿、下颌、手腕、拇指及盆骨以下的部位，又长得非常像人。

作为发现者的李·伯格是非常尊敬这些小祖宗的，在他看来，脑子的大小不代表智商的高低，虽然这些祖宗脑子小，但是和那些跟它脑子差不多大的南猿祖宗相比，沟壑更多，形状更加接近今人，因此，它们的智商肯定低不了。另外，虽然洞里没有发现动物和石器，但从它们的手相可以看出，它们一定会制造工具——之前在附近区域发现的这一时代的石器，说不定就是它们造的。而从它们的大长腿和足弓明显的脚可以看出，它们也一定有能力跑马拉松，吃放心肉。因此，他和他的小伙伴，把这些化石放进了人属，取名纳莱迪人，种名"naledi"是南非当地的索托语，意思是"星星（star）"。

李·伯格不按常理出牌的各种操作，不可避免地引发了人类考古界空前的大讨论。

一些科学家认为，在这个时间段里，脑容量这么小的古人早就没有生存空间了。毕竟，这时候"史前三杰"正蓬勃兴旺，它们无论从哪方面来看，都要比纳莱迪人更像现代人类。因此，这些化石极有可能是再一次辟尔唐人事件的重演，也许是李·伯格动了手脚，故意把一些化石埋在两个洞穴里，从而让这些化石显示出一些既古老又现代的矛盾特征。不过，这些说法只是纯粹的猜测，并没有实锤证据。辟尔唐人不过是造假了一个脑袋，纳莱迪人可是不知道有多少；而且，辟尔唐人处在一个几乎没什么科学手段鉴别化石的特殊时期，而今天各种鉴定手段如此之多，要造假，成本也实在是太高了点儿。

不管如何，纳莱迪人不是我们智人的祖宗是实锤了的。这次发掘，也的确是起到了传播知识、教育世人、增进南非的旅游业、把人类考古学拉下神坛的效果，也让投资李·伯格的《国家地理》获得了丰厚的回报，实在是一个多方共赢的漂亮操作。这个在冷门的学科研究中，所体现出来的创新和颠覆性的思考，也的确让人叹为观止。

第二场
弗洛勒斯人：比霍比特人还矮

印尼的弗洛勒斯岛的土著部落里，一直流行着关于小矮人的故事。当地人管这些小矮人叫"Ebu Gogo"，"Ebu"的意思是"奶奶"，"Gogo"的意思是"啥都吃"。在故事里，这些啥都吃的小矮人，身高不超过1.5米，浑身披毛，会像鹦鹉一样学舌，也会偷村民的粮食，绑架小孩，后来，村民们受不了了，想了个计策，放了把火，把它们都烧灭绝了。

野人的故事几乎每个国家都有，尤其是在森林较多的国度。神农架的野人和印度的狼孩、豹孩、熊孩都是其中的变种。这种故事，一般都是大人讲给小孩子听的，很少有人真信。但是，2003年的一次考古发现，却让印尼小矮人的故事开始多了几分真实的色彩。

这一年，一个由印尼和澳大利亚科学家组成的联合科考队，在弗洛勒斯岛寻找智人从南亚迁徙到澳大利亚的证据，结果，在一个叫梁布亚（Liang Bua）的洞穴里，他们意外地找到了一种从未见过的古人化石。从测年来看，它们离我们今天非常近，但从化石来看，它们身高不过1米，体重不过20千克，脑容量仅仅426毫升，手长脚短，端肩缩脖，神似早期的人属。

科学家曾以为它们是一些因为某种疾病而变成侏儒的现代人，但随后，他们找到了属于另外13个人的化石，这些化石，最晚的虽然比先前发现的那些晚3000年，但个头都差不多，并且拥有太多不属于我们智人的特征，这显然不是用患病能够解释的。鉴于此，考古学家给它们单列了门户，叫它们弗洛勒斯人（*Homo floresiensis*）。因其矮小的身材和电

● 弗洛勒斯人（左）和智人头骨化石对比。

● 弗洛勒斯人（左）、智人（中）和尼安德特人（右）的身高对比图。

影《霍比特人》的角色有几分神似，所以一度又被媒体叫作"霍比特人"。

弗洛勒斯人的化石代表是一具编号 LB1、被叫作"弗洛（Flo）"的化石骨架。这个 30 岁左右的女人，脑容量和南方古猿差不多，但颅内形状却呈现出和直立人相似的地方，无论是主管语言和听力的颞叶，还是主管行动和计划的前额叶，都显示有增大的迹象，表明它们拥有更高的认知能力。

但除了脑袋以外，弗洛几乎就是一个介乎南方古猿和能人之间的原始人。脸部突出，没有下巴，有突出的眉脊，有适合闪转腾挪的上肢，一双走路不好使的小短腿，以及一双和自己的小短腿极不相称的巨大的平脚板。所有的这些解剖结构都显示出原始的一面，因此，很多考古学家认为，它们是某种比 180 万年前出走的那批直立人还早的人类的后裔，可能是能人的后代，也有可能是能人的姐妹——某种不为人知的古老人类的后代。不管怎么说，非常古老，和我们智人的亲缘关系非常遥远。

虽然长相古老，关系疏远，但弗洛勒斯人在岛上的生活年代并没有那么古老。根据最新的测年法，这几位生活在10万—6万年前，但洞里的石器属于19万—5万年前。这意味着，这些人直到5万年前还活着。

从考古发现来看，弗洛勒斯人并不是第一个登上弗洛勒斯岛的。位于梁布亚洞东边的马塔蒙哥（Mata Menge）有70万年前的下颌和牙齿，附近的沃勒西格（Wolo Sege）则发现了100万年前的石器。考虑到弗洛勒斯岛特殊的地理位置，这些早期人类的上岛时间和上岛方式，以及它们和前面的爪哇人，以及后来的弗洛勒斯人之间的关系，一直是考古学家感兴趣的话题。

弗洛勒斯岛是一个四面环海的孤岛。即便是在最寒冷的冰期，和最近的陆地之间也有19千米宽的海峡。这意味着，不管它们是什么人，它们要上岛，唯一的方式就是渡过宽阔的洋面。100万年前的直立人是否具备这样的技术，在其他地方并未发现直接的考古证据，更早的能人就更不用说了。虽然一位考古学家通过模拟的方式，用直立人唾手可得的简单材料造出了一个筏子，成功地完成了从东帝汶到澳大利亚之间长达1000千米的航行，但脑容量只有我们3/4的直立人，以及脑容量只有我们2/3的能人，是否能够造出这样的筏子，还是个未知数。再进一步说，100多万年前的直立人和能人，作为纯粹的陆地动物，会不会有这个见识、勇气及动机，来跨越这浩瀚的洋面，也是个未知数。

大部分考古学家是否认它们具备这些能力和动机的。但既然这些祖宗没有勇气和见识，而它们又出现在了这个四面环海的岛上，那就只有一个解释了，它们是被台风或是海啸给卷到岛上来的。

这个方式虽然匪夷所思，但并不是完全不可能。2004年的印尼海啸中，就有一个孕妇抱着根树干在海上漂流了5天，另一个男人在海上漂流了8天，离海岸160千米，最后都安全获救。弗洛勒斯岛离周围最近的陆地，不过几十千米，所以，如果被台风、海啸卷过来，并非没有生还的机会。这点，也得到了动物化石的支持。100万年前的沃勒西格遗址中存在侏格米象和巨龟，90万年前的火山爆发导致这两种动物灭绝后，取而代之的，是来自苏拉威西的个头更大的一种象和科莫多龙。这些动物，要么会游泳，要么会漂浮，所以遇上海啸台风，被洋流裹挟着，漂流到弗洛勒斯岛并不奇怪。弗洛勒斯人虽然未必会游泳，但从上面的例子不难看出，它们也并非没有存活的机会。因此，这些弗洛勒斯人，极有可能和动物们一样，来自东北方向的苏拉威西岛。

一方水土养一方人，与世隔绝的弗洛勒斯岛，造就了弗洛勒斯人和动物的与众不同。因为大型肉食动物种类不多，那些个头很小的动物缺少天敌，可以肆无忌惮地往大了长；另一方面，因为岛上地方小，资源少，个子越小的越有存活的优势，所以那些体形巨大、对资源消耗比较厉害的动物，又逐渐自动地降低配置，变成了侏儒。

因此，一方面，在弗洛勒斯岛上，顶级的掠食者不过是体重70千克的科莫多巨蜥。这东西虽然生猛，但是比起欧亚大陆同时期动不动就重达1000千克的洞熊，只能算是菜鸟。那个身高3.8米、重达12吨的黄河象兄弟，到了弗洛勒斯岛，变成了一种体重只有300千克的小矮象。而另一方面，那些本来很小的动物，开始无限膨胀，老鼠长得比兔子还大，成为弗洛勒斯人最喜欢的肉食之一。而弗洛勒斯人的竞争者和天敌，一种不怎么会飞的大鸟，可以长到身高1.8米，翅膀展开达2米，体重16千克。

● 弗洛勒斯人猎杀小矮象的场景想象图。弗洛勒斯人个头虽小，但也不是纯吃素的。

● 岛屿生物的异形生长方式：大的变小，小的变大。弗洛勒斯岛的大象和人变得比其他地区小，但老鼠和鸟类则变得奇大无比。

弗洛勒斯人就和这些小矮象一样，经历了一个岛屿侏儒化的进化历程。从70万年前的那个下颌和几颗牙可以看出，它们很早就长得很节能减排了。不过，尽管长相矮小原始，但从洞里被砍砸刮削过的小矮象、科莫多龙、陆龟化石以及大量的石核、石片工具来看，弗洛勒斯人并不蠢笨，它们会制造工具、猎杀动物，从被烧过的骨片可以看出，它们还会用火。

弗洛勒斯人究竟是怎么消失的还不确定，精确的消失时间也不可考。一种说法，是它们消失于5万年前，消失的原因是遭遇到了智人。考虑到我们智人从非洲出来的时候，有着最先进的技术和社会组织方式，一路开启的是"佛挡杀佛，神挡杀神"的运动模式，并且把遇到的欧洲的尼安德特人、亚洲的丹尼索瓦人及各种史前巨兽都纷纷撵没影了，不难想象，这些身高1米，还在使用奥杜威石器的弗洛勒斯人，一旦遇上我们智人，遭受的无疑也是降维打击，是灭顶之灾。另一种说法，是它们灭亡于1.7万年前的火山爆发。传说中那些爱偷东西的小矮人是被当地的居民一把火烧死的，现实中的霍比特人，最后的路是怎么走完的，尚不可知。唯一知道的是，今天这世上，只剩下我们智人一种人了。

第三场
尼安德特人：欧洲归我管

大约 30 万年前，非洲的海德堡人演化出了我们智人（*Homo sapiens*）。与此同时，欧洲的海德堡人则演化出了我们最近的亲戚——让今天的我们还一直魂牵梦萦的尼安德特人。

史前最耀眼的两颗明星，终于闪耀登场了。

故事要从 1829 年说起。

这一年，人类历史上有据可考的第一块人化石，也是第一个尼安德特人的化石，在比利时的恩吉斯 2 号（Engis 2）被发现了，这是一个 2～3 岁孩子的头骨，看上去和更早发现的恩吉斯 1 号——一个保存完好的成年智人头骨很相似，因此，被理所当然地归了智人。

1848 年，在直布罗陀海峡的一个采石场，人类历史上有据可考的第二块人化石，也是第二个尼安德特人化石，被发现了。1856 年，一个俯看像豌豆射手、正看像飞行员头盔上半部、侧看像拳击手套的脑壳，外加 2 截大腿骨、5 块肱骨及其他一些碎片，在德国的尼安德特河谷（Neander Valley）被找到了，这是人类历史上有据可考的第三个尼安德特人化石。

● 1856 年尼安德特河谷发现的尼安德特人的化石。

● 托马斯·赫胥黎手绘的尼安德特人的化石。

这时候，距离达尔文进化论的发表还有 3 年，现代意义上的人类考古学还没有诞生，"神创论"还笼罩着 99.5% 的人的思想，一切可靠的测年手段也尚未研究出来。最主要的，100 多年前的林奈，在提出智人的分类法时，没有给出分类的依据和模式标本——那时候没人知道这世界上除了我们还有其他人种。所以，没人知道，这 3 个化石有多古老，意味着什么。

看过这些化石的石灰矿的老板说，它们是洞熊；当地的小报说，它们是被浮冰带来的"美洲平头哥，即扁头印第安人（flathead Indians）"；考古学家说，它们是古老的哥萨克雇佣兵，拿破仑战争期间来到德国；就连赫胥黎，那个对进化论做出巨大贡献的科学家，都没能认出来，只说它们看上去不像文明人，大概是大洪水之前的古代人类。

在漫长的唇枪舌剑你来我往中，出来了两个关键的人物。

第一个是德国解剖学家赫曼·斯弗豪森（Hermann Schaaffhausen）。虽然他也不知道这家伙有多大岁数，但作为最先接触这个化石的几个人之一，他注意到并详细地描述了化石与现代人的不同之处，同时，他还提出了一个非常先进的观点——物种和个体的生命一样，也有出生、成长、繁荣、衰亡、死亡的过程，只不过这些进程是在更长的时间维度上发生的而已。这个观点，比达尔文的物种起源还要早，可惜他不是什么知名人士，也不像达尔文能用详实的例子来证明，所以没什么影响力。此外，虽然对化石的描述十分清楚，但在对尼安德特人化石的分类这点上，他也没能往前再迈一步。

往前迈了一步的，便是第二个关键人物——爱尔兰地质学家威廉·金（William King）。

1864 年，威廉·金撰写了详细的文章，提出了尼安德特人的命名。在文章中，他大胆地把这个化石拿来和猿进行了对比。就这样，他成了历史上第一位凭借化石给人种命名的科学家，也正是他，开启了人类考古这门科学的研究。

当然，在民智未开的当时，这个命名一开始也同样没有引起太大的波澜。直到 20 多年以后的 1886 年，考古学家在比利时的斯庇洞穴（Spy Cave）中又发现了 2 个完整的尼安德特人化石，1 号间谍（Spy 1）——一个女人，和 2 号间谍（Spy 2）——一名年轻的男性，以及数不清的早已灭绝的动物化石。尽

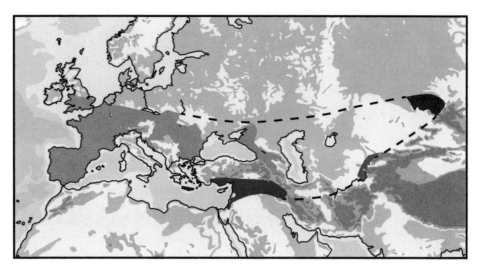

● 尼安德特人分布范围。东起阿尔泰山，西到大西洋，南到地中海，北到北海和波罗的海。囊括的范围比罗马帝国最巅峰时期还大，足见其超强的生存能力。

管当时精准的测年还未可知，但两人那高耸的眉脊、强壮的下颌和椭圆形的颅骨，以及我们智人迥然不同的长相，由不得大家忽视了。

到现在为止，发现的尼安德特人已经遍布整个欧洲大陆及亚洲的中西部。它们到过的最北边，是北纬60°，最南边，是北纬35°，最西边，到大西洋的东岸，最东边，到东经85°，阿尔泰山那里。从丹尼索瓦洞里一个生活在5万年前的小姑娘的小手指上抽取出来的基因显示，12万年前，欧洲的尼安德特人曾经纵横整个欧亚大陆的大部分地区。但这些发现并不能概括它们全部的生活范围。它们生活的年代，曾经遭遇过好几次冰期，盛冰期冰川往南曾经推进到地中海的北边，不用说，大部分的活动痕迹都被深埋了。

尼安德特人和我们今人一个很大的不同，在于我们是生得计划，死得随机。而它们，是生得随机，死得计划。所以，关于它们生活的年代，下限很清楚，上限，很不清楚。造成它们生年不详的原因，是化石的断档。30万年前，海德堡人遍布欧洲。24万年前，尼安德特人逐渐露脸。事实上，今天我们所看到的尼安德特人化石，主要集中在13万年前以来的那些。

从身材来看，尼安德特人普遍比同时代的智人要敦实。男的身高164~168厘米，女的152~156厘米，男的体重77.6千克，女的体重66.4千克。而我们

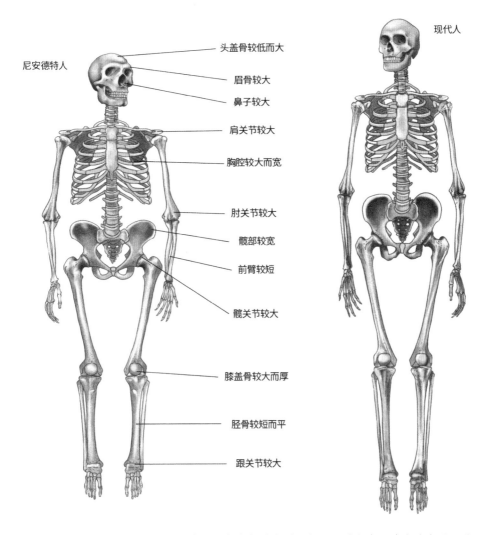

尼安德特人

现代人

头盖骨较低而大

眉骨较大

鼻子较大

肩关节较大

胸腔较大而宽

肘关节较大

髋部较宽

前臂较短

髋关节较大

膝盖骨较大而厚

胫骨较短而平

跟关节较大

● 尼安德特人和智人身材对比。前者矮壮的身材有利于保温，适合在亚欧大陆生活；后者纤细的身材有利于散热，是长期在非洲大地演化的结果。

的智人祖宗，男的身高 168.1 厘米，女的 152.5 厘米，男的体重 68.5 千克，女的 59.2 千克。这种敦实矮壮的长相，跟它们长期生活在寒冷地方有关。

19 世纪，德国生物学家卡尔·克里斯琴·伯格曼（Carl Christian Bergmann）发现，恒温动物的体形会随着纬度和海拔的升高而变大。另一个美国动物学家乔尔·阿萨夫·艾伦（Joel Asaph Allen）发现，生活在寒冷地方的恒温动物，身体的延伸部分，比如四肢、尾巴、耳朵等，平均要短于热带地方的动物。这便是有名的伯格曼法则（Bergmann's rule）和艾伦法则（Allen's rule）。这两个法则，反映在尼安德特人身上，就是它们身材敦实的同时，手脚也很粗短，远不如我们今人纤细。

除了体格不同，尼安德特人的五官也和同时代的智人有区别。它们有着一对比智人更加高耸的眉脊。有无眉脊，不仅仅是五官是否立体那么简单。对于眉脊低平的我们智人来说，没有眉脊的限制，我们可以皱眉、挑眉，做出很多细微的表情。他人则可以通过观察这些细微的表情判断出我们的喜怒哀乐，从而做出适当的反应。所以，低平的眉脊，是我们重要的社交工具之一。而我们智人之所以会退去眉脊高耸的特征，是因为在演化过程中发展出了互助型的社会关系，明白了团结就是力量的道理。尼安德特人眉脊高耸，眉毛移动有限，无法做出丰富的面部表情，没办法像我们智人做到"看脸色行事"。因此，它们的社交比起我们要更加低效。

尼安德特人和我们智人另一个不同之处，在于它们的眼眶更大，脑子里处理视觉信息的区域也更加发达。这同样是适应寒带生活的长相，因为眼眶大，视神经就更丰富，捕捉光线的能力更强，适合在光照较弱的森林——尤其是纬度较高的森林地带生活。尼安德特人起码 24 万年前就在欧洲生活，而我们智人直到六七万年前才陆续走出非洲，进入亚欧大陆，显然，它们比我们拥有更长的进化时间。所以，它们一个个视力全在 5.0 以上。如果和我们一起竞争飞行员选拔，估计没有一个智人有机会被挑中。

尼安德特人另一个适应寒带的长相，是它们的鼻子。现代智人里，不乏鼻子和它们一样粗的，也不乏和它们一样高的。但是，和它们的鼻子同样又粗又大的，除了《西游记》里面的黄狮精以外，真没有。这种装置可谓是一个无敌的暖气管和加湿器组合，干冷的空气在进入气管和肺部之前，有充分的空间被加热加湿，从而不至于伤害娇嫩的肺和其他脏官。

最后，不得不提的一点是尼安德特人高达 1700 毫升的脑容量。相比之下，我们智人最高不过 1600 毫升。不过，判断人是否聪明，不能只看脑容量的绝对大小，还得看大脑里面有多少沟回。有的人虽然脑袋大，但整个大脑，就像被熨

现代人与尼安德特人头盖骨特征比较

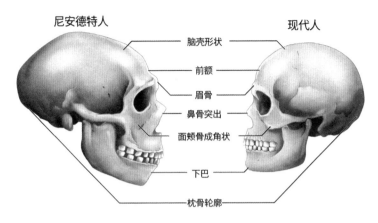

尼安德特人　　　　　　　　　　　　　　　现代人

脑壳形状
前额
眉骨
鼻骨突出
面颊骨成角状
下巴
枕骨轮廓

● 尼安德特人（左）和智人（右）的颅骨对比。

斗熨过的一样，自然也就转不了弯。但大脑是软组织，软组织几乎是没有化石的，所以尼安德特人的脑袋究竟是千沟万壑，还是一马平川，无法直接判断。

科学家有时候会从脑指数进行判断。脑指数指的是脑容量和身体质量的比值，一般而言，比值越大，智商越高。尼安德特人脑容量大，体重也大，所以这样一比，与我们智人没有太大区别。但作为几十万年前就分开的另一种人，尼安德特人的脑袋和我们智人到底还是有区别的。这个区别，就在于它们天生长有反骨，长着一个突出的后脑勺，学名枕髻（occipital bun）。所以，我们的脑袋看上去像一个圆圆的足球，它们的脑袋看上去像一枚放倒的鸡蛋。这种形状上的不同，对应的，是人脑内部结构的不同。更大的眼眶和更突出的后脑勺，极有可能说明，比起我们来说，尼安德特人拥有更强的处理视觉信息和运动信息的神经功能。

它们的骨骼和肌肉结构也证明了这一点。科学家通过对比就发现，尼安德特人的肌肉和骨骼，远比智人要结实，在需要较高耐力的运动方面，不如我们智人，但在爆发力方面，要远胜于我们智人。所以，如果和它们比赛，极有可能不仅仅是在飞行员选拔中我们智人会吃亏，奥运会上所有的力量型竞赛项目，比如铁饼、标枪、铅球、举重、拳击、跆拳道，以及短跑冲刺方面的项目，我们智人估计都进不了半决赛。

5.0 的视力、超强的爆发力、强壮的身体、耐寒的体质、喜好肉食……尼安德特人把寒带生存的能力发挥到了极致。

但凡事有利就有弊，某一方面专业能力的提升，通常都是以削弱其他方面的能力为代价的。尼安德特人也是如此。最新发现证明，尼安德特人的脑子当中，处理视觉信息和运动信息的功能不少，处理其他信息的能力，比如社交能力和认知能力，比起智人来说，就要差上那么一大截了。

这就麻烦了。毕竟，连塞内加尔的那群黑猩猩都知道团结就是力量，任何时候，单打独斗、当独行侠，都是没有好下场的。所以，有科学家就认为，尼安德特人最后灭亡，很大一个原因，就是它们的社交能力太弱，一个个不是宅男就是宅女，宅来宅去，连对象都搞不到。

虽然它们的灭绝和社交能力低下有密切的关系还只是一种假说，但从出土的化石来看，它们的生活空间的确是地广人稀。

由于尼安德特人曾经广泛分布于亚欧大陆，直到 3 万多年前才消失，所以相比从前的祖宗，他们留下的著名的化石以及遗址非常多。

第一个代表遗址，是位于法国的拉沙佩勒奥圣（La Chapelle-aux-Saints）。这里发现了第一个较为完整的尼安德特人化石，包括头颅、下巴、大部分脊椎、肋骨，以及胳膊和腿，甚至有手部和脚部的一些小骨头。从头颅可以看出，这位祖宗后脑有枕髻，额头后斜，眉脊粗大，鼻子以下略微前倾，是典型的尼安德特人长相。考古学家叫它拉沙佩勒奥圣 1 号。法国人的名字又长又拗口，考古学家也觉得麻烦，所以给这个高贵的法国尼安德特人起了个通俗易懂的绰号——"老头子（The Old Man）"。

"老头子"挖出来的时候，已经变形了，于是一个叫皮埃尔·马塞林·布尔（Pierre Marcellin Boule）的科学家对它进行了重建。重建后的"老头子"长得不怎么好看，腰是弯的，背是驼的，腿是弯的，脑袋往前伸着，还长着一双适合爬树的像手一样的脚。看上去，就是一只猿猴。

这个重建深深地影响了当时的人，学界一致认为尼安德特人智力低下，茹毛饮血，文学作品和影视作品则把它们塑造成猥琐愚昧的形象。直到 20 世纪 50 年代，随着更多的尼安德特人出土，以及对"老头子"的再次重建，人们才

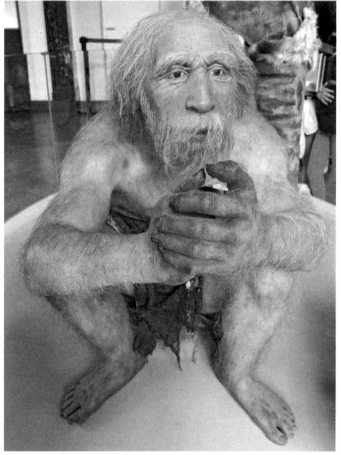

● 20世纪初的尼安德特人复原图（上）和现今维也纳自然史博物馆的尼安德特人复原像（下）。都是基于老头子的骨骼推敲复原的，但前者完全是蠢头蠢脑的猿，后者就是个睿智和蔼的智人老头，天壤之别。

发现，不是尼安德特人笨，而是这位皮埃尔先生的手艺太差。再次重建后的"老头子"看上去正常多了。

研究发现，"老头子"人生最后的时光并不怎么舒坦。死前几十年，全部的大牙就下岗了，吃饭成了人生的第一大问题。祸不单行的是，它还患有严重的退行性关节炎，行动成了人生的第二大问题。所幸，生不如死的它有同伴的关心和帮助，最后，真的得到了"生不如死"的待遇——成为考古学家公认的全人类第一个被正式安葬的祖宗。

"老头子"出土的第二年，考古学家们又在法国的多尔多涅省发现了一个5万多年前的尼安德特人遗址。遗址里一共发现了8位尼安德特人，其中一位骨骼非常完整，长着迄今为止最为完整的头颅。这就是著名的费拉西1号（La Ferrassie 1）。

这位生活在7万—5万年前的法国人，身高173厘米，体重85千克，脑容量1640毫升，仅次于以色列发现的阿马德1号尼安德特人。费拉西1号死的时候年龄已经超过50岁了。作为难得一见的完整骨架，它的出现为研究尼安德特人的身体构造、行为方式、技术水平都提供了非常多的信息。而特别值得一提

● 根据化石重建的费拉西1号复原像。体格健壮，四肢粗大。如果尼安德特人还健在，不光田赛、径赛奖项被它们包揽，健美先生大赛也没我们智人什么事了。

的，是它的门牙。它的门牙出现了非常严重的磨损，而这个磨损方式非常奇怪，不是正常门牙所呈现的撕咬切割东西的那种磨损，而是像农村搓麻绳的老爷爷长期口衔麻绳的那种磨损。考古学家据此猜测，它大概是一个熟练的剥皮工，剥兽皮的时候，喜欢用牙咬着皮子的一端。

和费拉西1号生活在一起的，一共有7个人，包括一个成年女人和几个孩子。虽然很高寿，但费拉西1号生活得不太如意，锁骨骨折，脊柱侧弯，退行性关节炎，肋骨病变，牙槽脓肿，胸腔感染，常年被呼吸道疾病折磨。难以想象它是如何熬过这么长岁月的，尼安德

特人的强悍，可见一斑。不过，虽然生活不如意，但它死后非常舒坦。因为，它也享受了一个当之无愧的葬礼。它和费拉西 2 号，一个成年女人，也许是它妻子，被刻意放置在一个稍高的地方，头对头，东西向摆放，彼此间隔不过 50 厘米。

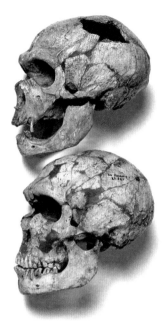

● 尼安德特人"老头子"（上）和费拉西（下）的头骨化石，都眉脊高耸，鼻梁粗大，脑袋像放倒的鸡蛋，是经典的尼安德特人长相。

　　除了欧洲以外，中东也发现了很多尼安德特人的遗址。以色列北部加利利湖附近的一个阿马德山洞（Amud Cave），就发现了许多有代表性的化石。一个是生活在 5.5 万年前的尼安德特人，阿马德 1 号（Amud 1），另一个是比阿马德 1 号年代更早的婴儿，阿马德 7 号（Amud 7）。阿马德 1 号拥有高达 1736 毫升的脑容量，是迄今为止发现的尼安德特人里面脑容量最大的。阿马德 7 号则因为躺在一个凹坑中，身上还放着一个完整的马鹿下颌而被解读为经过了刻意的安葬。考古学家的证据主要有两个：一是中东一贯是战乱频仍之地，如果是随地而死，没有经过刻意的摆放，被找到时，化石要么七零八落，要么姿势诡异，要么惨不忍睹，而这个孩子姿势并没有扭曲；第二，马鹿是尼安德特人的主要食物之一，被吃过的马鹿，不会有完整的下颌留下，但孩子身上的马鹿下颌也难得的完整。

　　以色列境内另一个著名的尼安德特人是凯巴拉 2 号（Kebara 2）。这个生活在 6 万年前的以色列尼安德特男主角，拥有迄今为止发现的最为完整的尼安德特人的身子骨，包括舌骨。这是迄今为止发现的唯一的一个尼安德特人的舌骨。这个舌骨和我们智人的几乎一样。结合它们先进的石器技术、狩猎的生活方式及巨大的脑容量，考古学家认为，它们拥有和智人不相上下的语言能力。

　　除了以色列以外，东边伊拉克境内的库尔德地区也发现了 10 个尼安德特人。这 10 个人生活在 5 万年前的扎格罗斯山区沙尼达尔洞（Shanidar Cave）。其中 1—9 号是一群勇敢的战士，10 号则是一个小婴儿。

● 法国的"老头子"（上）和以色列的凯巴拉2号尼安德特人（下），都被以胎儿姿势安葬在一个刻意挖出来的坑里。

1号战士年事非常高，接近50岁，比法国的那位"老头子"还要高寿，但生活在这样的地区，活得越久，意味着受的苦越多。法国的"老头子"年轻的时候，只是掉了牙而已，这位库尔德1号战士，年轻的时候，牙没掉，头部却遭受了重击。这个重击不但弄瞎了它的左眼，还让它的脑部受到重创，导致它无法自如地控制右半边身子，最后右腿也瘸了，此外，也许是先天发育问题，也许是后天遭遇外伤，它的右手前臂和手掌缺失并萎缩。而眼不能看，手不能动，腿不能行，并不是生活给它的全部，它的听力也不行，外生骨疣完全堵住了它的右耳及部分左耳道。尽管以上残障在它去世之前很久就发生了，但这个不向命运屈服的身残志坚的库尔德老英雄，获得了战友们的拥戴，妥妥地活到了50岁。按史前人类的平均寿命来说，起码相当于今天的90岁了。

相比之下，2号库尔德战士就没那么长寿了。这个可怜的战士，不是战死疆场，而是死于房屋坍塌。扎格罗斯山区条件不好，没有像样的房子——虽然按道理它们有这样的技术，但几乎每天都在战斗的它们，天黑才能稍微休息，自然不可能有时间和精力为自己修一幢舒服的房子。因此，为了方便，它们只能栖身在天然的洞穴里。那天，它像往常一样进了洞，然而，还没来得及和战友们分享战场上的勇猛，它就被头顶上的一块落石击穿了脑袋。不能马革裹尸，对于战士来说是最大的侮辱。因此，为了寄托对这位战友的哀思，它的伙伴们——其他的库尔德战士，点燃了篝火，还把它生前最喜欢的燧石武器同它一起埋葬。熊熊的火光照亮了库尔德的夜空。那晚，它们都是库尔德人。

3号战士也是位高龄老战士，在激烈的战斗中，一块飞弹击中了它的第九根肋骨。这个弹射式武器角度刁钻，无法拔出。它在巨大的痛苦中熬了几个星期,才咽下最后一口气。这个给它带来痛苦的伤痕,成了迄今为止发现的、继白骨洞海德堡人17号以后世上最早的人类冲突的直接证据。也许是无心之失,也许是个人恩怨,也许是部落战争,也许,就是史前人类大战。毕竟,库尔德地区,不只在今天是兵家必争之地,在四五万年前也是。因为那时候,除了盘旋在此等候猎杀过往动物的尼安德特人以外,雄心勃勃的智人也正大举北上。路过宝地,少不得需要些粮草。可是粮草本来就不多,何况言语还不通,一言不合就开打的情况,比比皆是。

比起前面的祖宗,尼安德特人的智商已经是突破天际了。迄今为止,已有不下50处遗址显示有安葬的行为。安葬行为所体现的是一种行为的现代性。这一直被考古学家认为是只有智人才具备的一种行为,是区别于其他所有人种的重要证据之一。但显然,这方面,尼安德特人和我们并无二致。事实上,它们不仅会安葬死人,还会制造高阶武器,会使用火,会做衣服,会做饭。

它们在严酷的环境里雄踞欧亚大陆几十万年,无论从哪方面来讲,它们都不像是弱者。正因为如此,它们的灭亡才多了几分悲情的色彩,也才一直让考古学家们牵肠挂肚。尼安德特人为什么灭亡,这个问题至今没有公论,不过有代表性的观点大致有四种。

● 沙尼达尔洞穴的尼安德特人生活场景想象图,画面中央站着的右手缺失的是1号战士。

一是冲突说。这种观点认为，10多万年前，海德堡人的后代——晚期智人，在把非洲大陆吃干抹净之后，开始了一次战略大转移。它们一路向北，越过红海，进入阿拉伯半岛，然后开始"走西口""下南洋"。其中，"走西口"的这一支，在西亚和尼安德特人不期而遇。可能是因为技不如人，可能是因为体力不如人，遭遇了水土不服，晚期智人的北伐并不顺利，很快被尼安德特人胖揍了一顿，赶回了非洲老家。但3万年后，心有不甘的非洲智人又卷土重来，第二次北伐就此打响。经过了3万年的演化，3万年的厉兵秣马，智人变得人口众多，组织严密，士气高涨。于是，经过几千年的争夺，最终在人海战术和阴谋诡计的协同之下，尼安德特人被赶出了历史舞台。

这种说法以前很有市场，但现在越来越不被认同。因为在旧石器时代，人们能够使用的武器杀伤力有限，不像现在，一颗原子弹可以把一个城市炸回到石器时代，当时，最大的大杀器也就是弓箭了。要用这样的大杀器，灭光散布在整个欧亚大陆的15万尼安德特人，几乎是不可能的。并且，无论尼安德特人还是智人，当时都和蘑菇差不多，这儿一丛，那儿一簇，还没有出现大兵团，就算打群架，双方的规模也不可能太大，不会给一个绵延几十万年之久的人群带来灭门之灾。另外，尼安德特人无论是身体素质还是制造工具的水平都不输于智人，真要打起来，肯定是杀敌一千自损八百，谁把谁灭了还不一定。

于是，在这个基础上，一部分学者发展出了另一种理论，认为是竞争导致尼安德特人最终灭亡。这派观点认为，智人的大批涌入，挤占了尼安德特人的生存空间，让对食物、居住地的竞争变得更加激烈。尼安德特人虽然是顶级猎人，适应寒带生活，但是，它们缺乏足够的社会联系，彼此之间较为孤立，所以碰到善于搞联合的智人，完全没有优势。后来它们被逼躲进了伊比利亚半岛的海岸线，它们和非洲大陆之间仅仅隔着14千米宽的直布罗陀海峡，但它们还是没有能力跨越这14千米宽的洋面，所以，最终只能消失在那里。

第三种是环境变化说。这派认为，尼安德特人的灭绝和我们晚期智人一分钱关系都没有，晚期智人是背锅侠。4万年前地球本来就遭遇了一次剧烈的气候变迁，气候的反常导致尼安德特人赖以生存的动物系统被摧毁。它们挑食得厉害，所以遇到这种气候灾害就缺吃少穿。要想活命，就得分头去打游击。可是茫茫雪原，打游击的后果就是种群不断缩小。随着社交圈子不断变小，相亲的对象也越来越少。条件再好，也找不到合适的对象，只能和近亲的兄弟姐妹们将就过日子。这样的结果就是出生率低，死亡率高，族群人口锐减，所以几千年之内就湮灭了。

这种说法也不是没遇到挑战。最简单的，尼安德特人在欧洲盘踞了几十万年，其间遇到过的气候变迁少说也有十次，怎么偏偏就没躲过这次的变迁呢？有地质学家还出来说了：你们别胡扯了，这次的气候变迁根本就没有那么严重。所以气候变迁说也没能赢得全部的认可。

还有一种是吃人说。这种观点认为，尼安德特人是食人魔，不但喜欢吃自己人，还喜欢把进入它们领土的晚期智人拿来做烧烤。但晚期智人可不像动物大会上的那些欧洲动物和自己人那么好吃，它们可是从非洲这个魔窟逃出来的。这个地方除了没有钱，毒蚊子、毒苍蝇、各种细菌、花式病毒资源可是大把大把的。晚期智人世世代代生活在热带，早已百毒不侵，不但百毒不侵，自己还是一个行走的病源中心。尼安德特人生活在北方几十万年，根本没见过那么多的病菌病原，也没有时间进化出对付这些致命病菌的免疫力，所以最终——吃人一时爽，全家火葬场。

考虑到欧洲的天花病毒传到新大陆之后让北美印第安人死掉了90%，还有巴布亚新几内亚的弗洛（Fore）部落人因食尸习性而感染朊病毒致死，这个说法倒也不是没有依据。而且从尼安德特人的遗迹来看，它们也不是没有吃过人。只不过，这么大的事，光凭几片骨头就推断它们是鸟为食亡，咎由自取，好像也不足以服众。何况它们分布的范围如此之广，人口密度如此之低，并不是所有尼安德特人都有机会接触到智人或者是接触过智人的尼安德特人。

最新的一个观点是近亲繁殖说。发现尼安德特人近亲结婚的直接证据，来自对它们基因的测序。2014年，德国马普研究所（Max Planck Institute for Evolutionary Anthropology）的科学家们在对西伯利亚丹尼索瓦洞出土的5万年前的尼安德特女人进行基因测序时发现，这个女人的父母亲关系非常复杂。如果不是同母异父，就是叔侄关系，或者祖孙关系。而且，基因显示，这样的近亲繁殖不是孤立事件，往上回溯，她的祖上几代都是近亲结婚。2017年，《科学》杂志又发表了马普研究所对克罗地亚文迪亚洞穴（Vindija Cave）的尼安德特人的基因研究文章。文章虽然没有直接说这位生活在克罗地亚的女人的父母是近亲，但也明确指出了她的基因多样性，与丹尼索瓦人、古代人类和现代人类相比，非常的低。2019年，科学家又对4.9万年前西班牙艾尔西德罗洞的13个尼安德特人进行了基因测序，结果再一次表明，这些人有着很明显的近亲繁殖的现象。

虽然目前获得的尼安德特人基因并不多，但从各地成功抽取的尼安德特人基因都多少表现出近亲结婚这一现象判断，说明尼安德特人近亲结婚的确不是个案。极有可能因为生存空间被分割得很厉害，每个人都生活在很小的社交和择偶范围之内，所以不得不近亲结婚。近亲结婚产生的后代，战斗力肯定不行，而社交狭窄，也就没办法组织起大规模的狩猎和战斗群体，如果遇到气候剧变和晚期智人北伐的双重打击，内忧外患之下，灰飞烟灭，消失在茫茫历史中，倒也不是不可能。

事实上，以上这些观点并不互相排斥，它们也都各有证据，虽然角度不同，也各有道理。毕竟，作为一个横跨亚欧大陆，笑傲冰期和间冰期几十万年，掌握了那个时代各种先进技术的人种，尼安德特人对环境的适应性自不待言。这么强悍的一个群体，单单一方面的原因，显然不足以短时间内全部灭绝，只能是综合作用的结果。

所以，极有可能因为冰期的来临，减少了食物来源。为了寻找食物，尼安德特人走得越来越远。彼此相隔太远，只能肥水不流外人田，近亲结婚，结果就是无论人口数量还是体质都不断下降。这时候，随着智人的进击，资源竞争越来越激烈，尼安德特人也就越来越处于不利地位，再来一场疾病，或者天灾，或者人祸，它们就不复存在了。

所谓"时来天地皆同力，运去英雄不自由"是也。

有的人活着，他已经死了；有的人死了，他还活着。尼安德特人虽然死了，基因却还活着。它们虽然吃人，但它们也同样爱人。作为智人的后代，我们的体内，就流淌着它们宝贵的鲜血。基因显示，所有非洲以外的人，体内都携带有1%～4%的尼安德特基因。这说明，在走出非洲以后，尼安德特人和智人来了一场跨越种族的爱恋。考虑到基因占比不多，可能，这场爱恋涉及的人口并不多，时间也不长。

不管怎样，这些基因带给今天的我们很大的影响。有的影响我们的免疫系统，有的影响我们的外表，有的影响我们的新陈代谢，有的帮助我们更好地适应非洲以外的生活。

比如，今天欧洲人苍白的皮肤，就和来自一个尼安德特人的基因BNC2有关。70% 的欧洲人都具有这个影响皮肤色素沉着的基因，而东亚人几乎没有。这个基因，在帮助欧洲人的祖先更快地适应欧洲寒冷地带的生活方面起到了积极作用，因为在高纬度地区，苍白的皮肤比黝黑的皮肤能够更有效地利用阳光产生维生素D。此外，尼安德特人比我们更早进入高寒地带，所以有一个特别适应高寒地带的高大鼻子和一双适应昏暗光线的大眼睛。因为 1 号染色体和 18 号染色体的等位基因，影响了大脑球状特征的表达，所以，尼安德特人的脑袋像一个倒放的鸡蛋。如果今天有人的这些特征格外明显，极有可能也是受尼安德特人基因的影响。此外，尼安德特人有着较为粗大的眉脊和宽阔的下颌、后缩的下巴。埃及法老就被怀疑携带了这个后缩下巴的基因。

不过，尼安德特人遗传给我们的基因并不全都是好的。比如，X 染色体上的大多数尼安德特人的 DNA 会导致携带者生育性不强，不过，正是因为它这一特点，它也很快从人类基因库里消失了，所以，现代人的 X 染色体上几乎没有尼安德特人的 DNA。再比如，和 II 型糖尿病有关的基因 SLC16A11 也来自尼安德特人。所以，今天全世界有超过 2 亿人都携带这个基因，但那些祖先生活在非洲撒哈拉沙漠以南的人，却完全没有这个基因。不过，这个基因最初传给我们的时候，并不是一件坏事，因为我们的祖先在绝大部分时间里，过着运动量很大而食物相对不那么丰富的日子，这个基因有助于祖先们度过这样的艰难岁月。只是到了今天，人们不用再成天奔波，也不用为了食物发愁，而且寿命太长，这个基因才显示出有害的一面。

尼安德特人遗传给我们的基因里，还含有对尼古丁成瘾的基因和抑郁症的基因。这并不是说尼安德特人都吸烟，或者它们都抑郁。不过，这些基因是为什么被选择下来的，还有待进一步研究。不管如何，尽管分量少，但尼安德特人对我们智人的影响并不少。所以，尽管智人和尼安德特人没有祖裔关系，但今天非洲撒哈拉沙漠以北的人，从某种意义上来说，都是尼安德特人的后代。

第四场
丹尼索瓦人：亚洲归我管

和同时代的尼安德特人及智人相比，丹尼索瓦人是真的很低调。出土晚，化石少，低调到 21 世纪才正式面世。但这个看上去就像电视里面没有一句台词的匪兵甲一样的人物，无论过去，还是现在，都是很重要的存在。如今，尼安德特人留给亚洲人高达 4% 的基因，而丹尼索瓦人留给南亚和大洋洲部分土著居民的基因高达 6%。从这个角度推测，它们也许一度和尼安德特人共同主宰过亚欧大陆，就像秦汉帝国和罗马帝国一样，一个盘踞东亚，一个称霸欧洲。

科学家虽然已经获得了丹尼索瓦人的基因图谱，但由于化石太少，它们长什么样，还无从知晓。另一方面，与它们同时期的中国大地上，又生活着很多介于直立人和智人之间的古人，比如 28 万年前的金牛山人、10 万年前的大荔人、马坝人、许家窑人等等。一些学者认为，中国大地上这些介于直立人和智人之间的古人应该都属于丹尼索瓦人，但一个基因分明形态不明，一个形态清楚基因未知，所以两者是否是同一种人，凭借现有的技术手段和证据，还无法 100% 确定。

说起来，这些神秘的丹尼索瓦人，连出土都纯属偶然。

2008 年，几个想要寻找洞熊的科学家来到了位于西伯利亚境内的丹尼索瓦洞。一番挖掘下来，洞熊没找到，却找到了一种从未见过的人化石——一截小手指的骨头、一截小脚趾的骨头、一截胳膊或是腿的骨头碎片、3 颗臼齿，以及一个残缺的绿泥石手镯。手指属于一个小姑娘，编号丹尼索瓦 3 号，昵称"X Woman"，翻译成中文，大概相当于"蒙面女侠"的意思；臼齿归属 3 个人，编号丹尼索瓦 2 号、4 号、8 号；胳膊腿儿的骨头碎片，属于编号丹尼索瓦 11 号，昵称"丹妮（Denny）"，脚趾头的一小截属于丹尼索瓦 5 号，一个成年女人，因为其基因显示和西边高加索地区及更西边克罗地亚的尼安德特人无限接近，所以又被叫作"阿尔泰尼人"。

几乎所有的丹尼索瓦人化石都不属于同一时代，其中最早的是丹尼索瓦 2

号牙齿，大约距今 10 万年；再次是丹妮，距今大约 9 万年；最晚的人化石是距今 5 万年的那一截小指骨。发现的绿泥石手镯是最晚的，大概距今 4.3 万年。而进一步的测年显示，这个洞起码在 19.5 万年前就有人居住。因此，这意味着，在长达 15 万年的时间里，丹尼索瓦洞是断断续续有人居住的。

除了丹尼索瓦洞的发现以外，另一个发现丹尼索瓦人化石的地方是青藏高原。2019 年，中国学者公布了一块 16 万年前的下颌骨化石。这块下颌骨是 1980 年一位僧人在青藏高原的一个山洞中意外发现的，只剩右半边和附着其上的第一、第二臼齿。山洞位于甘肃南部夏河县青藏高原甘加盆地、海拔 3250 米的白石崖，有 10 米高、20 米宽的入口，长约 1 千米，是古人类的理想栖息地。但青藏高原是全世界最不适合人类居住的地方之一，不但高寒，而且缺氧，所以此前，科学家发现的青藏高原最早的人类活动年代不过是在距今 4 万—3 万年前。但下颌下巴属于 16 万年前，16 万年前正好处于第四纪最为寒冷的倒数第二次冰期（深海氧同位素 6 阶段，大约 19 万—13 万年前）。能在这样恶劣的环境中存活下来，下颌的主人生存能力之强，令人咋舌。不过，由于年代久远，科学家未能成功抽取出 DNA，只是通过残留的古蛋白质分析，这个下颌和丹尼索瓦洞发现的那些丹尼索瓦人有很近的亲缘关系。

显然光凭这些数量少且都是边角料的化石，就算会大力金刚掌、女娲补天

● 丹尼索瓦人 11 号丹妮的化石残片和其复原图。丹妮五大三粗，肤白发红，一副适应高寒地带的长相。

术，也无法重建出丹尼索瓦人的完整形象，所以考古学家只知道那几颗牙齿长得和尼安德特人、智人完全不同，并且从手指和脚趾残片看出它们都是身材巨大的一伙人，具体长什么样却无法判断。不过，让考古学家们觉得绝处逢生、柳暗花明的，是这些边角料所含有的基因信息。由于丹尼索瓦洞处于阿尔泰山，纬度高，海拔高，气候干燥，且温度常年保持在 0℃。这种稳定的低温干燥条件，让化石中的 DNA 得以较好地保存下来。因此，尽管不知道它们的长相，但考古学家依然能够大致描绘出它们的生存时间和空间，以及它们和其他人种之间的跨界交流情况。

这些基因透露出的第一个信息是，丹尼索瓦人是一种完全不同于尼安德特人和我们智人的第三种人。我们智人和尼安德特人大概在 76.5 万—55 万年前分开，二三十万年后，丹尼索瓦人又从尼安德特人里分化出来。

基因透露出的第二个信息，是它们交友甚广。

丹尼索瓦人的交友甚广，首先体现在它们本身是一种跨种爱恋的结果。通过对丹尼索瓦洞的丹人进行基因测序，科学家们发现，丹尼索瓦人体内含有 17% 的尼安德特人基因，以及高达 8% 的一种 100 万年前就与丹尼索瓦人和智人分开的不知名的古人基因。11 号小姑娘的基因表明，她的母亲是尼安德特人，虽然住在遥远的东方，却和 5 万多年前定居克罗地亚的尼安德特人更加接近，她的父亲是丹尼索瓦人，接近 3 万多年后洞里的丹尼索瓦人，但父亲的祖上，却也带有尼安德特人的基因。

其次，丹尼索瓦人和我们智人祖先有过亲密关系。今天所有的亚洲人、大洋洲的土著及美洲的部分土著，都带有丹尼索瓦人的基因，其中携带的基因比重最大的，是美拉尼西亚的居民，高达 6%。通过对今天居住在东南亚和新几内亚 14 个岛屿的 161 个原住民进行的基因测序，结合此前对东亚人种所含的丹尼索瓦基因分析，科学家推测，丹尼索瓦人曾经散布在广袤的亚洲大地上，而且很久以前就分成了相互隔绝的三组，一组是以丹

● 甘肃南部夏河县发现的 16 万年前的丹尼索瓦人带牙下颌。

尼索瓦洞的丹尼索瓦人为代表的 D0 人群，一组是 36.3 万年前与 D0 分开的 D1 丹尼索瓦人，还有一组是 28.3 万年前与 D0 分开的 D2。当我们的智人祖先走出非洲来到亚洲后，在不同的时间和不同的地方，分别与这三组丹尼索瓦人相遇并相爱。因此，今天的东亚人和西伯利亚人体内含的丹尼索瓦基因主要来自于 D0，巴布亚人体内的丹尼索瓦基因主要来自 D1，大洋洲的土著居民体内的丹尼索瓦基因则主要来自 D2。

这些丹尼索瓦人基因的渗入，让我们那些从非洲出来的智人祖先获得了更好地适应新环境的能力。一个显著的例子就是藏民对高海拔地带的适应。2012年，科学家在研究西藏人为什么能够在 4000 米的高原上生活得悠然自得的时候，发现他们体内含有一种名叫 EPAS1 的低氧耐受基因，这种基因可以帮助人在氧气稀薄的情况下轻松自如地呼吸。在藏民中间，有高达 80% 的人携带这个

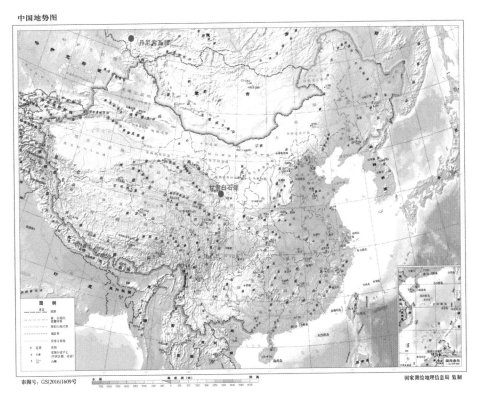

中国地势图

审图号: GS(2016)1609号   国家测绘地理信息局 监制

● 发现丹尼索瓦人化石的丹尼索瓦洞与甘肃白石崖，两地相隔之远，足见丹尼索瓦人分布范围之广。

基因，而在汉族人里，只有 1% 的人携带这种基因。与此同时，这个基因在丹尼索瓦人的基因里有发现，因此，学者认为，正是因为丹尼索瓦人和藏民祖先的跨种爱恋，才给了藏民祖先们这个征服高原的天赋。因为有助于适应高原的高寒低氧环境，这个基因被一代代积极选择继承下来，直到今天。

正是根据这些基因和化石证据，考古学家们推测，丹尼索瓦人曾经分布在亚洲的大部分地区，从寒冷、低氧、高海拔的青藏高原，到东南亚、大洋洲等众多岛屿，并与现代智人的祖先进行了多次混交。从这些基因交流的时间推测，丹尼索瓦人的人口规模比它们的欧洲同侪——尼安德特人只多不少，且其消失的时间也大大晚于尼安德特人，也许直到尼安德特人消失的 2 万多年后，距今 1 万多年前，亚洲的广袤大地上，还有活生生的丹尼索瓦人。

虽然丹尼索瓦人今天只剩下数量有限的化石，但其留给我们今人的，绝不仅仅只有嵌在骨子里的基因，还值得一提的，是它们匪夷所思的技术文明。

这个物质文明，集中体现在丹尼索瓦洞出土的饰品和石器上。饰品有动物牙做的吊坠、象牙手镯，还有绿泥石的手镯残片。石器有石核、端刮器、石叶工具等。其中最让考古学家们惊讶的，是那个残缺的手镯。这个手镯，虽然已经只剩下一部分，而且还裂成了两片，但可以推测，其本来应该是一个宽 2.7 厘米、厚 0.9 厘米、直径 7 厘米的精致的手镯，用绿泥石做成，晶莹剔透，有

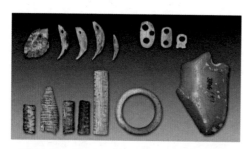

● 丹尼索瓦洞出土的饰品。

● 丹尼索瓦洞出土的石器。

几分祖母绿的意思。绿泥石虽然不算稀有石材，也并不是最适合做首饰的材料，但考虑到距离丹尼索瓦洞最近的绿泥石，在 200 千米之外，这个手镯，可以说是十分珍贵了。不过，这个手镯最引人注目的地方，还不仅仅在于材料的稀有，而在于它的技术。这个手镯，通体光滑，边缘柔和，采用了高级的抛光技术，而断裂处那个浑圆的小洞，则证明它们已经掌握了钻孔的技术。

不过，由于地层有扰动，这些物品是应该全部归属于丹尼索瓦人，还是归属于后期入住的智人，考古学家还有很多争议。

此外，尽管目前发现的明确归为丹尼索瓦人的化石，只有丹尼索瓦洞的这些边角料和青藏高原的那个下颌骨，但考虑到它们居住的时空范围，很多科学家推测，我们中国境内的金牛山人、大荔人、许家窑人及马坝人等，也应该属于丹尼索瓦人。

许家窑位于山西阳高和河北阳原交界的许家窑村，出土的化石有大约属于10来个人的头骨碎片、上颌骨和牙齿，大约距今10万年。和更早期的北京人化石比起来，它们更加现代，而且具有更强的生活自理能力。遗址出土了上万件各式武器，包括1000多件大大小小的远程武器石球、刨土利器锥形石棱、放血专用琢背小刀等，此外还有好几吨重的动物骸骨，包括披毛犀、野驴、纳玛象、葛氏斑鹿、方式鼢鼠、转角羚羊、熊以及起码300多匹野马等25种动物化石。

许家窑人的大杀器主要是石球。这些石球大的2500克，小的50克，制作规整又精致。除了直接像扔手榴弹一样扔出去，它们还拿这些石球当绊马索和流星锤使用。当绊马索的时候，把石球拴在长木杆的一端，另一端再拴一条绳索，看到野兽来了呼啦啦地甩过去，石球和长杆就形成巨大的合力，要么一招制敌，让野兽倒地身亡，要么甩空了，也能绊住它们的兽腿。当流星锤的时候，就先拿兽皮或者植物纤维做一个兜子，把石球放在里面，兜子口上再套个绳子，看到野兽立刻抡圆了甩过去，像甩链球那样。

● 石球——旧石器时代除了矛以外最有效的远程武器。

山西许家窑的遗址里，出土了不过10来个人，动物骸骨却达数吨重，而且没有一架完整的骨架，足以见得它们是多么的嗜血，分筋错骨手有多么的高超。

这样的生存能力、物质文化水平和心智发育水平，谈一场跨越种族的恋爱，好像也不是不可以理解。所以，和尼安德特人一样，丹尼索瓦人尽管已经不再在江湖上出没，但是，它们对我们今人依然有着深入骨髓的影响。

第五场

智人：世界归我管

80万年前，这世界上既没有尼安德特人，也没有丹尼索瓦人，更没有智人。60万年前，一批手持阿舍利手斧的海德堡人，穿过茫茫的撒哈拉沙漠，来到了欧亚大陆，它们慢慢衍生出了尼安德特人和丹尼索瓦人，而留在非洲的那一批海德堡人，则进化出了智人。10万年前，尼安德特人已是欧洲霸主，丹尼索瓦人雄踞亚洲，我们智人，则在非洲的一隅默默地练功。到了7万—5万年前，练就了盖世神功的智人，潮水一般地涌出了非洲，把欧洲霸主尼安德特人逼上了绝路，把亚洲霸主丹尼索瓦人赶出了地球，自己则升级成为世界霸主——俯视众生的霸主。

以上智人走出非洲，逼死尼安德特人，扫平丹尼索瓦人的观点，便是人类考古学界有名的"单一地区进化说"。"单一地区进化说"并不是唯一的观点，另一个有代表性的，也是和它针锋相对的，则是"多地进化说"。"多地进化说"的支持者从各地不同的石器传统、人种骨骼形态、生殖隔离等方面提出证据，认为各地的人都是本地进化而来，比如中国人都是中国境内的古老人种（例如北京猿人等）进化而来，欧洲人则由欧洲境内的尼安德特人进化而来。

这两种观点一度势同水火，但从不断涌现的新的证据来看，两种观点似乎都有失偏颇。从基因来看，今天全世界的人，体内要么含有尼安德特人基因，要么含有丹尼索瓦人基因，要么含有不知名的古人基因。说明绝对的生殖隔离是不存在的，那些被认为是不同种类的人之间，是可以混种繁衍的。从基因图谱来看，今天全世界的智人，崛起于非洲，也走出了非洲，但在走向全球的过程中，我们的祖先也不是只知道党同伐异，赶尽杀绝，而是吸纳兼并了各地的古人类。所以，目前来看，更多的证据，支持的是非洲起源，混种繁衍，多地进化的演化路径。

而说到智人的非洲起源，就离不开摩洛哥的杰贝尔依罗（Jebel Irhoud）这个地方。今天，全世界的人，虽然看上去肤色外表十分不同，但比起尼安德特人、丹尼索瓦人、海德堡人、直立人等古人来说，都长得更加纤细，且都有着圆圆的脑袋，高高的额头，消失的眉脊，挺拔的鼻子，小巧的嘴，小小的牙。不过，由于 60 万—30 万年前的化石严重缺乏，所以很长一段时间里，考古学家并不知道我们的眉脊是什么时候消失的，圆圆的脑袋又是什么时候出现的。直到 2017 年，马普研究所关于杰贝尔依罗的考古发掘报告，才改变了这个晦暗不明的状况。

杰贝尔依罗位于北非摩洛哥的大西洋沿岸，远离人类的摇篮东非和南非。早在 20 世纪 60 年代，这里就因采矿施工而发现了不少古人类化石。比如一件近乎完整的头骨，依罗 1 号；一件成年人的脑颅骨，依罗 2 号；一件未成年人的下颌骨，依罗 3 号。不过，由于当时的发掘非常野蛮，也缺少可靠的测年方法，无人能说清化石所在的确切地层。所以，测年成了大问题。时而说这几个家伙才 4 万年，时而又说它们已经 16 万年了。考虑到在埃塞俄比亚、坦桑尼亚都发现了长得差不多的 20 万—10 万年前的化石，16 万年在很长一段时间里被认为是个更加合理的答案。然而当考古学家仔细考察它们的长相时，尴尬出现了：这个号称 16 万年前的家伙，和埃塞俄比亚那个 19 万年前的奥莫人比起来，明显原始得多。

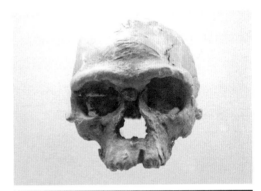

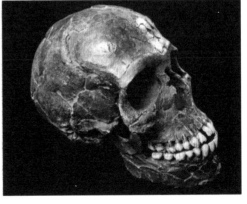

● 摩洛哥发现的距今 30 万年的智人（上）和以色列发现的距今 10 万年的智人（下）。虽然眉脊突出，但天庭饱满，脑袋圆平，和今人的差异远小于和同时期尼安德特人的差异。

是它们长得太着急了，还是它们根本就不是同一种人？聪明如考古学家，也没办法确定。

2017 年马普研究所找到的两类化石，让这个问题有了确切的答案。这两类化石中，第一类有价值的，是几个人骨化石。其中依罗 10 号，一个成年男人变了形的脑袋和破碎的脸，以及依罗 11 号，一个相对完整的成年人下颌骨，在帮助考古学家们看清我们早年本来面目的过程中，起到了巨大的作用。第二类有价值的化石，是一些被灼烧过的燧石，通过对这些燧石进行热释光测年，考古学家们搞清楚了长期以来没搞清楚的年代问题，证明这个遗址已经距今 30 万年，比大家想象的要古老得多。

因此，这些发现，不但一下子把智人的起源提前了 10 万年，填补了进化历程中的空白，让所有人看清了我们 30 万年前的模样，同时，它还告诉大家，人类的演化比我们想象的要复杂得多，绝不只是在非洲东部进行的。

根据极地冰芯判断，智人演化出来的前后，非洲大陆正处于温暖的间冰期，整个大陆没有任何不可逾越的天险，所以西北非那里，有生活在靠近大西洋的摩洛哥杰贝尔依罗人；南非那里，在弗洛勒斯巴德（Florisbad）发现了距今 26 万年的被土狼咬碎了的大脑袋；东非那里，在埃塞俄比亚的奥莫河谷（Omo River）和赫尔托（Herto）都发现了智人的化石；非洲以外，也不是毫无人烟，至少在中东，就发现了 19 万年前寄居在以色列附近的米斯利亚洞（Misliya Cave）的智人。

这些化石可以看出，这一时期的智人，五官和我们今天已经非常接近了，唯一明显的区别，是它们的头骨更加狭长，不像我们这么圆乎。如果给它们戴顶帽子，拉出去逛街，不说话，绝对没人认得出这是 30 万年前的古人。此外，比起它们的兄弟尼安德特人，以及更早期的海德堡人来说，这一时期的智人更加纤细，身材没它们那么虎背熊腰，五官也没它们那么狰狞。这种不同，一方面是因为非洲处于低纬度地区，长得纤细则表面积大，有助于散热。另一方面，反映的是智人在进化过程中行为方式的转变——从喜欢竞争变得更加喜欢合作，从依靠武力变成依靠智力。

这种行为方式的转变，和气候的变化有莫大的关联。大约 19 万年前，温暖如春的间冰期结束了，地球迎来了长达五六万年的冰期，这就是所谓的深海氧同位素 6 阶段（MIS 6）。在此期间，非洲大陆极其干冷，撒哈拉沙漠横亘整个非洲大陆的北部和中部，范围足有今天的 2 倍大。从前散布于整个非洲大陆的智人，绝大部分走到了绝境，只剩下几百上千人，流散到了东非的埃塞俄比亚、北非的摩洛哥、中非的部分地区，以及南非。尤其是南非莫塞尔港（Mossel Bay）南边的尖峰角（Pinnacle Point），因为地理位置得天独厚，几乎成为我们的种群得以保存的唯一福地。这个地方从 16.5 万年前以来，一直有人居住，而基因测试表明，今天全世界的人，正好都是 16.5 万年前大约 600 名智人的后裔。所以，有科学家认为，尖峰角就是我们智人的伊甸园，正是在这里，我们的智人祖先度过了气候变迁的劫难，让智人这一种群得以保存下来。

从出土的化石发现，尖峰角的祖先在认知能力上仿佛经历了一个质的飞跃。正是在这里，它们掌握了打鱼的新技能。它们不但食用青口、鲍鱼、海螺，还食用鲸鱼。食用鲸鱼的证据是发现了附着在鲸鱼皮肤上的藤壶。藤壶就是俗称的狗爪螺，这种寄生动物喜欢寄居在海龟、鲸鱼及船只上，一旦吸附成功，它就稳如泰山，终生不会移动。其打鱼技能的另一个表现，在于这些祖宗会利用月相和潮汐的周期性来享用滩涂和近海资源。

这是有据可考的人类第一次把海产品当成主食，也是有据可考的人类第一次系统地开发海产品，第一次把命运寄托在海洋身上。这一方面体现了人类对各种自然环境的适应能力，另一方面，也表明它们已经拥有未来走出非洲占领全球所需要的心智、策略和技术上的能力——直立人学会了征服陆地，尖峰角的智人们学会了向海洋要饭。再等 7 万年，当 1903 年莱特兄弟试飞成功后，海陆空三界就都归我们智人统辖了。

除了伸手向海洋要饭吃，尖峰角的智人还学会了一项高精尖技术——用热处理的手法加工石器。对石料进行热加工，可以改变石料的硬度和延展性等性能，让石料的质地变得更加均匀，从而可以有效改善岩石的打制性能，提高石器制作效率。这种手法，既可以提高石料的生产效率，减少不必要的浪费，还可以大大提高它们剥片的能力，打制出刃口非常长而锋利的石叶，为进一步制作各种细小复杂的远程武器，诸如石矛、箭头、飞镖之类提供了可能。

尖峰角的热处理工艺，体现在对硅质岩的加工上。这种石材比较脆，打制的废品率非常高，但经过火加热以后，延展性可以得到大幅提高。不过，这个加热处理，不仅仅是点燃一堆火，把石头往里面一扔就可以，骤冷骤热会让石头内外受热不均，所以必须得保证温度在较长时间较为恒定。科学家估计，加工一块这样的石头，需要起码24小时，显然，彼此之间的协同配合是少不了的。尖峰角的智人们，从16万年前出现，到7万年前，一直使用这种工艺，说明他们有着足够的人力和智力实现这种技术的传承。

通过这种方式，他们加工出了很多长度不过一二厘米的细石器。这种细小的石器主要用于制作各种抛射武器，比如梭镖、矛尖等。这些武器虽然刃部很小，却具有射程远、精度高、杀伤力强的优势。因此，这时候的智人一方面提高了狩猎的成功概率，减少了因近距离狩猎带来的危险；另一方面，增强了自己的武力值，从而提高了和身强力壮、视力好但缺乏远程武器的尼安德特人正面比拼时的胜算。

● 30万年前智人的武器（左）和7万多年前尖峰角的智人们热加工过的石器（右）。热加工石器长不过一二厘米，且经过反复修整，显然是作为复合武器来使用的。

靠山吃山，靠水吃水，尖峰角的智人们既靠山又靠水，还有着先进的大杀器，生活富足而悠闲，不用再像从前一样，天天为了食物而奔波。白天吃饱喝足了，可以在海边吹吹风，欣赏欣赏无敌海景，晚上再生堆篝火，一家人依偎在一起，聊聊天，睡睡觉。日子优哉游哉，舒服得很。

但人，不管是现代人还是原始人，都是永不知足的。篝火照耀下的地板凹凸不平，墙壁黯淡无光，没有温馨舒适的感觉，家还能叫家吗？

物质生活的匮乏与人民群众日益增长的需求之间的矛盾，再一次刺激了吃饱海鲜、对家居生活品质有要求的智人们。于是，他们拿起红红黄黄的赭石，给毫无颜色的洞穴刷了墙，画了壁纸。又顺便，在自己身上画了两笔。

光有化妆品，没有首饰可不行。刚吃完的贝壳，奇形怪状的，挺好看的。算了，也别扔了，赶紧拿过来，涂个颜色，穿个孔，拿绳子穿起来，吊在老婆和女儿的脖子上、耳朵上、手臂上、脚踝上，一走路就佩环叮咚，多有个性。

就这样，地球上最早的家居装潢和化妆品行业，在16万年前的南非尖峰角实现了从0到1的突破，并很快在离尖峰角不远的BBC——布隆伯斯洞穴（Blombos Cave）里，得到了进一步发展。

布隆伯斯洞穴位于南非开普敦以东约300千米的陡峭波浪形峭壁上，距离当前海岸线不过100米，海拔高度34.5米，拥有比硅谷还好的地理位置——360°的无敌海景。大海近在咫尺，可近看，可远观，高兴了还能去晒个日光浴。

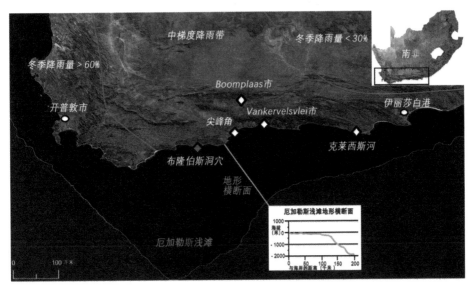

● 尖峰角和布隆伯斯洞穴位置示意图。

考古学家在布隆伯斯洞穴发现了史上最早的首饰、最早的抽象画作、最早的兵工厂，以及最早的颜料加工厂。

最早的首饰，是68枚穿有小孔的贝壳。有的被涂上黑色，有的被涂上红色，全是天然矿物颜料，纯手工制作，绿色环保无污染，还个性突出，用绳子穿起来，可以戴在脖子上当项链，也可以绕两圈戴在手腕上当手镯，颇具民族

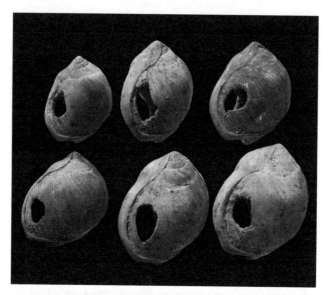

● 布隆伯斯洞穴的穿孔贝壳

风情。这些首饰，代表了它们自我意识的觉醒。而自我意识的觉醒，是现代人和原始人最大的区别之一。所以，从这个角度说，布隆伯斯洞穴的居民们不仅走在了时尚的前沿，而且走在了时代的前列。假如有一天，黑猩猩也会照镜子，会往自己身上涂防晒霜了，我们人类就真的要小心了，黑猩猩要崛起了。

除了首饰加工厂，布隆伯斯洞穴还是一个巨大的高精尖的兵工厂，出土了500多个尖状器。这些尖状器，有72%是用一种洞穴附近不多见的来自30千米以外的硅质岩制成。那时候距离牛马的驯化还有几万年，要搬运这些石头，全凭它们自己。这么不辞辛劳，说明它们对原材料是相当讲究的。

这批兵工厂的工程师们，不光讲究选材，还讲究制造工艺。这些尖状器，从打制手法来看，都是先用硬锤直接敲击，再用软锤对边缘进行打击修整而成。这可是有史以来第一个有明确证据的，同时用硬锤和软锤加工的石器。而为了保证这些细小的石器能够最完美地装在柄上，它们还使用了压制剥离的技术。

压制技术是整个工艺流程里最核心也最高精尖的部分。在布隆伯斯洞穴发现以前，人们一直以为压制剥片是2万年前的梭鲁特人才会使用的技术。比起直接敲击，压制技术可以更好地控制剥片的力道和精确度，从而可以更容易地打造出细小规整的器型。为了提高压制的质量，布隆伯斯洞穴的居民在进行压制前对部分尖状器毛坯还进行了热处理。

用热处理和压制技术制作出来的这些工具形制小巧，看上去类似一个浓缩版的手斧，但这么小的尺寸是无法单独使用的，只有装上木柄，才能有效发挥作用。制作这些复杂细小的石器，有一条复杂的生产链条：既要去收集零散分布的原料石材，又要收集烧火的木材，控制加热的温度；先修整能生产石叶的石核，再生产石叶，然后把石叶打制成更加细小的尖状器；制作能安装尖状器的木柄或是骨柄，再将各种尖状器装到木柄或是骨柄上。

比起早前那些只需要石头敲石头，或是借助骨棒、木棒进行间接打击石器的做法，这套流程显然又要复杂和进步太多。中间所要求的认知能力，也不可同日而语。

布隆伯斯洞穴除了是兵工厂，还是一个大型铁矿基地和一个颜料加工厂。这里出土了 8000 多片赭石，其中 1500 片长度超过 10 毫米，很多都有刮擦刻画过的痕迹。最早的，距今已有 10 万年。赭石是一种氧化铁，又叫红砂石。根据含铁量的不同，有的呈暗红色，有的呈灰黑色。那时候的人类还不会对矿物进行开采和提炼，所以赭石这种硬度不高、自带颜色还随处可见的天然矿物，是它们最喜欢的颜料和化妆品，可以拿来画壁画，也可以拿来涂抹身体。

史前人类随时会上演武松打虎，所以经常把自己打扮得像京剧演员一样。布隆伯斯洞穴含铁丰富，赭石随处可见，所以拿来做颜料不奇怪。在此之前，世界上有使用赭石的证据，但没有加工赭石的证据。赭石虽软，毕竟还是石头，是块状的，直接在身上画肯定会画得鲜血淋漓，所以必须要碾成粉末才行。布隆伯斯洞穴发现的赭石加工工具套装，包括研磨赭石的鹅卵石、骨头，和储存赭石粉的鲍鱼壳，是迄今为止发现的世界上最早的赭石加工工具。

除了以上成就，布隆伯斯洞穴的智人们还创造了一个第一——画出了人类历史上最早的一幅风景画，这幅距今 7.3 万年的画，画在一块长 3.8 厘米、宽 1.2 厘米、高约 1.5 厘米的红色石头上，由 6 条平行的竖线及 3 条弯曲的横线交叉而成。这些规整的线条不可能是猩猩、狒狒这类动物画得出来的，更不可能是海浪随机冲刷出来的，只能是我们的智人老祖宗创作出来的。从时间来看，比西班牙尼安德特人的梯子画还要早 1 万年。看来那时候的智人，艺术天分已经

● 尖峰角出土的目前发现的世界上最早的岩石雕刻。

● 尖峰角出土的目前发现的世界上最早的风景画。

不输尼安德特人了。

　　除了上述规模庞大的兵器、颜料及艺术家的浪漫记忆以外，布隆伯斯洞穴里还发现了大量的动物骸骨，有鲸鱼、海豹、海豚、海龟、海贝、鸟、鸵鸟蛋，以及各种大小的陆上哺乳动物，不一而足。大型动物的骸骨，充分说明居住在此地的智人有着非常强的狩猎能力，属于海陆通吃的那种。无论是对这些大型动物的杀戮，还是那些形制标准而制作复杂的细石器、简朴而原始的画作，以及个性十足的贝壳珠子，无不意味着至少在 7 万年前，现代智人已经拥有组织协调能力、抽象思维能力，以及爱美能力——自我意识的觉醒。

　　尖峰角和布隆伯斯的考古发现意义重大。因为从 700 万年前，我们的祖宗和它们最近的兄弟黑猩猩分道扬镳开始，到 16 万年前尖峰角的智人出现之前，我们人类都是陆地动物。这意味着，不光它们的食物来源要依赖陆地，它们的生存空间、思维方式、技术水平，也完全被限制在陆地之上。陆地主宰了祖先们的一切。此时的它们，要么看不到海洋的作用，要么眼睛看得到，心也想不到，手也够不到。

因此，尖峰角和布隆伯斯的考古发现，标志着人类在 16 万年前开始对海洋资源进行开发，意味着人类突破了大自然带给人类的最后的限制。从此以后，再也没有什么能阻挡智人崛起的步伐。

正是因为如此，它们在人类进化史上书写了非常重要的一页。

除了尖峰角和布隆伯斯，非洲其他地方的智人们也逐渐开窍了。南非克莱西斯河洞穴（Klasies River Caves）的智人们在 12 万年前学会了打猎、捕鱼、捞虾、做烧烤、摘花；西布度洞穴（Sibudu Cave）的智人们，在 7 万年前学会制作防蚊虫的席梦思、使用天然橡胶和设计陷阱，6 万年前，还学会了做鱼钩和骨针；豪伊森山口（Howieson's Poort Shelter）的智人们，差不多同时也学会了捕鱼。到了 7 万年前，随着非洲大陆气候好转，沙漠开始退却，南非与东非的屏障消失了，南非沿海地区智人的这些先进技术——珠子的打孔、赭石的切割、石器的热处理技术，又进一步随着人群的流动，在东非的肯尼亚、坦桑尼亚等地传播。

这时候的智人，不仅只是外表像我们今天的人，思维方式、行为模式也和我们今天无限接近。它们无疑已经具备了征服一切新旧大陆的智商和技术水平，自然也是时候冲出非洲、走向未来了。

小 结
祖宗们的不同命运

这一时期的剧情，可以说是整个人类进化大戏到此为止最精彩的部分，爱恨情仇，江湖争霸。虽然最后不免要朝着争霸的结局而去，但它们最初只是为了在风云变幻、波谲云诡的环境里存活下来，为此，它们才创造出了一种又一种高新科技，其中主要的高科技有两种，对应两种文化，一种是尼安德特人开启的莫斯特文化，一种是我们智人开启的石叶文化。

▲ 技术：开启一个新时代的硬核科技

旧石器的 3.0 版本，也就是代表旧石器中期最高技术水平的莫斯特文化（Mousterian culture），所呈现出的核心技术是预制石核技术，因为最早发现的采用该技术的石器出土于巴黎郊区的勒瓦卢瓦－佩雷（Levallois–Perret），所以又叫"Levallois technique"，中文习惯上叫作"勒瓦娄哇技术"。这个技术的创造者，一般认为是欧洲霸主尼安德特人。

预制石核技术比起前面的洛迈奎石器、奥杜威石器和阿舍利手斧来说，技术上又上了一个台阶。后三者虽然先进程度不同，杀伤力程度不同，需要的智商水平不同，但从工程学的角度来说，技法原理都一样，都叫"剥片技术（lithic reduction）"。剥片技术的具体步骤是拿一块石头去砸另一块石头。一锤子买卖砸出来的，是洛迈奎石器；选了下角度，多砸了几锤子的，是奥杜威石器；边砸边动脑筋思考，注意了对称性，并对边缘进行了细小的修正的，是阿舍利石器。

剥片技术是一种比较低级的技法，因为那些被敲掉的边边角角都是不要的废料，所以一块石头只能剥出一个工具，成品率低，浪费太多。而且，由于是石头敲石头，所以留下的片疤很厚，刃口呈锯齿状——不够锋利。

勒瓦娄哇技术就不同了，它要求在开砸之前，先对用来打石片的石核进行精心修理。修理后的石核看上去很像乌龟的背，扁扁的，带有一定的弧度——

别小看这个龟背，这可是一个可以批量打出很多石片工具的工具包。

相比以前一个石头只能做一个工具的剥片技术，勒瓦娄哇技术算是人类历史上第一次掌握批量生产技术，从而大大提高了石器生产的效率。所以，1千克燧石，用来制作奥杜威石器，大约只能打出8厘米的刃部；用来制作阿舍利手斧的刃部，可以打出35厘米的刃；而如果用勒瓦娄哇技术，可以打出一套刃部加起来超过80厘米的"高级瑞士军刀"。

除了资源高效利用，勒瓦娄哇技术还是一个特别反直觉的技术，需要经过很多的敲凿修整，才能剥下最终的刀片。所以，除非有米开朗琪罗的眼光——他老人家曾经说过，每件大理石都是一个灵魂被困住的天使，我不过就是把她释放出来而已——否则，必须要经过长期的训练。显然，这种需要长期的训练和复杂的学习才能掌握的技术，没有语言是无法实现的。而得益于前期充足而精心的预制石核工作，这些石片一掉下来，就天然带有较长而锋利的刃口，所以几乎不用再做任何修整，就可以拿来剥皮切肉，砍树钻孔。如果再多敲几下，全家老小就人手都能分到一把小石刀，男的可以拿去割肉，女的可以用来切菜。

不过石器技术不是尼安德特人唯一的厉害之处，在制造木器方面，它们也非常先进，已经知道借助火力来加工木器，这比南非尖峰角的智人用火加工石材还要早上几千年。这一证据，就体现在意大利托斯卡纳南部地区的波盖蒂维奇（Poggetti Vecchi）出土的距今17万年的50多根挖掘棒（digging sticks）上。

对史前人类，尤其是那些靠采集为生的人来说，挖掘棒也是吃饭的工具，直到今天，原始部落的人都得随手拿着这个。这种一头粗一头细，一头平一头尖的武器，长度不同，直径有差，用途也多种多样。穿刺，挑拨，挥舞，挖野菜，杀兔子，防身，防滑，拨火，烤串……基本上可以说是一棍多用，无所不能。等到了农业时代，这些棍棒更是摇身一变，变成了祖宗们播种翻土的工具——耒。只可惜，这个和石器一样重要的史前人类日常生活工具，由于本身难以保存，留到今天的少之又少。

时至今日，虽然这50多根挖掘棒大都已经断裂，但经过修复，还是可以看出它们的技术水平。所有木棍都比较直，且削掉了皮，并且做成一头尖一头平的形状，像石匠的钢钎。平的那头直径2.5~4厘米不等，用于手握，尖端部分直径 1.5 厘米左右，大概用于各种敲打刺探。虽然就生产工艺来说，这些挖掘棍不大可能比舍宁根矛更复杂，但它的用料十分讲究，50 多根挖掘棒里，有 47 根是用黄杨木做的。黄杨木，别名黄金树，因为长得慢，所以一棵黄杨，千金难换。长得慢的木材，质地都比较硬。可以想象，要从一棵黄杨木树上砍下树枝，再去掉细枝，刮去树皮，处理成一头尖一头平的形状，如果全程只用石头工具，无疑是十分劳民伤财的。因此，聪明的尼安德特人选择了用火来提高它们的生产效率。把树枝砍下来，放到火上烤一烤，掌握好火候，一个外焦里嫩的棍子就出来了，这时候，拿起石片，毫不费力地刮掉被烤焦的树皮就大功告成了。

会用火加工木器，说明尼安德特人已经对火十分了解。人工取火在这一时代，已经是一种非常普及的技术了。比起使用野火，人工用火进步得不是一星半点儿，从此，人类可以想吃什么就吃什么，想去哪儿就去哪儿，想要收拾谁就收拾谁。在迈向世界巅峰的路途上，人类又跨越了一大步。

虽然人工取火不是尼安德特人的独门绝技——这一时期的智人也会人工取火，而且，从时间地点来看，哥儿俩有可能是各自琢磨出来的，但尼安德特人有一种特别引人注目的取火技术。这种技术，就连以前对它们最客气、最高估它们智商的科学家也没有想到。毕竟会通过敲击燧石来人工取火，已经是非常了不起的进步了。

尼安德特人掌握高级取火技术的证据，是从法国西南的贝驰德拉泽（Pech-de-l'Azé）洞里找到的。2015 年，科学家在对这个洞里挖出的二氧化锰进行研究时发现，这些二氧化锰有刮擦使用的痕迹。

二氧化锰是一种黑色粉末，和赭石粉一样，既可以拿来做颜料画壁画，也可以拿来当化妆品抹身体。鉴于那个时代的祖宗们都喜欢往自己身上涂涂画画，所以一开始科学家以为，这些富含二氧化锰的石头，是尼安德特人拿来涂抹身体的化妆品、画壁画的颜料。但后来，他们推翻了这个想法。尼安德特人已经会用火，所以不管是做化妆品还是颜料，使用烧过的炭黑显然是更方便更经济的，收集这么多二氧化锰也不是一件轻松的事，没必要舍近求远，费力不讨好。考虑到石头上出现这样的擦痕多半会产生火星子，科学家们也客串了一把原始人，做起了人工取火的实验。取火的时候，分两组，一组放二氧化锰，一组啥也不放。结果发现，加了二氧化锰的那组，加热到250℃，就蹿出火苗了，而没有二氧化锰的那组，一直加热到350℃才出火。由此，科学家断定，这些二氧化锰不是别的，正是尼安德特人的取火宝器。

要知道，史前人类里面，会使用野火已经是前进了一大步，会人工取火，更是相当了不起了。而在人工取火里面，无论敲凿还是钻木的方式，都没有逃出物理的范畴。而尼安德特人，居然会用催化剂——化学手段来取火。可见其认知水平绝不能简单地用"蠢笨的穴居人"来概括。

与尼安德特人首创的勒瓦娄哇技术相辉映的，是智人创造的石叶技术。所谓石叶，指的是两侧平行或者近似平行，长度大于12毫米，有至少一条背脊的石器。抛开这个枯燥的定义，我们可以粗略地认为，石叶就是看上去形状像柳树叶子一样的石器。

石叶技术是旧石器时代打制工具的巅峰、集大成者。还是以1千克燧石为例，用来制作奥杜威石器，大约只能打出8厘米的刃部；用来制作阿舍利手斧的刃部，可以打出35厘米的刃；用勒瓦娄哇技术，可以打出一套刃部加起来超过80厘米的"高级瑞士军刀"；而用来打制石叶工具的话，可以得到总长达900厘米的刃部！毫不夸张地说，这几乎是把整个石头搓成一条麻绳在使用了。

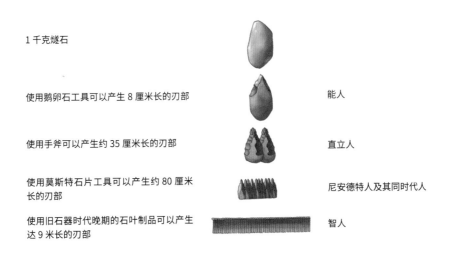

1千克燧石

使用鹅卵石工具可以产生8厘米长的刃部　　　　　能人

使用手斧可以产生约35厘米长的刃部　　　　　直立人

使用莫斯特石片工具可以产生约80厘米长的刃部　　　　尼安德特人及其同时代人

使用旧石器时代晚期的石叶制品可以产生达9米长的刃部　　　　智人

● 不同技术手法所能打造的刃部长度，从上到下依次是奥杜威技术、阿舍利技术、勒瓦娄哇技术以及石叶技术。

这么细小的工具，当然不能单独使用，事实上，它们都是用于各种复合型大杀器上面的，这些复合武器，不但形制古怪，而且锋利无比，杀伤力远非早期的武器可以比。所以，虽然早在50万年前的南非卡图遗址中，石叶技术已经初露端倪，但是直到大约5万年前，石叶技术才逐渐成熟并成为居家旅行必备。随着石叶技术的出现，旧石器时代的五项由低到高的技术水平——洛迈奎技术、奥杜威技术、阿舍利技术、勒瓦娄哇技术、石叶技术终于圆满完成。所以石叶技术的产生，意味着长达几百万年的、以打制石器为特征的旧石器时代达到了巅峰，再往前，就该进入以磨制工具为特征的新石器时代了。

不过，虽然旧石器时代是以打制石器为特征，但不同石器的打制工艺是迥然不同的。总的说来，可以分为初级的直接打击法和高阶的间接打击法两种。

初级的直接打击法又可细分为好几种，比如摔击法（throwing technique）、碰砧法（anvil technique）、锤击法（freehand technique）、砸击法（bipolar technique）等，几种手法各有特点，但不管哪一种，本质都是搬起石头砸另一块石头，硬碰硬。这样的砸法，只能进行非常粗放式的加工，工程质量完全没有保障，所以一方面废品率特别高，另一方面也没办法进行标准化精细化的生产，显然不可能搞得定石叶这种精细的产品。

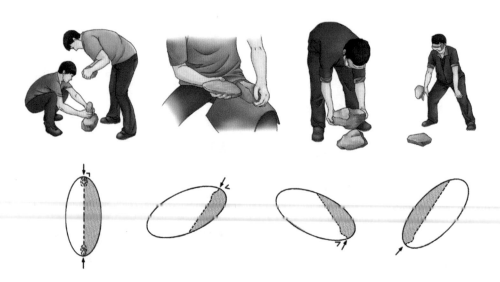

● 四种直接打制石器的手法，从左到右依次是砸击法、锤击法、碰砧法和摔击法。

要制作石叶，必须用到打制方法里面的最高阶手法——间接打击法。和直接打击法的硬碰硬不同，间接打击法需要借助辅助工具——一般是一头磨尖的木棒、骨棒或者鹿角，其中鹿角是最理想的，因为比起木棒和骨棒，它又硬又有韧性。打制的时候，一手握着鹿角，把磨尖的一头对准石料，另一手用石锤去锤打鹿角的另一头，便可把重力传递到石料上，剥落下石片。这个方法可以对一个很小的范围实施很大的力，所以，有利于对石器进行较为精细的加工，是生产石叶的必备技术。

但要制作石叶这种精细的武器，光有间接打击法还不够，还得用到预制石核技术和二次加工法。

预制石核技术是先去掉石料的边边角角，去掉那些凹凸不平的部分，把石料预制修整成可以打制石叶的石核，防止受力不均而砸出没用的碎片。但和勒瓦娄哇技术不同的是，制作石叶的石核，通常会被修整成圆锥形而不是龟背形，只有这样，才能剥下长条状的石叶。

● 下方的是修整好的石核，上方是从石核上剥下的石叶。石叶技术是打制石器的巅峰技术，标志着旧石器时期进入最后的阶段。

石核修整好以后，就可以动手剥下石叶了。坐在地上，两条腿把圆锥的底儿——专业术语叫"台面"，朝上夹住，一手拿着骨棒或者鹿角，把磨尖的那头以垂直（或者近乎垂直）于台面的角度，对准圆锥底靠近边缘的部分，另一手拿石头捶打骨棒或是鹿角的顶端。只要角度和力度到位，随着手起锤落，石头就会被剥下长长的一片。这一片看起来和树叶差不多的，就是石叶。

原始人每打下一片石叶，都会在石核上留下平直的棱。这些棱可以起到控制力的传导的作用，有助于后续顺利剥下平直的石叶。顺着棱的方向，把鹿角尖对准邻近的边缘，重复刚才的捶打动作，就可以继续不断地剥下石叶。如果手艺足够好，一块巴掌大小的石核，打三五十个石叶是没问题的。而这三五十个石叶，够做好几把复杂的"瑞士军刀"了。

一般说来，剥下的石叶只是中间产品，还要进行二次加工才行。二次加工的方法，是压制法。就是把打下来的石叶放在作为石砧的另一块石头上，然后用木棒或骨头的尖端对准两侧需要加工的部位，用手臂或胸部推压另一端，以

● 压制法中的指压法，通常用于二次加工，精细修整。

便把需要加工的地方修整得更加平直。

石叶技术是一种非常精细的石器制作技术，因此它带来的是石器品种的大爆发。从前，人类只能生产粗大笨重的砍砸器、尖状器、刮削器，有了石叶技术之后，石镞、弓箭、矛、针、钻孔器、冰凿、雕刻器、石刀、鱼叉、鱼标、投矛器、回旋镖等新式致命武器应运而生。

其他武器也就罢了，这个冰凿（burin），非常值得一提。

在没有磨制技术的旧石器时代，冰凿的作用相当于现代的机床，是加工骨角器必不可少的生产工具。有了它，就可以对圆柱状的鹿角、象牙、兽骨等进行细致的切割雕刻——把它们切割成标准的长条片状，再加工成带有倒刺的各种尖状武器，这种技术，就是传说中的钻槽分裂技术（groove and splinter）。将这些带倒刺的武器，用动物筋腱或是植物纤维，加上天然沥青或是动物油脂等

固定到长柄上之后，一个史前时代的致命武器就产生了。这类武器一旦刺入猎物身体，武器会自动从长柄脱落，长时间留在猎物体内。武器上的倒刺，就和放血专用的三棱锥一样，能妨碍凝血功能的发挥，从而造成致命的杀伤力。冰河世纪的猎人们，就是靠这样的大杀器放倒史前巨兽们的。

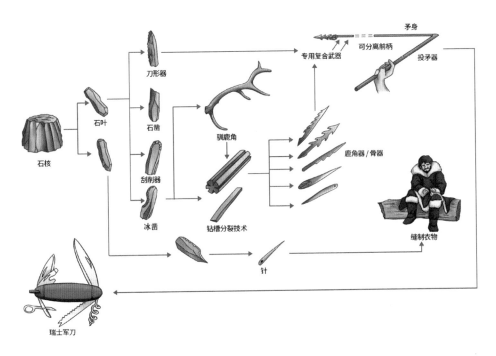

● 一块修整好的石核上可以打下的各种石叶武器示意图。

服饰：英雄大氅固然拉风，却不如贴身剪裁实用

说起来有点不好意思，一部大戏演到快要结束了，主角们才开始穿上衣服。这可是人类第一次为自己做衣裳。

从前的南猿和能人，浑身是毛，自然没有做衣服的必要。到了直立人这里，为了在马拉松比赛中跑赢其他动物，身上的毛也褪得没剩几根了，男男女女就只好都光着屁股。

开始它们还比较淳朴，不觉得光着屁股羞耻，反正你有的我也有。后来，

有些讲究人逐渐意识到这样好像不是很雅观，就开始在腰上别两片树叶。但腰里别树叶只解决了遮羞问题，保暖和舒适度的问题还是没有得到解决。

这种落后的生产力完全无法满足人民群众日益增长的对生活物资的要求。要知道生活在非洲的智人们，只需要考虑舒适度的问题，不穿衣服也就算了。但对于那些生活在亚欧大陆的尼安德特人和丹尼索瓦人来说，就没这么舒坦了。这么高的纬度，即便是温暖的间冰期，也罗衾不耐五更寒，何况光着腚。于是，解决大家的穿衣问题成了摆在每个人面前的头等大事。

某年某月的某一天，一些智者发现了一个显而易见却又令大伙儿无比震惊的事实：无论野马还是野牛，无论洞熊还是猛犸象，都长着厚厚的毛啊！这个惊人的发现一经公布，立刻就改变了史前人类的生活，提升了品质。光屁股的男男女女们，人手一件真皮大衣，还都是好皮。

但究竟祖宗们是什么时候穿上衣服的这个问题，学术界曾经有很多不同的看法。

一部分考古学家认为，穿衣服这么高级的事情，只能是我们智人才有的行为，尼安德特人是不可能有的，他们靠自带的两套发热系统保暖：一是疯狂吃肉，疯狂到连自己人都吃；二是皮糙肉厚毛多。另一部分考古学家则认为，尼安德特人在亚欧大陆生活了几十万年，会的东西也不少，没理由不会穿衣服。只不过它们又笨又不讲究，不管男女老少，都只会把兽皮一扒，直接披在自己身上当英雄大氅。所以，当它们蹲着的时候，看上去像只毛茸茸的洞熊。当它们拿着长矛追赶野兽的时候，兽皮披风随着北风呼啸而胀得鼓鼓的，看上去和披风大侠一样，威风凛凛。虽然不贴身，保暖性要大打折扣，但考虑到它们长得敦实，本身就耐寒，无肉不欢，所以，活下去是没问题的。

以前不穿衣服和只披英雄大氅的观点很有市场，一是因为一直以来，"尼安德特人"都是"蠢笨"的代名词，二是当时的考古学家认为，要有合身的衣服，必须得先有针和线。原始人用的线，不是筋腱，就是藤条。这俩都属于有机物，难以形成化石，所以不容易被发现是正常的。但是，针，不论是骨头做的还是石头磨的，应该不难发现。然而，考古学家们遍寻欧亚大陆，掘地三尺，也没发现尼安德特人有能把这些兽皮连缀起来的针。所以，很长一段时间里，考古学家们都认为尼安德特人是一群不穿衣服或者说不正经穿衣服的人。

但随着考古发现越来越多，考古学家慢慢意识到，一个能在极端条件下存活几十万年，成功度过那么多酷寒的冰期，有着比我们脑容量还大的脑袋的人，不可能是笨蛋。于是，这些冷静下来的考古学家，成了第三派观点的持有者。

这一派认为，不穿衣服的人，不能叫人，不保暖的衣服，也不能叫衣服。一个脑容量高达1736毫升的祖宗，不可能不会做衣服。没找到针有什么关系，不是找到钻了吗？没找到剪刀又有什么要紧，它们的勒瓦娄哇技术打出来的石刀，锋利得都可以拿去做手术刀了。至于线，那东西虽然从来没有被发现过，但这简直是最简单的了。最基本的，可以用石刀把兽皮裁成细条，天然的毛线啊。做一件化纤材料的衣服可能很难，但做一件里衬、外面、缝线都是兽皮的衣服，有什么难的呢？

● 德国斯图加特自然博物馆展示的尼安德特人举行葬礼场景，男女老少人手一件珍稀动物身上剥下来的真皮大衣。

最后，有了衣服，还能没有鞋吗？长期在冰天雪地里跋涉的人，没有一双温暖厚实的皮鞋，怎么行？它们都懂得使用化学手段取火，做双鞋子又有什么难的？

这一派的观点越来越为学者们所认可。因为以尼安德特人的标准身高体重计算，当它们睡觉的时候，男的每小时要消耗 79 千卡的能量，女的要消耗 66 千卡。因此，如果不穿衣服直接睡在地上，即使只是微风轻拂，也得需要 30℃以上的温度才能维持身体所需的热量。反过来，如果有猛犸象皮之类的兽皮衣服的保护，男的可以在低于 –10℃的环境中睡觉，女的也可以忍受 –5℃的低温。但即便在 12 万年前，欧洲处于最温暖的埃姆间冰期时，七月份德国的平均气温不过才 17℃，一月份更是接近冰点。所以，哪怕是在最温暖的间冰期，尼安德特人也面临巨大的热量损失的问题，到了冰期，更不用说了，少穿一件都会被冻死。既然它们成功地度过了这么多冰期，它们必须会做衣服，还必须会做那种比英雄大氅更高级的、贴身剪裁的、可以系紧的衣服。而且，鉴于寒从脚下生，而它们没被冻死，它们一定还会做十分保暖的靴子。

这派观点，如果放在 20 年前，大概是要被笑死的。不过，随着考古发现的逐步增多，考古学家们对尼安德特人的智商有了全新的认识。所以，他们的观点越来越为主流所认可。事实上，做衣服已经不算什么新鲜事儿了，这些尼安德特人，还会做首饰呢！在克罗地亚、法国、意大利、西班牙等地发现的上古首饰，就充分证明尼安德特人的内心，比一般人想象的要丰富得多。

今天说到时尚，一般人怎么也不会想到克罗地亚，但曾经的克罗地亚，绝对是走在时尚的最前沿。13 万年前，正是居住在克罗地亚克拉皮纳（Krapina）遗址里的尼安德特人，学会了用白尾海雕的鹰爪做项链来戴。

考古学家在克拉皮纳遗址里，发现

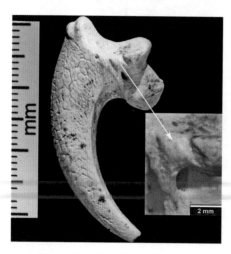

● 克罗地亚尼安德特人的霸气鹰爪吊坠，总共七八枚，有佩戴的痕迹。

了8块来自3只不同的白尾海雕的鹰爪骨。这些骨头都有被加工和使用的痕迹，包括石片的刻痕、使用过程中的磨损（磨光）和与酸性物质（比如汗液）接触过的痕迹。所以，这些骨头一定是用绳子绑起来挂在身上的，要么挂在耳朵上，要么挂在脖子上，要么挂在手臂上。

● 鹰爪吊坠项链的原料来源——白尾海雕。

白尾海雕是类好鸟，虽然主要吃鱼，但也吃野鸭、大雁、天鹅、雉鸡、鼠类、野兔、狍子，以及各种腐肉，翅膀展开时可达2米，妥妥的大型猛禽。鸟虽然是好鸟，但爪子不太好，不能吃，没肉，拿来做工具，也不合适。一是太小，不好抓握；二是没有刃部，没法切割；三是数量有限，没法批量生产。毕竟那时候，弯弓还没发明，大雕不是那么好射的。

考古学家们推测，这些尼安德特人之所以把没有实际用途的鹰爪拿来当饰物，大约是觉得白尾海雕是猛禽，能把猛禽的爪子切下来戴在自己身上，才算拉风。千万不要低估这一行为的深远意义，往小了说，这是它们自我意识的觉醒，往大了说，这是它们脱离低级趣味的表现。因为一个人越是简单，就越是关注吃喝拉撒睡，只有思想足够高级复杂，才会关注诗和远方，关注那些没有实际用途的东西。

尼安德特人佩戴首饰的行为，并非只是13万年前的克罗地亚才有。9万年前的法国寇比格纳尔（Combe-Grenal）遗址、5万多年前的莱斯非尤科斯（Les Fieux）遗址、5万年前的意大利北部的里克赛克洞（Rio Secco Cave）和莱茵河谷的曼德琳洞（Mandrin Cave）都发现有用金雕的爪子做首饰的证据。把这个时尚继续向前推进了一步的，是4.4万年前意大利托斯卡纳地区的富马内洞（Grotta di Fumane）的尼安德特人。比起没什么美感的爪子，这里的尼安德特人更青睐色彩鲜艳的羽毛和五颜六色的贝壳。这些贝壳，全都来自100千米之外的海边。原料难得，自然要好好加工，用纯天然的赭石染得红红的，戴着才好看。可见，意大利这个时尚大牌林立的国度，对美的欣赏和对工艺的追求，是有着深厚历史底蕴的。

不同于法国、克罗地亚和意大利的个性鹰爪羽毛风，西班牙的尼安德特人生活得更为热情奔放。而且，比起那些只知道打扮自己的法国、意大利的尼安德特人，西班牙的尼安德特人把对生活品质的追求，还进一步扩展到了室内装潢之上。所以，11万—12万年前，西班牙东南部的艾维纳斯洞穴（Cave of Los Aviones）的尼安德特人，喜欢往身上挂五颜六色的贝壳，无论是跳弗拉明戈，还是斗牛，都佩环叮当，牛气十足。6.6万年前，西部马特维索（Maltravieso）洞穴里，出现了人类历史上第一个红色手印。这是个非常现代的创作过程，是由艺术家口含颜料，手按墙壁，喷涂上去的。6.5万年前，南部马拉加附近的阿达莱斯（Ardales）洞穴里，像窗帘一样密密麻麻的石钟乳则被染上了醒目的红色，很像洞房。6.4万年前，北部拉帕西耶卡（La Pasiega）洞穴的尼安德特人，在石柱林立的洞穴壁上，用赭石描绘出了梯子的形状，不知道是不是怀着对生活越来越好的期望。

虽然至今考古学家还不知道它们是出于什么样的目的，画出这些令人啧啧称奇的作品，但是起码他们认识到了，从前那种认为尼安德特人愚蠢的想法，是多么愚蠢。不夸张地说，这帮尼安德特人如果真的存活下来，今天，先发明宇宙飞船实现登月的，恐怕未必是我们智人了。

会说话、会制作复杂的石器、会向海洋要饭吃、会制作衣服和首饰、会搞装潢、懂得安葬死人、有更大的交换范围，都代表着更加高级和复杂的认知能力。这些复杂高级的认知能力支配下的各种表现，呈现出行为现代性。行为现代性不是如从前的考古学家所说的那样是在5万年前突然出现的，16.4万年前尖峰角的智人们，已经充分展现出了这些特点。行为现代性也不仅仅是我们智人才具有的，这一时期的尼安德特人、丹尼索瓦人，都或多或少地展示出了行为的现代性。

问题是，为什么行为现代性不早不晚，刚好会在旧石器时代中晚期开始出现呢？

考古学家们认为，这主要是因为这一时期行为现代性产生的三个重要前提已经具备。

首先，这一时期的人类具备了高级的认知能力。

行为现代性的出现，离不开大脑的进化。人与其他灵长类动物一个显著的区别在于，人在进化过程中，前额叶（prefrontal cortex）在不断地增大。

前额叶是大脑的前部区域，恰好位于额头的后方。这可是个好东西，在大脑中的角色相当于大内总管，主管一切信息的接收、统筹规划、分配决策工作。人之所以有能力进行复杂的社会交往和沟通，就在于这部分功能极其发达。一旦这部分受损，记忆和思考能力就会下降，反应速度也跟不上，而且，还会缺乏变通的能力。

人类在进化过程中，大脑不断地增大，前额从往后倾斜到变得天庭饱满，多半都是前额叶增大的功劳。而我们智人身上冲动、竞争、打斗等"兽性"能够逐渐减弱，合作、协同、交换等"人性"能够不断增加，认知能力能够不断增强，也多和它的增大有关。

无论是30万年前的依罗人天庭饱满、额头垂直的长相，还是尼安德特人高达1736毫升的脑容量，都是前额叶不断增大的证据。因此，它们能够在非常短的时间里，适应不同的生活环境，制造出极为复杂精细的工具，发展远程贸易，实现跨境交流，并不奇怪。

许多动物都能适应变化多端且充满挑战的环境，但只有人类才能在如此广泛的环境中生存，从大草原到热带雨林，从炎热的沙漠到冰冻的苔原。我们之所以可以这样，不是因为我们像猛兽那样有尖牙利爪，而是因为我们是可以过集体组织生活的社会动物，因为我们具备合作和互相学习的能力。

其次，这一时期的人类选择的狩猎的生活方式，有利于促进行为现代性的产生。

从前的人类，世世代代的主要食物来源都是树皮草根、时令水果，祖上十代吃什么，现在还吃什么。哪个季节吃什么东西，基本上是固定的，一目了然。树皮、草根、野果、蔬菜不用说了，没有特殊情况，它们永远一动不动地站在那里，等你来。可是当你选择了狩猎这种生活方式时，一切就不同了。那些肉嫩肥美的野味永远也不可能一动不动地站在那里，等你来。必须得动一番脑筋，才能找到它们的出没规律，也必须要再动一番脑筋，才能捉住它们。

显然，合作是必不可少的策略。毕竟，要杀死猛犸象、披毛犀、洞熊这种史前巨无霸，单打独斗毫无胜算，没有严谨周密的计划，也很难成功。在狩猎过程中，不可避免地需要传帮带。老一辈的需要把寻找原料、制作工具、成功狩猎、逃避危险的经验，一代代传给自己的后辈。这使得知识和技能可以代代相传，逐步积累，从而为人类现代性的诞生奠定坚实的文化基础。

再次，环境的不断变迁为行为现代性的产生提供了必要的客观条件。

乱世出英雄，动荡的岁月才能造就非凡的人才。人，不管是现代人还是原始人，不逼一下，潜力都不会出来。当冰期来临的时候，那些惯常出现的食物，可能会不再出现，从前可以安眠的地方，也不再温暖。如果不改变思想，成天还想着按照从前的套路生活，最后的结局，只有死路一条。

反过来，如果能够放弃成见，打开视野，与时俱进，就会发现，这里也许并不是真的没有资源，不过只是没有熟悉的资源。或者，这里可能没有资源，但树挪死，人挪活，动起来总能发现点儿什么。

危机危机，有危才有机。在危险面前，不因循守旧，能解放思想，放开手脚，看到的将不是世界的尽头，而是新世界的开端。这就是一个时代的转变。时代不同了，思想和行为也得变。不思进取、不懂得变通的人，一定会被淘汰。与时俱进、懂得创新的人，才能适应新的时代。

◢ 走出非洲：我们的征途，是星辰大海

从目前发现的考古证据推测，人类演化历史上有据可考的走出非洲，起码有3次。

第一次走出非洲，是在180万年前，主角是直立人。它们最远到达东亚、南亚以及西亚。我们中国境内的元谋人、蓝田人、南京人、金牛山人，印尼境内的爪哇人，格鲁吉亚境内的德玛尼斯人等，有可能便是这次走出非洲的直立人的后代。

第二次走出非洲，是在80万年前。这次的主角，也许是先驱人，也许是海德堡人。它们在欧亚大陆演化出了尼安德特人和丹尼索瓦人，并在很长时间

内，占据了整个欧亚大陆。

第三次便是 30 万年前到五六万年前，这次的主角，是我们智人。他们和潮水一样涌出非洲以后，把盘踞在亚欧大陆的其他古人们逐一消灭或是吸收，并最终统治了整个地球。

近年来，随着对弗洛勒斯人的研究不断深入，以及陕西上陈遗址的发现，一些考古学家们提出，在直立人之前，可能还有一批古老人种——极有可能是能人，曾经走出过非洲。

之所以在人类漫长的历史上，只有这寥寥可数的走出非洲的行为，一方面和年代久远证据湮灭有关，另一方面则和地理条件有关——从非洲的大部分地方前往其他大陆，必须经过撒哈拉大沙漠，而绝大多数时候，这是一道无法逾越的障碍。除非当地球处于合适的轨道上，在太阳辐射、洋流等的影响下，来自西非太平洋上湿润的海洋季风吹到撒哈拉地区，给那里带去充沛的降水，从而形成丰富的植被、河流和湖泊，将不毛之地的撒哈拉沙漠变成绿草茵茵的撒哈拉草原，一直延伸到阿拉伯地区。

动物逐水草而居，人类又追随动物的步伐，在这样的环境下，很自然地，人们就从非洲走到了亚洲和欧洲。但人类的迁徙和打仗不同，不是冲锋号一响，大伙儿就一拥而上，而是像大河向东流，后浪推着前浪，前浪推着更前浪，一浪一浪地涌出去的。所以，虽然我们今天的智人都是六七万年以前从非洲走出来的那批智人的后代，但目前通过考古证据发现的，是智人大规模走出非洲至少分了 3 批。

第一批是在大约 30 万年前。这次迁徙的证据是德国的一个尼安德特人的基因显示，在 27 万年前有来自智人的基因贡献。第二批是在 13 万—10 万年前。这次迁徙的原因，不是什么智人扩张、帝国崛起，也不是什么突发奇想，而是和前面所说的 19 万年前开始的气候巨变有关。那次气候巨变，让撒哈拉地区变成了不毛之地，先前生活在这里的智人纷纷被逼到了世界的犄角旮旯。创造了尖峰角布隆伯斯洞穴奇迹的就是这些难民中的一小支人。到了 13 万年前，气候逐渐转暖，撒哈拉沙漠重新变成绿洲，于是，冰期中被困在东非的一小支人，跟着动物迁徙的脚步，穿过撒哈拉绿洲，经过西奈半岛，来到了西亚的黎凡特走廊。这次的出走，留下的证据有阿联酋的杰贝尔法雅（Jebel Faya）出土的距今12.5万年的手斧、石叶、刮削器等工具，以色列拿撒勒的卡夫泽洞穴（Qafzeh Cave）和斯虎尔（Es Skhul）出土的距今10万年的工具和骸骨，中国湖南道县福岩洞出土的距今12万—8万年的47枚牙齿。

不同的是，前几次出走的祖宗，几乎都是通过西奈半岛进入黎凡特地区，再向四面八方分散的，但到了智人这会儿，黎凡特不算是一个很友善的地方。因为黎凡特那里有欧洲雄主尼安德特人坐镇，直接从非洲走过去，只有两个结果：要么就此安顿下来，过上幸福的生活；要么被当成大肉，就地被打死。不管哪种情况，都可能与亚洲无缘。所以，考古学家认为，到达亚洲的智人，很可能是从曼德海峡那里横渡到阿拉伯半岛，然后沿着阿拉伯半岛的南沿，顺着海岸线，绕过尼安德特人进入南亚。

虽然避开了黎凡特的尼安德特人，但在前往遥远的东方的旅程中，我们的智人祖宗还是遇到了小股尼安德特人、丹尼索瓦人、弗洛勒斯人，以及其他不知名的古人。这是一趟悲喜交加的旅程，有惨不忍睹的仇杀，也有流芳百世的爱情。也许是霸王硬上弓，也许是郎有情妾有意，不管是哪种方式，反正，这一阶段诞生了一些混血宝宝。

可惜的是，绿色撒哈拉到了10万年前再度无情地关闭，所以此次偶遇的规模也并不大，它们的后代也在很短的时间里都相继灭绝——也许是自然消亡，也许是被第三批出走的智人给整体取代了。不论哪种情况，都足以说明这是一次失败的出走。这次失败，从一定程度上说明，这一阶段的智人尚不是尼安德特人的对手。

第三批是在7万—5万年前。三十年河东，三十年河西，昔日的霸主总有败落的一天，昔日的小可怜也有雄起的一刻。7万年前，整个非洲迎来了春天。充沛的雨水，适宜的温度，让横亘在非洲大陆核心要道的撒哈拉再次生机勃发。刚好那些在南非海岸线上吃饱穿暖的智人，人口增长得有点儿快，海滩上密密麻麻的贝类也无法满足它们日益增长的需求。于是，一部分人口带着它们的技术，在春天的召唤下，来到了东非。在这里，它们和几万年前分开的兄弟们再度融合。虽然人数不多，但足以让东非的人们学到它们先进的文化技术，为最后一次冲出非洲奠定基础。

这些南北交融的后代，正是今天所有非非洲人的祖先。和前人一样，它们的路线有两条，北伐或东进。北伐的，顺着尼罗河，途经西奈半岛，再进入黎凡特走廊。东进的，则在厄立特里亚那里跨过曼德海峡，经过阿拉伯半岛的南端来到印度。

到黎凡特走廊的北伐军，在这里稍作停留就通过安纳托利亚高原，在4.3万年前进入了西欧和南欧，创造了奥瑞纳文化（Aurignacian culture）。东进的部队则在抵达亚洲以后，又兵分两路，一路在6.5万年前到达了新几内亚和澳大利亚，一路则北上到了东亚和北亚。其中一支在4万年前到达了我们伟大祖国的首都北京，再一次落脚在五环以外的良乡，成为今天东亚人和美洲土著人的祖先——田园洞人。

此时的欧亚大陆，盘踞着我们的兄弟尼安德特人和丹尼索瓦人，因此，我们的直系祖宗们，在走向全球的过程中，也遇到了它们。于是三方再一次天雷勾动地火，谈了场跨越种族的恋爱。一位生活在4万年前的罗马尼亚年轻人欧斯2号（Oase 2）的DNA显示，其体内含有高达7.3%的尼安德特人基因，推测其第4—6代长辈是尼安德特人。虽然混血发生在东欧，但和这位有着尼安德特人大鼻头、大牙齿和智人圆脑袋的混血儿最亲的古人，却不是欧洲的克罗马农人，而是我们中国的田园洞人。这次的恋爱尽管持续时间和涉及人数依然不多，但相当成功，所以，今天全世界的人，除了非洲撒哈拉以南的土著居民以外，都或多或少带点儿尼安德特人的基因，亚洲人更是同时还带有丹尼索瓦人的基因。这种博爱对于我们智人来说是一件好事，因为这些尼安德特人和丹尼索瓦人在欧亚大陆生活已久，经过了长时间的自然筛选，具备了很多适应当地生活的优质基因，

● 4万年前的尼安德特人和智人的混血儿欧斯2号复原图。

因此，这些混种繁衍，客观上为走出非洲的智人祖宗们快速适应新世界的生活打下了良好的基因基础。

不过，博爱一向是祖宗们的特质，不矜持的，也绝不只是走出非洲的智人祖宗。那些留在非洲的智人，此刻也没闲着。今天有的非洲人体内携带 120 万年前分离出去的古人基因，有的还携带 70 万年前分离出去的古人基因。可见，跨越种族的爱恋并不是个别现象。

为了搞清楚我们人类起源、演化和迁徙的来龙去脉，2005 年，美国国家地理学会和 IBM 等机构合作启动了一个"寻根"项目——"基因地理工程（Genographic Project）"，对来自全球共计 75 万名男性和女性分别进行 Y 染色体和线粒体基因测序。

染色体是人体中承载遗传信息的载体，我们每个正常人的细胞内都有 23 对染色体，其中前 22 对是常染色体，无关乎性别，第 23 对的结构则与性别相关，所以叫性染色体。男人的性染色体为 XY，女人的为 XX。Y 染色体是父传子的，只有男人拥有。线粒体基因虽然男女都有，但只有女的可以通过卵细胞传给下一代，所以线粒体 DNA 在女性那里可以通过外婆传给母亲，再传给女儿，代代相传，而男人的线粒体至此一代，无法传给下一代。繁殖的过程也就是父母将自己的基因组合复制给孩子的过程，在这一过程中，虽然绝大部分孩子都忠实地复制父母的基因，但也有极个别的会跑偏——发生基因突变。因此，想要知道全世界任意两个男人的亲缘关系，可以通过分析他们 Y 染色体上的基因突变数目来实现。同理，想要知道任意两个女人最后的共祖，可以通过分析其线粒体 DNA 上的突变来实现。

"寻根"项目就是基于以上原理进行的。这项大约 75 万人参与的测试结果表明：今天全世界所有的男人，都来自大约 20 万年前的一位非洲男性，它因此被称为"Y 染色体亚当"；全世界所有的女性，都来自大约 15 万年前的一位非洲女性，它因而被称为"线粒体夏娃"。虽然被叫作"亚当""夏娃"，但两人并不是夫妇，只是说，和亚当同时代的所有男人的男性后裔都灭绝了，留下来的只有亚当的后代。同理，和夏娃同时代的所有女性的女性后裔都灭绝了，只剩下夏娃的女性后代。

　　根据对 Y 染色体和线粒体基因的测试，全世界的人被分为不同的单倍群，也就是在某个突变之下一群具有共同遗传特征的人。单倍群分别用字母 A—T 表示，最初设计的时候，字母越靠前，代表分离出去的时间越早，但由于每年都有很多新增加的测试者，最初建立的秩序和结构也在不断地发生变化。比如曾经以为 CF 单倍群是除了 A 和 B 以外所有人的祖先，但后来发现，DE 单倍群和 CF 单倍群是差不多同时分离出去的，二者算是兄弟关系。

　　A 单倍群以今天的布须曼人为代表，全部分布在非洲，主要在非洲南部的卡拉哈里沙漠，大约是在 20 万—10 万年前首先分离出去；B 单倍群也只在非洲，主要代表是非洲的俾格米人，主要分布在今天中部非洲的丛林里。

　　B 之后，第三个分离出去的是所有非洲以外的人的共祖——CF 集团和 DE 集团。CF 比较接近，DE 比较接近，但两大集团之间发现的不同突变点并不多，说明它们很可能是在非常短的时间内相继产生的。基因表明，全世界非洲以外的所有人，祖先都可以追溯到大约 7 万年前的两位男人，也就是 CF 集团的祖先和 DE 集团的祖先。

● 21 世纪的非洲布须曼人。

C 和 D 单倍群大约在 7 万年前走出非洲，它们沿着海岸线迁徙，进入了印度次大陆。在那里，C 单倍群兵分两路，一路向南，进入了印尼和澳大利亚，另一路则向东向北，踏入了中国的东部沿海直至东北部，阿尔泰语系民族有很多就属于这一支。一部分走得非常远的 C，后来进入了西伯利亚，跨过了白令海峡，进入美洲大陆，与单倍群 Q 一起构成了美洲印第安人的代表。与此同时，D 单倍群则进入了东亚腹地，并从这里开始往东迁徙，所以，今天在中国的青藏高原和日本列岛都有很高的比例。这些人在进入亚洲的时候，和曾经叱咤风云的丹尼索瓦人等古老人种的女性混血，所以今天太平洋岛国及澳大利亚的土著居民基因里含有的丹尼索瓦人及不知名古人的成分最高。

至于 E 单倍群，它们只是短暂地出走了一下，便又缩回了非洲。今天，这一群人的代表，是身材高大的非洲黑人——尼格罗人。

C 和 D 勇敢地跨出非洲之后没多久，F 单倍群也走出了非洲，它们在很长一段时间并没有发生分化，学者怀疑这说明 F 群体曾遭受了强烈的瓶颈效应，人口减少厉害。不过，它们在到达伊朗高原以后不久，就迅速地经历了进一步的分化，形成了 G、H、I、J、K 单倍群，这些单倍群，就是一般所说的欧罗巴人种。其中 G 主要分布在高加索地区，在今天的格鲁吉亚、亚美尼亚等国较为常见；H 主要分布在印度中南部；I 主要分布在欧洲，是欧洲最主要的单倍群，所谓的克罗马农人，主要便是 I 单倍群；J 主要分布在地中海四周和西亚地区，代表人群是所谓的阿拉伯人和犹太人的祖先——闪米特人，开启了最早的农业革命的新月地带的先民们，便是它们中的一支。

至于 K 单倍群，它们继续分化为 L、T、S、M、P、NO 等群体。其中 L 主要分布在印度河流域。曾经创造了辉煌的古印度文明的达罗毗荼人，大约就属于 L 群和更早的 C 单倍群的后代。T 返回到了东北非，在今天的索马里等地比较常见。S 和 M 则主要分布在新几内亚岛。

K 单倍群下的 P 单倍群最初分布在中亚，但很快，它们就分化为 Q 和 R 两大群体。Q 单倍群一路向东北，来到西伯利亚，一部分后来跨过白令海峡，成为美洲土著的代表之一。历史上，曾经困扰商周的鬼方，以及与秦汉为敌的匈奴，有可能就属于 Q 系。当 Q 系在中国大地上蓬勃发展的时候，R 则游荡在中

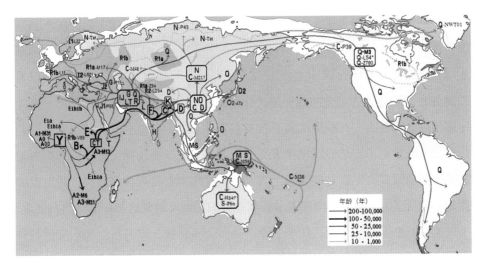

● 根据 Y 染色体基因测出的智人迁徙过程。

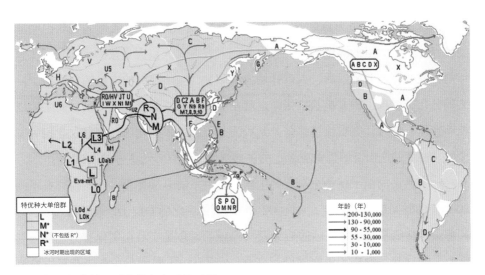

● 根据线粒体基因测出的智人迁徙过程。

亚广大的草原上，上万年过后，它们陆续开始了耸人听闻的大迁徙——当它们往南迁徙时，摧毁了由 L 集团的达罗毗荼人建立的古印度文明；往西迁徙时，摧毁了克里特岛上的古希腊文明；往西南方向迁徙时，摧毁了由 J 集团的闪米特人建立的两河流域文明。它们一波一波地往外涌，直到摧毁了罗马帝国，整个大迁徙才算消停。这个令人闻风丧胆的 R 集团，就是传说中的印欧民族。

NO 集团是和我们中国紧密相关的单倍群。这一集团从 F 分离出来之后，很快来到了东亚。在东亚，它们遇到了从前的 C 单倍群，开始了广泛的混血。大约在 3 万—4 万年前，NO 集团开始分化为 N 和 O。N 一路向北，进入中国东北境内，距今 6000—5000 年的红山文化，就是它们和从前的 C 单倍群，以及一部分北上的 O 系人创造的；仰韶文化早期的遗址里，也有它们的身影。今天中国境内的满族人，有很多也属于 N 单倍群。还有一些一直进入西伯利亚，并往西进入波罗的海东边，所以今天芬兰、爱沙尼亚、立陶宛、俄罗斯北部等地 N 单倍群也较多。尽管这些人看上去和 I 系的欧洲人没有任何区别，甚至皮肤更白，但从基因来看，它们和大多数东亚人的关系反而要比和其他欧洲人更近。

N 在一路向北的时候，O 则主要在亚洲大陆发展，成为东亚和东南亚黄种人最主要的类型，今天我们的汉族同胞就有大约 50% 属于 O 系单倍群。

这些主干型的分化，大都发生在末次冰盛期以前，且那时候的分化多为二叉形，比如 P 分裂为 Q 和 R，NO 分裂为 N 和 O，这种二叉形的分化说明冰期曾经造成了大量的隔绝现象及人口的瓶颈效应，人口大量减少。而到了 1 万年前，农业革命开始以后，人口开始大量增加，主干之下的支系随之发生了巨大的分化，出现了很多星状扩张，也就是突然出现了多个扩张支系。而之所以能够在新石器时代实现快速扩张，是因为与狩猎、采集相比，从事农业相对安全，且农业的产出能够提供更稳定的食物供给，足以养活更多的人口。

一个典型的例子就是主宰我们中国男人世系的 O 单倍群。O 单倍群在不到 2000 年的时间里就分化出了 O1、O2 和 O3 群体。之后 O1、O2 先行北上扩散，一部分和从前盘踞东北地区的 C 系及 N 系混合，创造了红山文化，另一部分和 Q 系人群一起，创造了中原的仰韶文化。今天 O1 主要分布在东部及东南沿海地区，在长江流域及以南的人群中占有相当比例。O2 在今天的苗、瑶等族中占有很高的比例，在仰韶文化晚期中也检测出了 O2 单倍群，因此，曾经创造了辉煌的仰韶文化、被大禹打得四处溃逃的三苗，有可能也是 O2 人群。O3 群体今天主要分布在中国的中部和北部地区，在汉族男子中占有绝对地位，而在龙山文化遗址中也检测出 O3 人群的存在，结合仰韶文化后来被龙山文化覆盖的考古发现，学者分析，这大概意味着 O3 系的人从黄河下游崛起，迅速扩张并取代了其他系的人。

因此，我们中国境内的人，就父系来看，大概是由分布在中原大地的 O 单倍群、东北部地区的 C 单倍群、青藏高原的 D 单倍群、北方地区的 N 单倍群，以及西北地区的 Q 单倍群构成。C 单倍群是最早走出非洲的一群人，新石器时代大汶口文化的主要创造者，以及后来把夏、商、周三代都折磨得不轻的东夷人，主要来自这一单倍群。D 单倍群主要分布在青藏高原，今天的藏民朋友有很多都属于 D 单倍群。N 单倍群虽然主要分布在北亚到北欧一带，西以芬兰乌戈尔人为代表，东以西伯利亚的土著为代表，但我国境内的满族人口中也有大量分布。

从母系来看，我们中国人主要由 M 和 N 两大单倍群构成，其中北方人 M 系较多，南方人 N 系较多。M 系主要是古老的亚洲人，大约和父系的 C、D 单倍群及更古老的旧石器时代的亚洲人相关，N 集团主要是和父系 NO 集团一起到来的新亚洲人。这些父系为 C 单倍群、D 单倍群、N 单倍群、O 单倍群，母系为 M 单倍群、N 单倍群的人，彼此之间曾经"铁骑突出刀枪鸣"，也曾"卿卿我我你侬我侬"。辉煌的中华文明，正是在这些人频繁的交流互动中被创造出来的。

必须要澄清的一点是，虽然通过单倍群的划分，可以看出全世界人民之间的亲缘关系，但这个不但对于今天普通人的生活影响微乎其微，对于历史研究来说其作用也不能夸大。一方面，单倍群所代表的亲缘关系，是非常疏远的。在城市化席卷全球的今天，对任何一个普通人来说，超出五代的亲戚，已然是非常遥远了，更不要说这些几千上万年前是一家子的亲戚了。对于一个国家来说，比起血统和种族，共同的民族文化，才是更加有机的联系。因此，一个从小在中国长大、接受中国式教育的美国人，和一个从小生活在美国、接受西方教育的中国人相比，前者显然更容易理解中国的文化，和一般的中国人交流起来也更加容易，反之亦然。另一方面，这些单倍群的划分和外表也毫无关系。全世界大多数地方在历史上要么流行一夫多妻，要么流行抢掠战败民族女性为妻妾，马前悬着战败方的男人头，马后坐着战败方的女人。抢回来的老婆，生育的孩子虽然父系基因和其他兄弟姐妹一样，但实际已经拥有一半的异族基因。如果儿子长大后和他老爹一样抢个异族老婆回来，这老爹的孙子就有了 75% 的异族血统。如此不断循环，导致民族的文化、语言虽然还是祖先的，但若干代后民族人口的血统、基因已发生很大改变。实际情况显然又要比这个复杂得多，所以，即便是现在能够检测出史前遗址中的基因情况，但仅凭那一鳞半爪，想要完整再现历史过程，显然是不可能的。

但不管怎样，我们的智人祖宗，就是在这样一边四处开花一边兼收并蓄的过程中，彻底取代了尼安德特人、丹尼索瓦人、纳莱迪人、弗洛勒斯人等所有的古人。人类进化大戏，最晚到 1.8 万年前，就只剩下了我们智人茕茕孑立。

而当我们智人在亚欧非站稳脚跟之后，我们渴望探索的，便不仅仅是脚下的热土——我们的征途，还有星辰大海。

PART 5

最后的胜利：通向文明之路

　　尽管我们智人没有鲸鱼那样庞大的身躯，没有在海里自在游弋的尾翼，尽管我们没有狮子的力量、速度和尖牙，尽管我们纵身一跃，离地不过一丈，但从来没有任何一种动物，可以像我们智人一样，把另一种动物驯化；没有任何一种动物，可以像我们智人一样，通过播种喜欢吃的植物，实现来年收获更多的期望；更没有任何一种动物，可以像我们智人一样，建立人类社会这样复杂的社会结构和关系，让庞大到以10亿计的人群，团结到国家或是宗教概念之下。

　　我们今天之所以有如此丰富的文化多样性和生物多样性，之所以能够创造出如此灿烂辉煌的文明，归根结底，都是托7万年前走出非洲的那批智人祖宗之福。正是他们以顽强的意志、智慧的头脑和健强的体魄，躲过无数次的天灾，成功地在一片新大陆上站稳了脚跟，才为我们今天的成功奠定了坚实的基础。在漫长的人类进化史上，他们既是第一位成功的开拓者，也是最后一位自由的攫取者。

第一场
一片美丽的新世界

　　冲出非洲的智人们，开始在一片美丽的新世界扎下根来并创造了灿烂的史前文明。法国奥瑞纳洞和北京的龙骨山，就是史前物质文明和精神文明建设的重镇。

　　奥瑞纳文化是现代智人进入尼安德特人领地之后发展起来的第一个文化。奥瑞纳的先民们进入欧洲的时候，是一个温暖的间冰期。他们大多喜欢住在各种天然豪宅之中。这些豪宅，虽然外表看上去不如卢浮宫和故宫那么庄严辉煌，夺人眼球，但进去之后，也是别有洞天。除了有为了应付生活的苟且而制造的大量的骨器、燧石工具，还有着更多的诗和远方。所以，奥瑞纳文化的重镇，都非常有艺术情调，不仅有栩栩如生的洞穴壁画，世界上最早的小雕像——狮子人，最早的裸体雕塑——霍赫勒·菲尔斯（Hohle Fels）的维纳斯，还有人类史上第一个乐器——骨笛，以及大量的猛犸象牙制成的小珠子等。

　　在奥瑞纳文化中，特别值得一提的是那个丰乳肥臀的维纳斯。古希腊的维纳斯雕像，虽然断了两只手，头、胳膊和腿脚还是全的，虽然曲线玲珑，但女性特征没有过分夸大，看上去大体还是个正常人。奥瑞纳文化所创造的史前维纳斯则要么没头没脸，要么没鼻子没眼睛，至于手脚，那根本就不重要，用几根小棍代替了事。一切重点，只在突出丰乳肥臀的女性气质。

　　这并不是个例，这样的维纳斯散见于整个欧亚大陆，时间跨度也从4万年前的奥瑞纳文化到1万多年前的马格德林文化，截止到今天，发现的总数已经超过100个。有的用象牙雕成，有的用石头雕成，有的用黏土捏成……材料多样，大小不同，但丰乳肥臀的气质一直拿捏得稳稳的。鉴于人都是越缺少什么越想要什么，考古学家们推测，这一时期的先民生活不太容易，这些丰乳肥臀的维纳斯展示的是一种史前常见的生殖崇拜，代表了先民们对温饱和丰收的强烈渴望。

除了钻研雕像，奥瑞纳的先民们还钻研音乐。那件精巧绝伦、上面钻有五个圆圆的指孔的骨笛，就是最好的证明。这是一件了不起的作品，不但展现了他们熟练高超的钻孔技术，还展示了他们的音乐细胞。五个指孔，意味着这个骨笛起码能吹出"宫商角徵羽"五个声调。而且骨笛并不仅仅代表他们有音乐细胞，因为有音乐就有舞蹈，有舞蹈就有社交，而社交的扩大，意味着家庭血缘关系的超越。

奥瑞纳先民并不是史上第一个会搞艺术创作的人群，比他们早几万年的尼安德特人已经会画洞穴壁画、制作首饰，但相比之下，尼安德特人的艺术只是一种粗劣的试探之作，一看就是原始人干的，奥瑞纳文化体现的则是一种相当成熟完美的艺术风格：所有的洞穴壁画都自然逼真而灵动，所有的雕刻都带有透视和阴影的色彩，看上去和现代的画作没有任何不同。因此，可以说，奥瑞纳文化体现的是一个史前艺术创新革命的集中大爆发。

和这种丰富成熟的奥瑞纳文化相映成趣的，是我们伟大祖国的山顶洞文化。

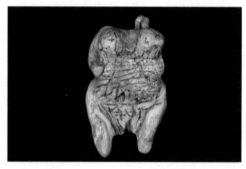

● 奥瑞纳先民创作的维纳斯雕像，不光断臂，还断腿。

● 奥瑞纳文化的五孔骨笛，可以吹《沧海一声笑》了。

● 奥瑞纳文化的兽牙螺壳项链，最长的挂中间。

● 山顶洞人狩猎场景想象图。这是继北京猿人之后又一波幸福的"北漂"。住大房子、穿真皮衣，与野兽共舞，天天都吃正宗野味烧烤。

山顶洞位于北京西南周口店，是一片有山、有水、有洞的风水宝地，六七十万年前，史上第一波北漂就在此地落脚，到了旧石器时代晚期的 1.8 万年前（一说 2.7 万年），我们智人祖宗发现了这片宝地，在第一批北漂的"楼上"居住了下来。因为楼层高，所以叫山顶洞人。山顶洞人遗址于 1930 年发现，1933 年和 1934 年两度发掘。遗址的文化内涵极其丰富，除了人类化石外，还有大量的石器、骨角器和装饰品。

山顶洞人的遗址分洞口、上室、下室和下窨四部分。上室是活人的居所，发现有婴儿头骨碎片、骨针、装饰品和少量石器，中央还有一大块灰烬。下室为葬地，发现三具完整的人头骨和一些躯干骨。下窨在下室最深处，发现了许多未经扰动的完整的兽骨架，包括熊、麂子、赤鹿、梅花鹿、鬣狗和羚羊等 30 余种，有可能是一个天然的陷阱。

山顶洞遗址发现的人骨骼化石，属于 8 个人，分别是 5 个成年人、1 个少年、1 个 5 岁小孩和 1 个婴儿。其中有一位面相很酷的爷，这位好汉虽然不像露西那样有个可爱的昵称，但几乎每一个读过初中的中国人都在课本上见过这位北京爷们的大头照——这就是著名的山顶洞人。作为六七万年前从非洲走出来的智人的后代，山顶洞人的祖宗顺着海岸线，直奔东亚。经过无数代人的艰苦奋斗，终于成功地当上了"北漂"，栖身在北京西南房山的一个山洞里。

虽然还是只能当猎人，但是山顶洞人的运气很好，赶上了温暖的间冰期，由于海平面上升，我国整个东部地区从渤海湾到珠江三角洲都发生了大规模的海侵，北京离海也没多远，因此，他们的豪宅里，不但堆满了果子狸、猎豹等热带和亚热带的山珍，还有来自黄海的纯天然无污染的海鲜。

这是一群懂得艰苦奋斗、珍惜资源的祖宗，在享受了山珍海味之后，它们把不能吃的皮、骨、壳也充分利用了起来。骨头拿来做骨针，皮毛拿来做衣服，贝壳和牙齿拿来做项链。遗址中除了25件石器外，还有经过磨制的鹿角和一枚长8.2厘米、针身微弯的骨针。这枚骨针，既有钻孔工艺，还有磨制工艺，是那个时期全世界最先进的生产力的代表。

除了生产工具和生活用品，山顶洞里还出土了140多件装饰品。这些装饰品做工十分精致，尤其是那些用于悬挂的带孔物件，都由双面对钻而成。双面钻孔是个新工艺，比单面钻孔的生产效率更高，做出来的东西也更美观。如此多的装饰品充分说明，史前北京人非常爱美，喜欢把美丽的东西往身上招呼。事实上，这一时期不光女人爱美，那些胸肌发达、胸毛浓密、满脸都是胡子的美髯公，也爱美。所以，他们脖子上也可能会挂着一圈动物牙齿项链。和女人脖子上那串由精致的贝壳、小石头和小鹿牙齿组成的项链不同，美髯公们戴的牙齿，全是从野猪、狼、果子狸、剑齿虎、中华鬣狗等动物的嘴里拔下来的，一颗颗又尖又长，白色中隐约泛着岁月的金黄，呈放射状排列，好像挂着一圈飞刀，杀气腾腾。

要知道，他们虽是猎人，可他们没有猎枪，虎口拔牙，可不仅仅是动嘴功夫。因此，这充分说明，他们虽没有猎枪，但依然是最优秀的猎人。

第二场
冰河世纪的猎人们

　　走出非洲的智人们，很快面临一个共同的问题——整个世界再一次进入了最为严寒的冰期，这就是通常所说的末次冰盛期（Last Glacial Maximum）。

　　末次冰盛期大概在 3.6 万年前就开始，到 2.6 万年前达到巅峰。1.9 万年前，冰川开始退却，斯堪的纳维亚的冰盖开始消融，但各地回暖的速度并不相同，比如南极的冰川，在大约 1.45 万年前才开始消融。

　　冰期给全球带来的影响是巨大的。首先是全球温度大幅下降，2.1 万年前，全球平均气温大概只有 9℃，比今天低 6℃。这个数字虽然看上去很小，但是事实上，全球温度每下降 1℃，就会摧毁一批动植物。此外，冰期还带来海平面的大幅降低和降水的大幅减少。盛冰期时的海平面，比今日要低 120 米左右。绝大部分地方十分干冷，一些地方，比如澳大利亚南部，降水减少 90% 以上。这给全球的生态系统带来了巨大的灾难，不光中高纬度地带沦为人间地狱，赤道周围地区，也未能逃过一劫。

　　在这些因素的综合影响下，整个地球的面貌与今日完全不同。今天只有11% 不到的陆地在冰雪之下，但冰期带来的冰川扩张让全球 25% 的陆地都被覆盖在茫茫冰雪之下。欧洲那里，北边的斯堪的纳维亚半岛在冰川之下；南边的阿尔卑斯山及周围地带也在冰川之下。人类的生存空间，被挤压到两者中间和地中海沿线的狭长地带。美洲这里也不轻松，北部被东西两大冰盖捂得严严实实，南端是干冷的沙漠，中部从前的热带雨林变成了稀树大草原，茂密的亚马孙雨林被稀树大草原从中间切开，分割成两小块。亚洲这里，北部虽然没有冰盖，但是植被已退化成草地、苔原，甚至是沙漠，东南亚的热带雨林斑斑点点，不再成片。非洲和大洋洲的情况同样不容乐观，除了极其个别的地方有林地，绝大部分地方不是稀树大草原就是沙漠。

　　这些变化给动植物的生存带来了极大的挑战。那些不能适应新环境的，统统被淘汰了。尼安德特人、丹尼索瓦人和弗洛勒斯人，就都在这个冰期的前后，离开了历史的舞台。今天在城市长大的现代人，要是回到那个残酷的时代，十有八九估计也是活不下去的。好在那时候的智人祖先，还没有享受过舒适的城市生活，超强的野外生存能力还没有退化。因此，这些冰河世纪的猎人，在冰天雪地之中顽强地存活了下来。

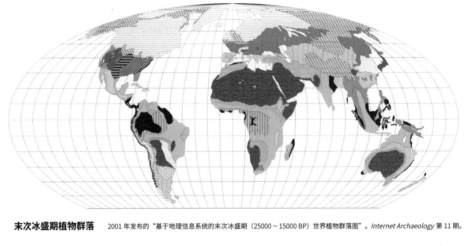

末次冰盛期植物群落　2001 年发布的"基于地理信息系统的末次冰盛期（25000～15000 BP）世界植物群落图"。*Internet Archaeology* 第 11 期。

热带雨林	热带草原	稀疏北方林地	温带沙漠	亚高山稀树草原
季雨林或干燥森林	热带极端沙漠	半干旱温带林地或灌丛	温带沙漠	干草原
热带林地	稀树草原	冻原	森林草原	温带草原
热带荆棘灌丛和灌丛林地	阔叶温带常绿林	草原冻原	山地丛林	主要针叶林带
热带半沙漠	山地热带森林	极地和高山沙漠	高山冻原	冰盖和其他永久性冰

● 末次冰盛期的地球植被分布示意图。大部分地方的日常是大风、酷寒、干燥、植被少。

▲ 欧洲的猎人们：我们会造象牙塔

冰河世纪的猎人们，要解决的棘手问题非常多，首要的就是住房问题。

他们的住宅大致可以分为三类。一类是露天营地。作为一个高度机动化又没有房车的流浪人群，必须要学会的一项生存技能，是给自己搭　个营地。这个营地并不复杂，就是一个用两三根木头撑起来并覆盖了兽皮的小窝棚，虽然不怎么保暖，但制作简单，也可以挡雨，在温暖的季节和年份里，住起来还是挺舒服的。唯一的缺憾就是，到了北风呼啸的寒冬时节，没办法抵御风寒。

所以，先民们还需要第二种类型的住宅——前面提到过的史前天然豪宅，即各种安全温暖的岩石庇护所和洞穴。这种豪宅不是随处都有的，整个欧洲，只有法国的西南部、德国的莱茵河沿线、西班牙的北部山区和南部沿海地区没有被冰川覆盖的河谷地带，才有这样的条件，像波兰、捷克、乌克兰等这些东欧国家，不是处在寒冷的冰河世界，就是处在寒冷的中高纬度，住在这里的人，眼前所及的，不是连绵起伏的草原，就是一望无际的大苔原，森林少，河谷少，洞穴岩壁也较少，缺乏拎包入住的条件。所以，这里的智人要活下去，就只能充分发挥主观能动性，甩开膀子自己建。

于是，这些东欧国家的史前人类，建造了史前人类的第三种房屋——象牙塔。从波兰、捷克到乌克兰，先民们用数不清的猛犸象的尸骨堆，建成了人类史上最奢华的住宅。其中一所位于乌克兰首都基辅附近一个叫梅兹里克（Mezhirich）的地方。这处距今 1.5 万年、占地面积 200 平方米的豪宅，是当之无愧的"史前豪宅中的战斗机"。

● 位于乌克兰基辅梅兹里克的"史前第一豪宅"，象牙做门，象腿做柱，象肋骨做屋顶，象皮做墙，是原料毫不掺假的象牙塔。

它的豪华，首先体现在材料方面。这些材料，来自 95 头猛犸象。其中，用作支撑结构的象牙就有 36 根。这些骨头，最轻的一块，重达 100 千克。不说上哪儿去猎取这么多的猛犸象，单说把这些材料拖回来，对于还不知道轮子为何物的史前人类来说，已经是一项劳民伤财的工程。但取材高级只是一方面，这座史前豪宅的建筑手法也非常新奇——全屋没有一颗钉子，没有一个榫卯，所有的象牙和象骨，采用的是乐高玩具的拼插式手法，一环套一环地镶嵌拼接起来的。这些结构经历了 1.5 万年，都变成化石了，还保持着原样。可想而知，今天开发商引以为傲的能抗八级地震的结构，在冰河世纪的猎人那里，只是起步要求。

当然，他们不是为了标新立异和抗震而修建这个房子的，虽然最终这个房子变成了智人史上第一豪宅，但他们的初衷却只是为了笑对风雪。不忘初心，方得始终。为了不忘象牙塔的保温性能这一初心，这些东欧国家的建筑工人，采用了一种纯天然无污染且保温性能极佳的环保材料——兽皮。而要住得舒适，就得里里外外都弄好，主体结构再新颖，外墙装饰再高级，室内要只是毛坯，也算不上什么豪宅，体现不出优越性。为此，这些东欧国家的开发商，给这个人类第一豪宅配置了来自 500 千米以外的琥珀，和用当时最高新的技术——冲压手法打制出来的各种工具。

解决了住房问题，就该解决吃饭问题了。人是铁饭是钢，一顿不吃饿得慌，再高级的房子，也不能拿来当饭吃。何况在当时，受大幅降温的影响，一方面采集业大大萎缩；另一方面，人们需要更多的高营养食品来补充能量御寒。所以，对于冰河世纪的猎人来说，吃饭和住房一样是个大问题。而要解决这个问题，除了吃肉，吃很多肉以外，也没有别的好办法。

所以，狩猎，是这一时期的第一生产力。虽然依然没有猎枪，没有猎狗，但好在经过祖祖辈辈的奔波，这一时期的猎人已经积累了大量关于动物生活习性和出没规律的知识，因地制宜地发展出了不同的策略。东欧的猎人采取的是抓大放小、重点击破的策略，重点进攻像猛犸象、披毛犀、剑齿虎、狼、洞熊和鹿之类的量少、皮厚、肉多的动物。这些动物，既有高脂高热的食材，又有绝佳的保暖服装面料，还有坚固结实的建筑材料，属于传说中的"一站式服务（One-stop solution）"，当然不能错过。这种抓大放小、重点击破的方案虽然集中高效，但对于居住在森林和河谷地带的西欧和南欧猎人来说有些不适用。因为猛犸象这种皮糙肉厚毛多的大型动物，不喜欢温暖的河谷地带，所以，必

● 冰河世纪的猎人们狩猎场景想象图。他们住象牙塔，穿猛犸象皮衣，吃猛犸象肉，做象牙鱼镖。

须采取大小通吃的狩猎策略，把兔子、狐狸这种个儿小、肉少、数量多、抓捕起来不危险的动物提上议事日程，才能保证衣食无忧。

　　在这种迎难而上、勇于创新的大无畏精神的鼓舞下，冰河世纪的先民们成就斐然：在欧洲先后有格拉维特文化（Gravettian culture）、梭鲁特文化（Solutrean culture）和马格德林文化（Magdalenian culture）；在亚洲，有仙人洞文化和凯巴拉文化（Kebaran culture）；在美洲，则有克洛维斯文化（Clovis culture）。

　　格拉维特文化的时间大约是 2.7 万—2.1 万年前。因为气候严寒，他们和早期的尼安德特人一样是欧洲的顶级猎人，不过，比起尼安德特人，他们在技术上更加先进，一方面拥有像钝背小刀、细小矛尖和回旋镖等大量的新式武器，另一方面还采用更加灵活机动的狩猎策略。和奥瑞纳文化的先民一样，格拉维特的先民们也特别喜欢制作雕像，包括大量的维纳斯雕像。这些雕像，除了用传统的象牙和石头制作，还有黏土制作的。这是人类历史上有据可考的第一次用黏土做东西。不过，格拉维特的先民虽然实现了零的突破，但他们还没有充分意识到黏土的巨大作用，不知道用其制作生活用具，所以无论是他们，还是后继者，都未能发明陶器。

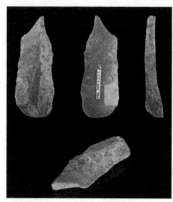
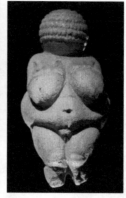
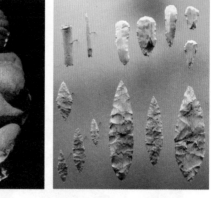

● 格拉维特文化的冰凿。　　● 格拉维特文化的维　● 梭鲁特文化的石叶武器。
纳斯雕像。

　　格拉维特文化大约在 2.2 万年前为梭鲁特文化取代。梭鲁特文化的最大特点，是把压制技术运用到了炉火纯青的地步。得益于这一技术，梭鲁特人可以创造出薄如蝉翼的柳叶形尖状器、箭头、矛尖等远程武器。这些大杀器，器型规整，边缘有细小的波浪纹。别小看这些波浪纹，它们的作用和三棱锥的棱是一样的，一旦刺中，很难止血，拔出来还能撕下一大坨瘦肉，史前的各种大型动物，就是在这些不起眼的致命武器的攻击下，成为了先民们舌尖上的美味的。

　　梭鲁特先民们除了是武器专家，还是一群浑身充满艺术细胞的艺术家。有

● 阿尔塔米拉洞穴的绘画场面景象图。

着"史前西斯廷教堂"美誉的西班牙阿尔塔米拉（Altamira）洞穴里，就留下了他们的旷世杰作。那些动感十足的野牛、野羊和野鹿，比起尼安德特人和7万年前的智人的画作，就好像大师毕加索和"手残星人"的区别。

1.7万年前，梭鲁特文化也逐渐消失了，随之而起的，是马格德林文化。马格德林先民们的艺术细胞比起梭鲁特先民来说更加先进，因为他们直接把艺术融入了武器制作之中。这群对石器不大感冒的人，把各种骨器发挥到了极致：用象牙制作带倒刺的鱼镖、带棘的矛，在象牙武器上雕刻猛犸象和洞熊；用鹿角制作驯鹿状手柄的飞镖，并在上面刻画出一幅完整的画。画里有马，有野牛，甚至还有一条蛇正在咬一个不穿衣服的男人。这幅画为考古学家们判断他们的生活条件提供了强有力的证据，因为蛇一般出现在温暖的地方，马格德林的先民能够见到蛇，说明这一时期的气候已经开始从冰期的阴影中慢慢走出，逐渐温暖起来。

马格德林文化遗址分布范围十分广泛，除了位于法国多尔多涅省的马格德林岩石庇护所（Magdalene Shelter），最著名的当属有"史前卢浮宫"之称的法国西南部的拉斯科斯（Lascaux）洞穴和延续至当时的"史前西斯廷教堂"的西班牙阿尔塔米拉洞穴了。这两个洞穴深处的墙壁上，满是受伤的野牛、动感的小鹿、奔腾的野马、霸气的猛犸象和高傲的犀牛。虽然他们到底因何而画下这些栩栩如生的动物已经不得而知，但这些遗留至今的工具、画作、雕塑，都给我们展示了早期先民们丰富的内心世界。这丰富的内心世界所展示出来的象征性表达，和他们所造的高精尖工具一样，作为文化的一部分，经由他们的子孙后代，代代相传，直到我们今天。

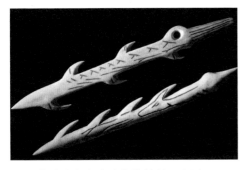

● 马格德林文化遗址中带倒刺、有图案的鱼镖。

● 马格德林文化遗址中既可以制作矛，又可以当投矛器的多功能工具兼武器。

◢ 亚洲的猎人们：我们爱吃米饭，会做陶罐

继山顶洞人之后，我们伟大的祖国又出现了仙人洞文化。

仙人洞位于江西上饶。这个地方，无论过去还是现在，都既有山地，又有
湖泊，物种丰富，气候温暖，所以无论是
对于史前人类还是 21 世纪的新新人类，都
有着巨大的吸引力。

仙人洞的居民和山顶洞人一样，过着
采集和渔猎的生活。为了充分利用当地多
样化的自然资源，他们制造出了大量的工
具，包括锥、针、蚌刀、鱼镖和镞等打制
石器，以及磨制石器、穿孔的骨角器等。
而让他们名垂青史的，主要有两点：一是
他们发明了世界上最早的陶器，二是他们

● 仙人洞遗址中出土的绳纹深腹陶罐，距今大约 2 万年，被誉为 "天下第一陶"。

● 仙人洞遗址的外观。

是目前发现的世界最早的采集野生稻谷的人。

仙人洞的陶器发现之前，考古学家们一直以为，陶器是在农业革命和定居生活以后才被人们发明出来的。这个"天下第一陶"表明，在2万年前，比农业革命和定居生活早了1万年，陶器就出现了。陶器的出现，意味着人们在继石头、木头、骨头以外，将随处可见的泥土纳入工具原料之中，因而标志着先民们认识自然、改造自然的能力上升到了一个新的阶段。尽管那时候的陶器粗糙原始，还会渗水，但毕竟这是继人类学会用火以来，第二次学会利用化学来改变物体属性的伟大发明。而且，到人类进入铁器时代以前，陶器都是最重要的日常生活用具，无论是蒸煮，还是存储，都离不开它。所以，陶器的出现，有着怎么强调都不过分的重要意义。

至于采集野生水稻，虽然离人工栽培还有点儿距离，但毕竟是人工栽培水稻的第一步。因为没有早期的采集活动，就不可能积累下关于水稻的知识，没有这些知识，就算农业革命的机会来临，他们也抓不住。仙人洞出土的石镰、石磨和碳化的野生稻种子，说明水稻已经成为它们重要的食物来源之一。

● 仙人洞遗址的内部。

基于以上两个原因，尽管仙人洞遗址规模不大，但其重要性是无论如何都不容小觑的。

当仙人洞的先民们在享受最后的自由生活的时候，西亚的先民们也正过着同样无拘无束的生活。典型代表是公元前2万—1.6万年的以色列海法附近的凯巴拉居民，即后来的闪米特人的祖先。

凯巴拉遗址的居民们，是正宗的吃货。为了吃，他们过上了人类历史上最早的半定居生活。冬天，他们会下到暖和的河谷地带，住在洞穴里。夏天，他们就去高一点儿的地方，散布到山林里。这一方面是为了冬暖夏凉，另一方面也是追随食物的脚步——他们狩猎的对象多为鹿和山羊。

由于居住的环境非常多元化，有树林，有草地，还有河谷地带，为了充分利用这种多样化环境里的多种食物，他们制作了大量的细石器。细石器是在石叶技术的基础上发展出来的，长度一般在2～3厘米。细石器工具有石镞、小石刀、石片、石钻、刮削器、弓箭、石镰等，还可以镶嵌在骨梗、木柄上做复合工具使用。基本上，铁器能够完成的割、砍、凿、铲、拨、插、掷、射、劈等动作，都可以通过各种细石器技术完成。而后世的石器工具形制有很多不同，也都是在细石器的基础上发展起来的。凯巴拉居民的工具套装里，还发现了石臼和石杵，后期还有石磨，这些都属于研磨工具。有研磨工具，是因为他们采集的食物里，有需要脱皮的种类，这就是野生的麦子。采集野生小麦，和采集野生稻一样，是农业兴起的第一步。

除了采集野生禾谷植物，凯巴拉居民的另一个厉害之处，是驯化狗和圈养山羊。圈养不同于驯化，因为圈养只是把动物圈在一个空间之内，而驯化是选择性地培育，让野生的动物失去某些野性，变得更加依赖人。但圈养可以看作是一种特殊的食物保鲜技术。尤其是夏天，打到的猎物比较多，如果一口气都杀了，吃不完的就烂掉了，倒不如先留个活口，等到打不着动物的时候再杀了吃，省得让大伙儿不是撑死就是饿死。在圈养的过程中，那些性情温和、有组织、有纪律的动物，比如绵羊和山羊等，就慢慢被驯化了。农业革命之所以能够产生，就在于先民们在长期的采集和狩猎过程中，积累了大量的对植物生长习性和动物生活习性的知识。

▲ 美洲的猎人们：我们爱吃猛犸象

3 万多年前，一批到达东亚的智人，单倍群为 C 的那些古老亚洲人，北上到了西伯利亚。后来，从 P 单倍群分化出来的 Q 单倍群的人，也从阿尔泰山那里，往东北方向移动。这些人到了西伯利亚的东边，在冰天雪地里坚强地存活下来。

2.6 万—1.8 万年前，西伯利亚和阿拉斯加之间那片浩瀚无边的大海，因为冰期气温的降低而变成了一座连接两块大陆的桥梁。这座桥梁，差不多有 650 平方千米。这些 C 系和 Q 系智人，在追随猎物的步伐时，沿着这座陆桥，通过白令海峡，到达了美洲大陆。他们一直在沿海地区生活，直到 1.7 万年前开始，冰川消融，才开始沿着海岸线向南迁徙，直到中美洲和南美洲。其中的另一批人，则沿着覆盖北美的劳伦泰德和科迪勒拉两大冰盖的南缘，迁徙到美国的东部地区，在这里发展出了著名的克洛维斯文化。

因此，当欧洲和亚洲的精神文明和物质文明开始突飞猛进时，克洛维斯人也开始系统地改造美洲了。尽管这些美洲印第安人的祖先不大可能是最早踏上美洲大陆的现代人，但他们在史前的北美大陆有着很强的存在感。让他们名垂青史的一个重要原因，是他们与北美大陆巨型动物大灭绝事件有很大关系。

过去的 5 万年中，北美洲约有 33 属的大型动物消失。其中 15 属，消失于克洛维斯人所生存的年代。考虑到他们是目前发现的在这期间唯一生活在北美大陆的人类，要说他们是清白无辜的，无异于睁着眼睛说瞎话。事实上，考古证据也显示，它们和北美巨兽成建制的消失有关。在欧亚非三洲所有的遗址中，和杀戮猛犸象相关的，只有 16 个遗址，而其中的 14 个属于克洛维斯人。在所有的克洛维斯遗址中，28% 以上有屠杀猛犸象的证据。

冰河世纪的猎人们考虑成本和收益，会优先选择大型动物，这并不奇怪。克洛维斯人能够如此得心应手，和他们使用的致命武器——克洛维斯矛，还有他们使用的狩猎策略有关。

克洛维斯矛是一个不过七八厘米长、像松针柳叶一样两面平行、正反两面的中间底部刻有凹槽的燧石武器，矛的两侧布满了用压制剥片技术打造出来的

● 冰河世纪的北美大陆有很多的"大鲜肉"。

波浪缺口。外表看上去很不起眼，好像玩具，可正是这些细小而不平滑的缺口，才是它威力无穷之处。一旦刺入身体，这些细小而不平滑的缺口就可以造成不规则的伤口，而这种不规则的伤口是很难止住血的。所以这样的矛一旦装上木柄和铰链，拿在克洛维斯人手里，就变成了让凶猛的剑齿虎和庞大的猛犸象闻风丧胆的大杀器。

除了武器先进，克洛维斯人的狩猎策略也非常先进。他们喜欢采用突袭和伏击的方式狩猎。十几个克洛维斯人预先在动物经过的地方埋伏好，等动物经过的时候，齐刷刷地往外扔标枪长矛。猛犸象目标本身就大，又受限于地形的狭窄，很容易就被刺中。吃痛的大家伙们自然吓得象躯一震，不辨方向地乱跑一通。克洛维斯人再手持长矛、石头、标枪之类的武器（它们不可能只有一杆长矛），跟在受伤的动物屁股后面紧追不舍。

这个追逐游戏一旦开始，四条腿的长毛动物们就注定要输给两条腿的无毛动物。因为无毛动物有先天优势，他们光溜溜的，浑身布满汗腺，跑再远"发动机"都不会过热，而长毛的动物散热很成问题。何况动物受了伤，克洛维斯矛扎进去就跟三棱锥一样难以止血，惊慌和狂奔只会让血液流动越来越快。所以最后的结果，一定是猎物瘫倒在地，被克洛维斯人就地宰割、瓜分，加工成新鲜的野味。

巨大的猛犸象、剑齿虎、乳齿象、古风野牛、大树懒，还有拟狮、拟驼等大大小小的史前美洲动物，几乎都是因为这枚小小的矛头而倒在了白雪皑皑的美洲大地上。这是一群冷酷无情的杀手，专门瞄准北美洲的大型动物下手。但是，"其兴也勃焉，其亡也忽焉"，令史前巨兽们闻风丧胆的克洛维斯人，随着"新仙女木事件"的爆发和大型动物的相继灭绝，在考古学上消失了。他们的消失原因，仍然是一个谜。只知道继他们之后，北美大地出现了很多区域性的文化遗迹，这些遗迹，彼此相关，却又各不相同。这说明，在人类进化史上，要想活得长，不要一味走专业化的道路，要注重多元化发展，提升综合实力，才能在一个混乱动荡的环境中站稳脚跟。

总的说来，一方水土养一方人，这一时期各大洲的居民们，生活在不同的地方，因此有着各自的气质。欧洲的喜欢搞人体和动物研究，西亚的喜欢和石头死磕，东亚的喜欢研究化学武器，美洲的将克洛维斯矛的作用发挥到了极致。所以，欧洲留下了无数的史前维纳斯、狮子人、洞穴壁画，西亚留下了无数稀奇古怪的石器，东亚留下了世界上最早的陶器，美洲则成了众多大型动物的魂断之地。

千万不要小看这些先民的技术和艺术。他们所发明的工具样式、技术手法和工艺流程，很多至今仍在为我们所沿用，而他们所创作的壁画、雕像，也许我们永远都无法全面理解究竟是出于什么样的想法，但最起码，我们可以推测出这些艺术作品表现了他们对过去的反思，对未来的期许，对自我的认知，以及对丰收的渴望。最重要的是，这些作品的背后，是他们抽象思维、概括能力、移情认知能力的突飞猛进。

武装了这些能力的先民们，不但很快完成了对除南极洲以外的所有陆地的占领，还很快爬上了食物链的顶端，变成了天下四方之王。

第三场
文明的前夜

随着冰河世纪的结束，史前人类只剩一种了，史前巨兽一种都不剩了。进化到了这个阶段的先民，已经武装了所有的能力和心智，一旦机遇来临，这些过惯了自由散漫生活的狩猎采集游团，就可以被改造成一群能够计划和安排生产，靠种植和畜牧来保障生活的农民。这时候，人类的生活就进入了一个全新的时代——新石器时代。

一般说来，判断人类社会是否进入新石器时代有三个广泛使用的标准。一是有无原始农业；二是磨制石器是否被广泛使用；三是有无陶器。但这三者并不是同时出现的，尤其是陶器和原始农业。在东亚，陶器的出现早于原始农业的出现，而在西亚则正好相反。

原始农业又叫"刀耕火种农业"，遵循的是砍树—烧光—播种—收割的工艺流程，翻土、施肥、灌溉一概没有，非常简单粗暴。但由于这一阶段的人们既没有掌握灌溉技术和排水技术，无法解决水患问题，又离铁器时代还很远，他们的石铲木耒，无论是砍树还是除草，都非常困难。因此，全世界的原始农业，无论是在东亚、西亚，还是中美洲，最开始发生的地点都不在大河流域。大河上游的山地，或者属于大河支流的小河两岸，才是原始农业诞生的地方。

至于磨制石器，严格来说，磨制并不是一个全新的工艺，早在奥瑞纳文化和山顶洞文化时期，我们的祖先就已经学会了用磨制的手法加工骨针、贝壳、珠子等物品。之所以没有被广泛运用，不是因为技术上无法突破，而是因为缺乏需求。在原始农业诞生之前，大家都过着采集和狩猎的生活，工具方面，石叶工具已经普遍运用，作为打制石器的巅峰技术，石叶技术已经可以加工几乎一切的狩猎和采集工具，足以满足先民们的生产和生活需求。只有进入原始农业社会，打制石器才显示出落后的一面，磨制石器才有了发展的空间，因为原始农业有砍树、除草、开荒、收割乃至研磨的需求，需要更加锋利、光滑、坚硬且便于切割和研磨的工具。

　　磨制是一种费时费力的加工方式，因为除了一些硬度极高的石材之外，大部分是需要先用打制的方法，加工成大体想要的器型，再通过砺石进行磨砺抛光。不过，虽然工序繁琐，但经过抛光后的石器光滑细腻，结实锋利，大大提高了农业生产的效率。因此，直到金属——严格来说是铁器——被大规模应用之前，磨制石器一直是全人类最重要的生产和生活用具，影响了人类文明几千年。

　　同样影响深远的，是进入新石器时代的三大标准的最后一项——陶器。

　　陶器的发明，是人类在学会用火之后又一划时代的事件。陶器不但可以用作储存工具，还可以用作炊具。可以说，陶器的发明，是一次厨房革命、一次饮食革命。作为区别不同文化类型的重要指标，陶器是新石器时代科技水平的重要体现，但陶器对人类的影响，不仅限于生产力低下的石器时代，直到今天，我们还得益于这一伟大的史前发明。宜兴的紫砂壶、江西的瓦罐、四川的泡菜坛子、各个花卉市场的花盆，还有屋顶上的瓦、别墅里的地砖，几乎都是陶器。此外，陶器对人类的影响，也不仅限于制陶业本身，它对后来的交通行业也产生了巨大的影响，因为今天无论是牛车、自行车、汽车还是火车，所用的轮子，最早的灵感都来自轮制陶所用的陶轮。

　　在现代社会中，陶器和瓷器通常被相提并论，一般不会单说陶器或是瓷器，而是说陶瓷。但实际上，两者有着巨大的区别：从原料来讲，陶器是用黏土制成的，瓷器则是用高岭土制成的；从烧制温度来讲，陶器的温度一般不会超过1200℃，通常都在600～900℃，而瓷器是不会低于1200℃的，通常都在1300～1500℃；从外观来看，再薄的陶器都不会透明，而瓷器，不论多厚，都呈现出一种半透明的感觉；从质地来说，陶器因为烧制温度低，透气又吸水是常有的事，而瓷器因为烧制温度高，质地细腻，密度高，所以既不透气，也不吸水；最后，从出现时间来讲，最早的陶器，是江西仙人洞的"天下第一陶"，产于2万多年前；而世界上最早的真正的瓷器，有据可考的，不早于汉朝。

　　陶器自从发明之后，在中国的使用一直都是十分连续的，因此，继2万年前的仙人洞以后，考古学家在1万多年前的湖南道县玉蟾岩遗址和北京门头沟东胡林遗址、河北的南庄头遗址，以及浙江的上山遗址，都发现了陶器。至于

● 想象的新石器时代的制陶场景。

西亚则不同，虽然1万多年前也独立发展出了陶器，但因为技术差，烧制温度不够高，黏土中所含的空气无法完全排除，烧制后的陶器壁上残留有气孔，跟筛子似的，既漏水又漏气，拼不过当地用石膏做的容器，所以并未得到普遍使用。直到6000—7000年前，能够高温烧制陶器的封闭式陶窑出现，解决了渗水问题，陶器才逐渐在西亚广泛使用。

早期的陶器用的是泥片贴筑的方法，过程就像揉面团捏包子。后来变成人工泥条盘筑，就是把泥巴搓成长条然后一圈圈旋转着砌起来。这两种方式做出来的陶器壁厚薄不均，质量不行，效率也不高，比不过后来的轮制陶。所谓轮制陶，就是将泥料放在陶轮——一个木制的水平圆盘上，一边用脚带动让陶轮旋转，一边用双手将泥料拉成陶器。比起泥片贴筑和泥条盘筑法来说，轮制陶最显著的优点是生产效率高，器型规整，厚薄均匀。

轮制陶的出现，以及封闭式陶窑的发明，让陶器的品质得到了很大的提升，所以陶器很快就得到了广泛的应用。这种广泛的应用，又反过来促进了制陶技术的进步，慢慢地，陶器的器型变得多种多样，色彩鲜艳的彩陶也出现了。在中国的中原地带，产生了以彩陶闻名的仰韶文化；在西亚，则出现了著名的彩陶中心，加泰土丘西边的哈吉拉尔(Hacilar)就以生产人形彩陶罐而闻名远近。

新石器时代的三大标志中，农业革命显然是最重要的，但农业革命不是凭空产生的，必须要有合适的机遇。

这个机遇，在 1.7 万年前，开始初露端倪。那时候，寒冷的末次冰盛期结束了，地球进入了慢慢变暖的阶段。气温逐渐回升，冰川开始消融，海平面也逐渐上升。到了 1.3 万年前，北美和北欧的冰雪已经融化了相当大一部分，曾经白雪皑皑的中纬度地区，已是春暖花开，一片繁荣景象。然而就在大家都以为形势一片大好的时候，悲剧再次来临。整个地球的气温，在没有征兆的情况下，骤然下降了七八摄氏度。各地相继转入严寒，冰盖扩张，许多本来迁移到高纬度地区的动植物大批死亡。突如其来的低温持续了上千年，直到 1.1 万年前，才又慢慢转暖。

这个事件，便是地球历史上著名的"新仙女木事件"。仙女木本是一种清新可爱的小野花，生长在极地附近，耐低温，但这一时期，很多中低纬度地区也出现了它们的身影。而由于这次降温之前，还有两次降温事件，在化石中所呈现出来的现象也是仙女木到处怒放，所以这三次降温事件，被分别称为"老仙女木事件""中仙女木事件"和"新仙女木事件"。

"新仙女木事件"让大批的植物开始消失，大批的动物开始遁逃或是灭绝，这些枯萎的植物和灭绝的动物，无一不是史前人类的重要食物来源。随着食物大幅锐减，人类的生存环境也开始恶化，大量的史前动物和人类因此走向了命运的终结，著名的猛犸象、剑齿虎、拟驼、大树懒和拟狮，以及它们的天敌克洛维斯人，就倒在了这一轮命运的蹂躏之下。而那些残存下来的少量人类，为了活命，不得不从以前那种要么撑死要么饿死的狩猎生活，转向培育野草、圈养动物以保证食物平稳供应的生活。

因此，地球上的第一位农民，就这样诞生了。

◢ 人类进化史上的第一个农民

1994 年，土耳其乌尔法市郊的一位库尔德牧羊人正和从前的每一天一样，在放羊，他并没有料到他这一辈子能做什么惊天动地的事情，直到他看到了一些奇怪的大石板。他并不知道这些石板在地下埋了多久，它们看上去无比巨大，无比诡异。有人说，这是中世纪的墓碑，但闻讯赶来的德国考古学家克劳斯·施密特（Klaus Schmidt）拿起铁锹说，这些石板远比中世纪更加古老。于是，他一铁锹下去，一个建于1.2万年前的史前人类建筑奇迹就浮出了地面。

这是一个由许多T字形巨石组成的不同圆环构成的巨大建筑群，占地10公顷。整个建筑群大约有20个圆环，每个圆环由8~11块不等的巨石组成。从已经挖掘出来的这些巨石来看，石头高达6米，重约10吨。每块石头上都雕刻有不同的动物，有狮子、公牛、猪、狐狸、瞪羚、驴、蛇、蝎子、蜘蛛、秃鹫……一些T形支柱的下半部分还雕刻了人的手臂。所有的石头全部朝着一个方向。

这个建筑群不是在同一时期建成的。每隔几十年，人们就把早前的石头埋起来，用新的石头代替，过一段时间，他们再度把这些新近建造的圆环用碎石填满，再在附近造一座全新的圆环。就这样，一年一年又一年，一代一代又一代，他们修建了数百年。最早建造的圆环最大，石头的雕刻最精致，越往后期，石头越小，摆放越杂乱，所以整个建筑群呈现出一种虎头蛇尾、狗尾续貂的面貌。到了1.02万年前，连狗尾也没了，工程完全陷入了停滞。慢慢地，岁月掩盖了这个人类史上的第一个建筑奇迹，直到1994年，那个伟大的年份里，那个从来没有想过自己的人生会有什么不同的牧羊人经过。

这是一个比金字塔还要早8000年的宏伟建筑，要完成这样一个从设计、采石、搬运到修建、雕刻等一系列工作的浩大工程，起码需要500个人。一个以采集和狩猎为生的社会，怎么会有如此多的人力来完成这个浩大的工程？他们又为什么要不辞辛劳，修建如此庞大的工程？

答案是，信仰的力量。

这个证据，直接体现在从哥贝克力巨石阵挖出来的691片骨头中。这691片骨头碎片中，有408片都是头骨，大概分属于40人。这些头骨，要么沿着中轴线被石刀刻画过，要么有钻孔的痕迹，有的还呈现出被从身体上割下来的痕迹。而且这些加工，都是在死后不久完成的。

在这一时期的中东，加工死人头是一个流行的做法。要么把头割下来放在特殊的位置，要么把烂肉刮掉，再在骷髅头上抹上灰泥，在眼眶里镶上贝壳，做成一个小的雕塑，摆在屋里；要么像哥贝克力巨石阵的先民们这样，拿石刀在脑袋上刻画、钻孔、涂色。虽然听上去十分野蛮、凶残、变态，但和前面那些吃人的行为有着本质的不同。因为这一时期的人类，从心智上来说，已经和我们今人没有任何区别，也有喜怒哀乐、七情六欲。当亲人去世时，他们也和今人一样充满思念；生活过得艰难悲惨时，也需要有一种强大神秘的力量来保护自己。今天的人，如果思念去世的亲人，常见的做法是把他们的遗像摆在家里，挂在墙上。那时候没有照相技术，没办法留一张亲人的遗像，因此，把亲人的脑袋拧下来，摆放到家里天天看着的做法，和今天摆放遗像是一样的，至于填石膏，那就是史前的美图秀秀。

除了惦念祖宗，这时候的先民，也和今人一样有着丰富的宗教信仰。今天的人，如果想要赢得神灵的庇佑，获取更大的福报，会选择修建庙宇、教堂或者其他宗建筑。那时候的人也如此。哥贝克力巨石阵那巨大的 T 形石柱、充满诡异风格的浮雕、颇有章法的陈列方式、被刻画钻孔的头骨，无一不表明：这里是一个原始的宗教祭祀的场所。

哥贝克力巨石阵并不是唯一的史前巨石阵，在它的附近，还有许多类似的建筑，但它却是目前所知的全世界最早而且最大的巨石阵。它的重要意义在于，它不但向今天的人们全面地展示了史前人类丰富的精神世界和宏大的信仰体系，还推动世界历史进入了一个新的阶段。因为正是在修建巨石阵期间，发生了彗星撞地球的"新仙女木事件"。全球气温急剧下降，导致人们所能够获得的食物来源也大幅减少。因此，为了确保食物供应，保证巨石阵修建工作的顺利进行，人们不得不开始在附近的山上种植一种特定的野草。这种特定的野草，就是小麦。现代小麦首次被驯化的地方，目前已知的最早的农业革命起源地，便是位于哥贝克力巨石阵附近的阿布胡赖拉（Abu Hureyra）遗址。

阿布胡赖拉是一个位于叙利亚第一大城市阿勒颇（Aleppo）东侧 130 千米处的遗址。历史上曾经有两次先民入住。第一次，是 1.35 万年前。今天，这个幼发拉底河上游的山区，今天的年降水量只有 200 毫升，远低于农业所需要的 400 毫升的要求，但 1.35 万年前，先民们第一次入住的时候，这里气候温暖湿润，物种丰富，大量野生的橡树、开心果树，以及野生的麦子、豆类植物等在

● 哥贝克力巨石阵不是唯一的巨石阵，却是规模最大和影响最大的一个，它催生了一个全新的行业——农业。

这里欣欣向荣地生长，常年都有野牛、野驴、野山羊、狐狸、兔子和鸟类在这里出没，春夏之交的时候，还可以拦路抢劫迁徙的瞪羚。总之，这里是采集狩猎者的天堂。既然是天堂，再到处迁徙显然就不是明智之举了，修个小别墅，定居下来，把美味的食物保存下来，才是最妥帖的办法。

就这样，地不大物很博的阿布胡赖拉陆陆续续吸引了 300～400 人来此定居。虽然这个数字今天听起来简直是不值一提，但在那个时代，这绝对是"全球第一大社区"，甚至是第一大城市了。他们在这里建起了圆形的小茅草屋，为他们遮风挡雨，还在屋里挖地窖，存储打到的猎物和采集到的素食。

但历史不是童话，没有"从此他们就幸福地生活在一起"这样的结局。丰衣足食的日子没过多久，阿布胡赖拉的第一批先民就陷入了生活的窘迫——"新仙女木事件"爆发了。十几年之内温度骤降，且低温持续长达上千年这个突发事件，并没有给阿布胡赖拉居民太多的机会准备，通过狩猎和采集所能获得的资源开始大幅减少，大部分定居下来的人不得不开始追随猎物，重新四处流浪。一部分人搬到了 50 千米之外的穆赖拜特（Mureybet），筑泥墙，建茅屋，挖地窖。

极少数不愿意流浪的居民则留在原地，把采集来的野生麦子撒在地里，照料它们，看护它们，最后收割它们，开始了从猎人到农民的转变。

驯化农作物的时间，最短只需 25 年，最长需要 300 年。"新仙女木事件"长达上千年，足够居民们完成对小麦、大麦及黑麦的驯化。

随着"新仙女木事件"的结束，半死不活的日子重新焕发出了生机。1.1万年前，阿布胡赖拉再次繁盛起来，0.125 平方千米的土地上居住着大约 3000个居民！凭着这个前所未有的人口密度，阿布胡赖拉成为那个时候"全球最大的聚落"。

与人口密度高相对应的，是食物的充沛，这主要是归因于农业和畜牧业的出现。其中农业的出现可以从三个方面得到证明：一是遗址出土了石镰、石臼、磨盘等大量的收割农具和研磨工具；二是这一阶段出土的大麦、小麦和黑麦尽管从形态上看并没有被完全驯化，但看得出被刻意地种植过；三是大量女性的第一跖骨，也就是脚上最长的那根骨头，都有关节炎的病变，这个病变通常和长年累月地跪地使用马鞍状的磨石磨面粉的动作有关。畜牧业的发展则表现在以前占据食谱重要地位的瞪羚数量显著下降，绵羊、山羊、猪和牛逐渐占据了人们食谱的大部分。

● 阿布胡赖拉出土的石磨盘和石磨棒，这个给谷物脱壳的工具是从食物的采集者转换为生产者最直接的证据，也是导致阿布胡赖拉的先民们脚趾畸形和患关节炎的罪魁祸首。

　　与农牧业的发展相辉映的，是这一时期阿布胡赖拉的居民们在生产和生活方面也取得了巨大的成就。他们的房子已经不再是半地穴式房屋，而是在地面之上用泥砖建成的长方形房子，也不再是吃喝拉撒都在一处的大开间，而是有了功能分区，有不同的房间，并且，从前那种原生态的毛坯墙壁和凹凸不平的地板，也用灰泥进行了刻意的平整处理。此外，他们的生活器具和生产工具也变得丰富起来，比如开始使用灰泥制作容器，用黏土制作珠子和雕像，用来自地中海或是红海的玛瑙贝，来自西奈半岛的绿松石，来自安纳托利亚山脉的黑曜石、孔雀石、玛瑙、翡翠和蛇纹石，制作精美的随葬品。

　　就这样，以阿布胡赖拉为首的先民们，在人类长期生存中积累的大量关于动植物生长规律经验的基础上，在"新仙女木事件"的刺激下，经历了人类生活方式的第一次深刻而又全面的大转变。

　　阿布胡赖拉的先民们，虽然是最早的农业生产者之一，但并不是唯一的农业革命的独立先驱，因为全世界农业革命起源的中心起码有三个，一个在中美洲，一个在东亚，一个则在西亚。这三个地方，都独自发展出了农业生产，都独自驯化出了重要的农作物：西亚是大麦、小麦等麦子的起源地，中美洲是土豆、玉米的起源地，东亚，也就是中国这里，则是水稻和粟黍的起源地。

　　除了关心粮食和蔬菜，三地的先民们也同样关心动物。大约在1万年前，狗、猪和鸡被驯化；7000年前，山羊和绵羊被驯化；5000年前，牛、马、美洲驼、羊驼、荷兰猪等被驯化……

　　这是和黑猩猩分道扬镳以来，人类的生活方式发生的第一次全面而又根本的大变革。从700万年前，到1万年前，人类进化历程99.9%的时间里，我们都是纯粹的消费者和攫取者。采集狩猎的生活带给我们的祖宗充分的自由，比农业社会更为丰富的食物种类和食物来源，让他们有更多的替代选择，不容易受到灾荒的影响，他们可以选择"流浪远方"的迁徙生活，也可以选择一处自己喜欢的地方安营扎寨，相对比较随心。而从阿布胡赖拉开始，一种截然不同的生活方式诞生了。相对安定适合技术发展的生活和社会环境逐渐形成，人类第一次在消费者之外，获得了生产者的身份。与这个新身份相匹配的，是一种与农田绑定的被约束的生活。纯粹的游猎生活没有了，纯粹的消费者没有了，与游猎生活一同消失的，除了自由的迁徙，还有无挂碍的思维方式。

这是一场巨大的变革，因为它让人类社会的演变从此扭转了前进的方向，驶上了一条全新的轨道。我们可以通过劳作获得更多的食物存量，养活更多的人口，但更多的人口，也要有更多的农田和畜牧保证食物供给。因此，随着人口逐渐增多，人类对高效生产的渴求变强，这逐步推动着工具的开发改良和技术的进步升级。而伴随着这一切，我们的生活水平逐渐提高，对生活的种种需求也逐渐增多，从而又对工具技术的进步提出了新的要求，如此循环往复，才有了我们今天人类社会的面貌。不夸张地说，今天我们的教育、住宅、医疗、交通、高新科技等各方面的发展成就，追根溯源，一切的一切，都可以追溯到1万年前后人类历史上的第一批生产者。

◢ 人类进化史上的第一座城市

农业的产生，标志着人类的生活彻底地由流浪的渔猎—采集经济转向了定居的生活。要定居，就得有像样的住所。所以，除了农业技术以外，这一时期的人们在城市建筑方面也可圈可点。世界上最古老的城市耶利哥（Jericho），就是这样诞生的。

耶利哥又叫"杰里科"，意思比较多，"香料之城""月亮之城""棕榈之城"。这个位于约旦首都安曼和耶路撒冷之间的小城，海拔 –300 多米，是世界上最低的城市。

虽然地处干旱地带，但因为拥有丰富的地下水源，耶利哥一直是新石器时代的先民们青睐的地方。早在 1.2 万年前，"新仙女木事件"方兴未艾的时候，一些采集狩猎的游团就把此地作为露营地，时常光顾。到 1.16 万年前，"新仙女木事件"结束后，一些游团开始延长他们在此逗留的时间。逐渐地，他们留了下来，开始垦荒、种地、修房子，进入了所谓的前陶新石器时代（Pre-Pottery Neolithic Age）。他们住着用晒干的泥砖砌成的像蒙古包那样的小圆房子，种地，打猎；到老了，死了，就埋在房子的下面。活人住地上一层，死人住地下一层。到 1.14 万年前，耶利哥已经建起了超过 70 座小圆屋，而到了大约 1 万年前，这里已经聚集了两三千名居民。

人多了，就不能只顾自己有个房子了，得有公共设施才行。抱着这样的想法，耶利哥人开始着手兴建浩大的民生工程——全世界第一堵城墙和第一座高塔。

耶利哥的城墙由石头筑成，大约有600米长、1.8米厚、3.6米高，城外围绕着一条8米宽、接近3米深的壕沟。8.5米高的世界第一塔就坐落在城墙里面，22级台阶从下到上，直通到塔顶。即便以国家诞生以后的标准来看，这些建筑都太过宏伟，工程量太过浩大，何况这是在农业革命刚刚起步的时期，难怪后来的《圣经》要把它们看成是犹太人进军迦南最大的障碍，需要上帝出手才能摧毁。

罗马不是一天建成的，耶利哥塔和墙也不是。按照当时的技术水平，这个工程需要耗费100个人100天以上才能完成。而从建筑工艺和时间来看，这个城墙，起码分两期完成。一期工程完成的几百年后，不知道什么原因，这里的居民抛弃了这个固若金汤的城市。到9200年前，另一批居民入住了。这批居民会种庄稼，也驯化了绵羊，住四四方方的泥砖房。他们也让死去的家人搬到地下一层，但是，在搬家之前，他们和哥贝克力的先民一样，喜欢把死人的脑袋割下来，刮掉烂肉，填上灰泥，给空洞的眼眶镶上贝壳。然后，在生产之余，这批居民进行了耶利哥城墙二期工程的修建。二期工程的城墙更厚，而且还在外面增加了一道护城河，真正让城墙具有了防御功能。

问题是，这些先民为什么要修建这么庞大的工程呢？

修高墙很容易理解，耶利哥地处海平面以下，需要考虑防洪，同时，这里还有丰富的地下水和食盐资源，这两个都是农业革命以后人们的生活必需品，还得考虑防盗。可是，建高塔的目的是什么呢？如果是出于军事瞭望的目的，一座木塔就可以了，何必如此劳师动众呢？

围绕这个问题，考古学家们提出了很多种解释。有的考古学家认为，这是一个祭台，为了祭祀月神；有的考古学家认为，这是一个观象台，每到夏至那天的日落时分，附近小山的投影就会显示在塔的上面，其阴影也刚好覆盖住整个城市；还有的考古学家认为，这不仅仅是一个计时器和一座观象台，还是权力的象征……和哥贝克力巨石阵一样，这些古老设施留给后人的问题，远远多

● "世界第一古城"耶利哥的修建过程示意图。左上和左下为一期工程，没有壕沟。右上和右下为二期工程，增加了壕沟，防御力提升几个档次

于答案。但不管修建目的是什么，耶利哥的这个浩大工程，都反映了那个时代人们丰富的社会生活，以及先进复杂的文化技术水平。

　　虽然无论是建筑规模还是建筑艺术，耶利哥人所取得的成就都足以秒杀同侪，值得人铭记，但耶利哥人并不是一枝独秀，同样优秀的，还有土耳其中部的安纳托利亚高原和东南部的扎格罗斯山区的人们。这两个位于大河上游的地方，是早期农业革命和村镇形成的重要地方。10000—8000 年前，这里涌现了大量的永久性村落。他们在地里种植各种庄稼，又在像耶利哥这样的中心地带交换来自土耳其的黑曜石、西奈半岛的绿松石以及地中海的贝壳等。

　　土耳其东南部扎格罗斯山区的恰约尼（Cayonu），就是这样的史前重镇，正是在这里，先民们驯化了世界上最早的猪，制造出了世界上最早的铜制品，织出了世界上最早的亚麻布。亚麻是人类最早使用的植物纤维，是人类继发现动物皮毛之后，在服装面料行业所取得的又一大突破，在棉布普及之前，这是

最主要的布料。中国人直到宋朝以前，也只有权贵们能穿得起丝绸，普罗大众穿的就是亚麻布。

　　恰约尼西边的加泰土丘（Catal Huyuk），也是这一时期的重镇。早在1.1万年前，这里就开始有人陆续定居。这时候"新仙女木事件"已经结束，气候温暖湿润。加泰土丘附近有山有水有平地，人们的饮食来源丰富多样，因而吸引了多达8000名居民定居。只不过由于缺乏城市建设经验，这个地方的城市规划比较差，最典型的一条就是没有街道，也没有人行道，整个定居点看上去就像一个巨大的蜂房。房屋之间没有空当，门开在屋顶，人们出入的时候，就像蜜蜂一样爬出自己的房子，在各个房顶上走来走去。屋顶不但承担了街道的交

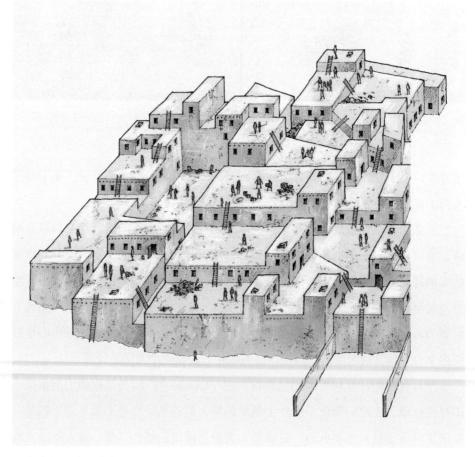

● 加泰土丘的聚落复原图。

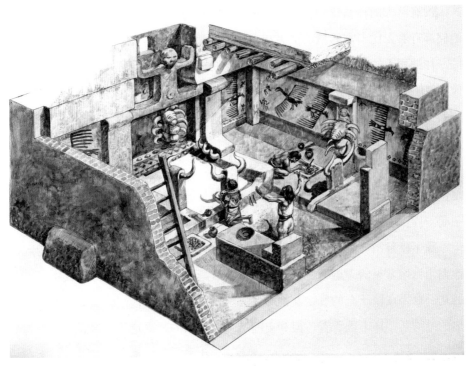

● 加泰土丘房屋的室内复原图。

通功能，还承担了社区中心的功能。天气好的时候，人们就跑到屋顶上，做做手工，和街坊邻居唠唠嗑儿，天黑了，就在屋顶睡觉。

　　不过，令人惊讶的是，即使这样，整个城市还是非常干净卫生，房间里基本没有垃圾。而且，与耶利哥的开间公寓不同，这里的房子已经有了明确的功能分区，有的做储藏室，有的做起居室，有的做厨房。虽然外表平淡无奇，但室内装修非常高级。墙壁用灰泥粉刷过，地板也平整过。墙壁上嵌着公牛头的标本，还画有精美的壁画。壁画的内容要么和宗教祭祀相关，比如两只秃鹫，一边一个拉扯着一个无头人；要么和山水田园有关，比如耸立在城市郊区的两座山峰——这应该是世界上最早的地图。

　　和耶利哥不同的是，虽然加泰土丘的人口规模已经是当时世界第一，但这里没有发现像早前耶利哥塔那样令人瞩目的大型公共建筑，也没有发现脱离采集或是狩猎活动的市民。由于城市的一大特点是具有公共建筑，所以很多考古学家认为，加泰土丘算不上是一座城市，顶多就是一个过度膨胀的小村子。

没有巨大的神庙建筑，并不代表加泰土丘的居民们就没有信仰。事实上，他们都有着无比丰富的精神世界和虔诚的宗教信仰。因此，除了像耶利哥的居民一样把死人的头拧下来，镶个贝壳当眼睛，涂上灰泥当面庞，放在屋里当遗像，他们还首次把祖先崇拜融入房屋装修风格之中。现代人在装修房屋的时候，一般只考虑活着的人，但加泰土丘的居民们在装修房屋的时候，还会考虑到去世的人的需求。所以，他们会在起居室里建一个类似榻榻米的台子，台子上面睡自己，台子下面刨坑埋死人。死人通常都蜷缩着——这样看来，他们大概是世界上最会节省空间的人，不但房子挤在一起，活人挤在一起，死人也挤在一起。

除了崇拜祖先，他们还崇拜其他的神祇，包括神化了的动物和人。为此，他们用当地常见的方解石、大理石及雪花石膏制作了大量的雕像，其中最出名的是一尊坐在椅子上的谷物女神雕像。这位女神和冰河世纪的欧洲猎人们创造出的维纳斯一样丰乳肥臀，但和史前维纳斯不同的是，这些雕塑五官和手脚都

十分完整，而且气场强大，坐在一把带有猎豹扶手的椅子上，双手搭着猎豹扶手，看上去十分威武霸气。这尊雕像通常放在谷仓里，说明他们对农作物的收获充满期望。除了丰收女神，他们还崇拜动物。加泰土丘是最早驯化牛的地方，他们的墙壁上，除了装饰壁画，还装饰牛头，有的牛头有四只牛角，这说明，他们已经把牛作为一种神化的动物来崇拜。

加泰土丘之所以能吸引这么多的人在此定居，靠的并不只是农业收成，这一时期的农业仍然较为原始，没有灌溉，没有畜力，单靠农

● 加泰土丘遗址出土的霸气的丰收女神。

业，是难以养活如此多的人口的。但加泰土丘有着得天独厚的地理位置，其所在的安纳托利亚高原，是东西方长途贸易的必经之地。加泰土丘遗址发掘出来的物品，也证明了这点，除了本地的黑曜石，还有来自东边阿富汗的青金石，西边地中海的贝壳，南边叙利亚的燧石。

● 加泰土丘出土的精巧的黑曜石镜子。

得益于这种扩大的贸易网络，加泰土丘不但聚集了大量的人口，还催生了大量的需求，以及大量的发明。所以，这里有世界上最早的金属加工业。加泰土丘的居民家中，装饰着带有孔雀蓝和青金色的壁画，遗址中还发现有红铜渣，以及铅制的饰品，这些都充分说明，他们已经懂得利用多种矿物原料。

除了是贸易中心，加泰土丘还是一个重要的资源集散地和手工业中心。它所在的安纳托利亚高原盛产当时最重要的矿产资源——黑曜石。加泰土丘掌握了黑曜石的加工和贸易，因此有着最专业的黑曜石作坊，作坊里有非常丰富的黑曜石制品，除了常见的工具和武器，比如箭镞，用黑曜石做成的箭镞，锋利程度不要说燧石，就是铁器也未必比得上。还有黑曜石的项链、手镯，和世界上最早的镜子，黑曜石做成的镜子还是当时妇女们的心头好。这些制品除了自用，很大一部分用来交换。此外，黑曜石还具有宗教象征意义，无论是在安葬地还是在社区的祭坛，都发现有黑曜石的踪迹。

不管是耶利哥的城墙和高塔，还是加泰土丘琳琅满目的手工艺品，都不是一个原始社会能够完成的。如果没有较为科学的分工、高效的组织、较为充足的食物来源，不可能完成巨大的工程；同样，没有足够的粮食来供养某些人，使他们脱离农业生产，从而全身心地投入到某一个专门的手工业领域，也不可能做出精美而繁多的手工艺品。所以，极有可能，在那时候，某种带有管理和协调职能的社会组织已经开始出现，私有制已经产生，不平等已经出现。尽管这种社会组织还不可能是国家，各个社会群体之间的关系也远不如后期的阶级社会那么尖锐，但这和从前那种在血缘关系基础上建立起来的小范围的人群，和只因为交换而产生的松散网络已经有所不同。能够集中力量办大事，说明这一时期的人们已经被纳入一个联系更紧密、范围更宽广的社会网络之中。人类社会合作与交往程度，又上了一个新的台阶。

无疑，这时候的先民已经跨入文明的前夜。而把他们往前推了一下的，是灌溉技术的发明。

▲ 灌溉农业：通向阶级社会的最后技术壁垒

过着采集狩猎生活的人类，因为不稳定的食物供应和漂泊不定的居住方式，人口的增加一直都十分缓慢，所以，260万年前的旧石器时代初期，全球不过12.5万人，到1万年前的农业革命前夕，全球也不过532万人。而当农业革命和定居生活出现之后，这个瓶颈就被打破了。因此，1万年前到2000年前，短短8000年时间里，全球人口就从532万增加到了1.3亿，足足增加了23倍。人口猛增的原因，和农业生产的方式有关。一方面，这一阶段的人，不再是纯粹的攫取者和消费者，还是生产者，人多力量大，孩子越多，劳动力越多，因此生育的主观愿望强烈。另一方面，虽然这一时期食物供应不一定富足，但比起采集狩猎来说要稳定多了，饱一顿饿一顿的现象要少很多，所以客观上也容易带来人口的激增。

然而，刀耕火种的原始农业，很快会耗光土地的肥力，引起谷物减产，这是原始农业的致命缺陷。在技术没有巨大突破的情况下，解决的办法只有一个，就是休耕，因此，原始农业需要不断地抛荒、转移。以加泰土丘为代表的早期居民聚居点就是这样走上衰败的道路的。从8000年前开始，加泰土丘的人口逐年下降，到7400年前，这地方彻底被抛弃了。一部分人就是这样转移到了东部的美索不达米亚平原。

美索不达米亚平原又叫两河平原，"两河"指的是发源于扎格罗斯山区的底格里斯河和幼发拉底河。两条河由北向南，贯穿伊拉克，最后在伊拉克南部注入波斯湾。虽然世界上最早的文明——两河流域文明诞生在这里，但在原始农业早期，这里并没有那么吸引人。因为这里的气候不那么宜人，温度常年居高不下，而且时常有水患，下游地区更是布满沼泽。所以，当黎凡特地区的原始农业兴旺发达的时候，这里还没什么太多的文化。

但从公元前 6000 年开始，当黎凡特地区逐渐衰落的时候，底格里斯河的上游开始出现新的农业文化中心。最先兴起的，是哈苏纳文化（Hassuna culture）。哈苏纳的先民不但会制作精美的陶器，还掌握了防洪排涝和蓄水调节灌溉的技术。灌溉技术，不仅仅是提高农业产量的技术，更是后来两河流域文明兴起的重要前提，正是因为有兴修大规模灌溉设施的需要，凌驾于众人之上的公共权力——国家，才开始逐渐出现。

随着对灌溉技术的掌握，人们慢慢开始了从大河的上游往大河的中下游迁徙的过程。因此，继哈苏纳文化之后，大约公元前 5500 年，在底格里斯河中游又出现了萨迈拉文化（Samarra culture）。

萨迈拉文化在农业技术方面取得了更大的进展，一方面表现在灌溉技术进一步发展，强大的灌溉网络开始出现，萨迈拉遗址周围，就发现了很多的小型水渠。另一方面表现在牛耕也开始应用到农业生产之中。

虽然今天我们一说起犁，脑子里面浮现的就是前面有一头或是两头牛拉着犁，后面一个人扶着犁，赶着牛，但最开始的时候，前面拉犁的可不是牛。那时候的牛，要么用来祭神，要么用来吃肉，总之非常珍贵，没人舍得用牛去拉犁。但牛的确是比人拉犁更好使，既老实，好驯服，又有一股子牛劲儿。所以，自从有了牛耕，农业生产效率就大大提高了。牛耕是人类农业史上第一次学会使用生物能源，因此具有莫大的意义。

随着农业技术的进一步提高，公元前 4300 年开始，在两河流域的下游，出现了新的文化，这就是欧贝德文化（Ubaid culture）。

欧贝德的得名，来自欧贝德遗址（Tell al-Ubaid）。这个今天位于幼发拉底河西南的沙漠地带的遗址，曾经很靠近底格里斯河的河岸。早在公元前 6500 多年，欧贝德就开始出现村庄。到了公元前 5400 年，这里又出现了人类历史上最早的神庙建筑。神庙位于遗址的中央，四周围绕着简陋的泥砖房。这标志着宗教进一步发展，神权开始在人们的生活中占据重要的位置。

除了神权的发展，欧贝德文化在经济和社会生产方面也有了巨大的进步，其中一个证据就是轮制陶的出现。

● 欧贝德文化遗址中出土的陶印。

轮制法的发明非常重要，因为它不但标志着制陶工艺更进一步，还标志着社会分工的出现。欧贝德的轮制陶出现以后，周边地区的手工制陶就遭到了降维打击。很快，北方的哈拉夫文化中精美昂贵的陶器，就被欧贝德的轮制陶给打垮了。

欧贝德文化不仅有神权、有轮制陶，在交通方面也出现了巨大的进步。作为一个靠近海边的城市，欧贝德在后期出现了帆船技术。帆船的动力来源是风力而不是人力，因此，帆船技术的出现，意味着继 100 多万年以前人类学会用火以来，人类再一次征服了一种全新的自然能源。

帆船将欧贝德的陶器运往了远方，也将远方的珍奇带回了欧贝德。这种贸易与手工业的繁荣让欧贝德文化兴盛起来，于是，在美索不达米亚南部，一个人类历史上真正的城市——埃利都（Eridu）出现了。这个位于幼发拉底河进入波斯湾入海口处的城市，兴建于公元前 5400 年左右，是苏美尔人最早建立的城市。苏美尔的神话中提到的，起初，世界上什么都没有，后来就有了一个城市——埃利都，以及苏美尔王表开头所写的"王权从天而降，落在了埃利都"，讲的就是埃利都的建立。

埃利都有着欧贝德文化所独有的宏伟的神庙，这个建在 5 米高台基上的建筑，坐落在城镇的最中心。神庙在欧贝德文化中经历了一次明显的发展。最初面积不过 4 平方米，到公元前 4000 年时，已经扩大到 276 平方米。与此同时，神庙的形制也逐渐变得更加复杂，最初只是一个简单的祭室，到后来则变成了一个大型建筑，有台基、有殿堂、有神职人员居住的房间和使用的仓库。而与神庙的宏伟形成鲜明对比的，是这一时期的居民，都住在低矮的泥砖小屋之中。

神庙的出现，不仅意味着人们的精神生活有了寄托，更意味着新的社会阶级的出现和社会组织方式的改变。神庙的背后站着一个全新的阶级——祭司阶层，随着宗教在人们社会生活中的地

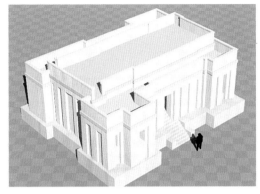

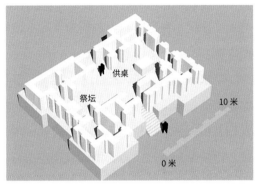

供桌

祭坛

10 米

0 米

● 埃利都神庙复原俯瞰图和平面剖析图。

位的提高，这些原始社会里跳大神的人，在掌握神权、控制普通人精神世界之外，还把触手伸向了城市的管理，伸向了世俗的政权。

第四场
中国奇迹：上万年的文明起步

　　当西亚进入新石器时代时，我们中国大地上，农业革命也开始起步了。和西亚以大小麦为主的农业革命不同，中国的农业革命以水稻和黍粟为主。由于水稻性喜暖湿，而黍粟性喜干冷，所以中国的农业，一起步就是两套迥然不同的独立系统，在南方是以水稻为主的水田农业，在北方则是以黍粟为代表的旱地农业。

　　就水田农业来说，迄今为止发现的最早的遗址，是位于今天湖南道县的玉蟾岩遗址。那里的先民，在采集渔猎的同时，也驯化野生稻。因此，遗址中除发现有代表采集狩猎生活的大量的骨、角、牙、蚌制品等动物遗骸之外，还发现了距今 1.4 万—1.2 万年的几颗稻谷遗存。这几颗稻谷，尽管带有野生稻的痕迹，但已属于人工栽培。不过中国的饮食文化向来博大精深，江山社稷都可以拿吃饭的锅打比方，光有饭吃自然不够档次，因此，在水稻之外，玉蟾岩还出土了世界上最早的猕猴桃、梅子和全世界最早的地方特色小吃——永州喝螺。

　　到了大约 8000 年前，还是在今天的湖南，出现了另一个稻作农业的文化——彭头山文化。从遗址出土的陶器和石器来看，彭头山文化还处于新石器的较早阶段，陶器都是用贴片法制造的，石器则含有大量的打制石器，和旧石器时代的技术一脉相承。但比较进步的地方，在于出现了稻谷和聚落。聚落大约 3 万平方米，呈长方形，四周环绕着壕沟、堆筑的土围和天然河道，聚落中的房子除了有早期的半地穴式结构，还出现了完全建在地面以上的建筑。有了建筑房子的能力，对天然洞穴的依赖就减少了，因此，比起还在住洞穴的玉蟾岩先民来说，这无疑是一个巨大的进步，体现了人类改造自然的能力有了较大的提高。

　　除了长江中游，长江下游也兴起了很多新石器早期的文化。早在 1 万年前的浙江，就出现了以上山遗址为代表的上山文化。上山遗址位于浦江县的黄宅镇境内，出土有成矩阵排列的"万年柱洞"、割稻子的石镰、脱壳的石磨盘和

● 上山遗址出土的陶盆。　　　　　　　● 上山遗址出土的石磨盘和石磨棒。

石磨棒，以及掺入了很多稻壳的陶器碎片。柱洞的出现，说明上山居民已经告别了树居巢穴的流离失所的生活。陶器是掺入了稻壳和稻叶的，以防止烧制时烧裂。考虑到当时的人们无论是做饭、装水、喝酒、存粮，还是死后陪葬，都离不开陶器，陶器的数量绝不会是一个小数目，而能用稻壳做陶器，说明他们对谷壳的作用已经有很深的认识，由此可见，稻谷在当时人们的食谱中所占的分量，也绝不会少。

上山文化虽然处于旧石器时代和新石器时代之交，但却十分先进。另一处位于今天浙江义乌桥头镇的上山文化晚期遗址里，出土了很多9000年前的刻画有类似甲骨文的"五"字及与《易经》中一些卦象相似的图案的陶器。虽然甲骨文的时代离上山居民太过遥远，但是有据可考的是后来河姆渡文化的干栏式房屋，就继承了他们的万年柱洞。

河姆渡文化的代表遗址位于长江流域最下游的浙江余姚地区，距今约7000年。这是新石器早中期时的小高潮，其成就主要表现在吃大米、喝美酒、住鸟巢、用陶器等。

吃大米本不是新鲜事，但新鲜的是河姆渡人会用骨耜种大米。

从农业发展史来看，农业生产的翻土方式，基本上经历了从耒、耜、锄头，再到犁耕和牛耕的改进。锄头和犁，在今天的农村，尤其是不适合机器生产的地方，还是十分常见的农具，而耒和耜则早已退出历史舞台。耒是从早期祖宗们用的挖掘棍变化而来的，开始就是一根棍，后来变成了一根柄稍微弯曲的木叉，看上去像吃饭用的叉子中间齿断掉了。由于表面积小，翻土效率很差，所以慢慢地，人们学会了把牛的肩胛骨绑在棍子上来翻土，这就是耜。

用耜翻土的时候，需要脚踩横杆，把耜的下端插进土里，再撬一下，才能把土翻起来。虽然比起锄头和犁来说，耜吃力不讨好，效率非常低下，但耜毕竟可以翻土了，比纯用耒这个只剩两个齿的叉子要强。有了骨耜，意味着河姆渡文化的农业已经跨越了最初的原始阶段。有了骨耜，产量也可以大大提高——河姆渡遗址里发掘出的100多吨碳化水稻，就是其农业生产力先进的有力证据。

这些粮食吃不完，浪费了可惜，拿来酿个酒，正好美哉快哉。河姆渡人有酒喝的证据，体现在一个叫陶盉的陶器中。陶盉是一个装酒用的容器，前面一个冲天的壶嘴，后面一个喇叭口，中间用把手连接，看上去像一把茶壶和清酒罐的组合体。整个壶上半部黑色，下半部红色，造型感很强，具有很高的艺术欣赏价值。

除了陶盉以外，河姆渡遗址还出土了很多造型丰富的陶器。河姆渡的先民们在陶器制作中的先进性，在于采用了一种把炭末混合在陶土中的先进的加炭技术，这种技术可以减少陶土的黏性，提高成品率。得益于这一技术，今天考古学家们在修复这些陶器碎片时，成功率也颇高，迄今为止已经复原的就有

● 河姆渡人的骨耜。

● 河姆渡遗址中出土的碳化的水稻。

● 河姆渡遗址中出土的陶盉。

● 河姆渡遗址中出土的十八角刻花陶釜和陶灶。

1000 多件。

河姆渡的陶器种类繁多，有炊器、容器和酒器等。除了上面说的陶盉，还有一种值得一提，它就是陶灶。陶灶是先民们做饭用的炊具。河姆渡的陶灶非常有创意，其外表看起来像个簸箕，内壁有 3 个为安放釜而设置的乳钉状足，和北方先民发明的各种各样的三足炊器判然有别。这种差别的产生，主要和南北方先民的居住条件不同有关。这时候的北方居民，住的是半地穴式房屋，做饭的时候，在地上直接烧一堆火，把三足器放在火上就行。但河姆渡居民住的是鸟巢，学名"干栏式房屋"。干栏式房屋用木桩做柱础，上面横放木板做地板，然后再在地板上立柱子，做墙壁，盖屋顶。由于其既凉爽通风，又防潮防虫，所以至今仍是南方农村居民的理想豪宅。虽然好处很多，但干栏式房屋的缺点也十分明显，最大的缺点，就是全木结构，不易防火。所以，河姆渡的居民不能像北方居民那样直接在屋里烧一堆火，但他们也不能在房子外面烧火做饭，因为南方多雨。一旦有了陶灶，这些问题就迎刃而解了。陶灶的影响非常深远，后世南方居民用的缸灶，就是从陶灶演化而来。由此可见，我们的文明，根基是非常深远的。

● 河姆渡文化的干栏式建筑。

● 新石器时代先民们的生活场景想象图。用骨、木、石、陶和象牙器，穿麻布衣，种五谷杂粮，兼营打鱼、狩猎、采集。

当南方的先民们在吃香喝辣的时候，北方的新石器文化也如雨后春笋般地兴起了。

目前北方地区发现的最早的新石器时代的遗址，是位于北京门头沟区东胡林村的东胡林遗址，距今 1 万年。

东胡林遗址出土了脱粒用的石磨盘和石磨棒，以及几颗碳化的粟和黍，也就是小米和黄米。此外，还发现了 2 个成年男人和 1 个少女的遗骸。少女手腕处戴着用一段段截断的牛肋骨做的手镯，脖子上戴着一串螺蛳壳做的项链。人都是靠山吃山、靠水吃水的，东胡林虽然地处北方，但这时候冰期已经结束，气候暖湿宜人，附近既有柳叶儿遮满了天的燕山，也有鸳鸯戏水的清水河，所以，在他们的食物中黍粟的比重不会太高。遗址里出土的鹿骨、猪骨、猪牙、牛骨及螺蛳就充分表明，1 万年前的东胡林村的村民们，还不是一天到晚面朝黄土背朝天的纯农民。

● 磁山文化遗址中出土的陶釜和陶支架。巨鹿之战中项羽为破秦军而破釜沉舟的釜，就由此发展而来。

9000 多年前，在今天河北武安的磁山，出现了磁山文化。这里的先民们，不但住上了半地穴式房屋，用上了陶器，还驯化了黍，养上了鸡，并种上了核桃，后两者是当时的全球第一。磁山人还没能用上彩陶，但陶器上已经有很多纹饰，比如绳纹、乳钉纹、编织纹等。此外，遗址中还发现了 88 个长方形的窖穴，底部都堆积有 0.3～2 米厚的粟灰，其中 10 个窖穴的粮食堆积厚达 2 米以上，可以说是相当富有了。富人总是有着超前的思维，磁山先民也这样，在他们的遗址里，几乎所有的工具，包括生产工具（石铲、石斧等）、脱粒工具（石磨盘、石棒等）、炊具（陶盂、支架等）都是分组分类放置的，

● 裴李岗文化遗址中出土的乳钉纹三足鼎。

● 裴李岗文化遗址中出土的石磨盘和石磨棒。　● 裴李岗文化遗址中出土的石镰。

看上去井井有条，颇有几分处女座的情怀。

继磁山文化之后，北方的旱作农业代表有裴李岗文化，以最早发现的位于今天河南省新郑市的裴李岗遗址为代表，主要分布在黄河流域中游一带。这里的先民们，不但过上了斗鸡走狗、养猪种粟的农业生活，还发明了很多影响后世的陶器，其中最有代表性的器物有双耳壶和三足的钵形鼎等。三足器是非常有中国特色的陶器，还是后世青铜器的经典造型，无论是禹铸九鼎的鼎，还是周天子九鼎八簋的鼎，以及楚庄王问鼎中原的那个鼎，造型来源，都可以追溯到裴李岗。

裴李岗遗址还发现了石镰和石磨。如果一个遗址里发现斧头，并不能证明有农业出现，因为斧头是多用途的，可以开荒垦地，也可以做木工活，但如果发现镰刀，很大概率可以证明其有农业出现，因为镰刀就是为割庄稼而生的，天生就是农具，虽然后世逐渐演变为武器——戈，但当时只和农业相关。

裴李岗文化的分布范围很广，其中特别值得一提的是位于河南舞阳的贾湖遗址。这里的先民，实行的是两手抓政策，在保障自己的物质文化生活之外，还十分重视精神文明建设。这里出土了中国最早的骨笛——一支用丹顶鹤的翅骨做成的有 7 孔的乐器，尽管在地下埋了差不多 8000 年，这支笛子还能吹出河北民歌《小白菜》。此外，贾湖先民们还会酿酒，喜欢算命，墓葬内有很多装石子的龟甲，上面还有很多像文字一样的符号，虽然很难判断这

● 贾湖遗址中出土的七孔骨笛。

些符号和 5000 多年后的甲骨文是否有直接的联系，但是起码能够反映出 8000 年前裴李岗先民们先进的生产力和丰富的艺术文化生活。

在裴李岗的先民们唱歌跳舞、算卦写字的同时，在更遥远的北方地区，出现了另一个非常有代表性的文化，这就是位于辽河流域的兴隆洼文化。

兴隆洼文化的代表是内蒙古赤峰市的兴隆洼遗址。这个遗址十分难得地保留了新时代早期的完整聚落，因而能够让今人一窥祖宗们的生活。整个聚落由一条防御用的壕沟围绕 100 多座圆角方形的房屋组成，房

● 贾湖遗址中发现的类似文字的刻画符号。

子排列有序，而且普遍面积较大，居住条件比黄河流域的先民要好。出土的遗物里，除了骨器、陶器、石器以外，还有整个东亚地区发现的最早的玉器，比如戴在耳朵上的玉珏，以及用一节一节的玉管做成的项圈。兴隆洼居民的生活中，猪是非常重要的财富，所以既有石头雕刻的猪首龙形器物，随葬的时候有的还会用一公一母两只整猪陪葬。那个石头雕刻的猪头龙非常重要，因为这是

● 兴隆洼遗址的聚落示意图。

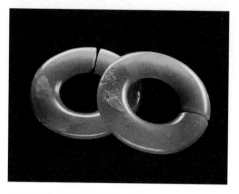

● 兴隆洼文化遗址中出土的玉玦。

目前为止发现的最早的"龙"元素，也是后世红山文化出土的玉猪龙的祖宗。

除了以上颇具特色的东西以外，兴隆洼还出土了石磨盘和磨棒、石杵、石刀、鱼镖，以及大量的鹿角、狍骨和胡桃，这说明兴隆洼人和其他文化的先民一样，在农业之外，还过着采集渔猎的生活，非常纵情恣意。但十分另类的是，他们喜欢拿人的头盖骨做饰物，比如七号墓的墓主人，一位25岁左右的男青年，手上和胸前就都戴着用头盖骨做的牌饰，不知道后来战国时候的赵无恤把智襄子的脑袋拧下来盛酒的做法，是不是跟他学的。

当裴李岗文化在中原大地兴旺发达、兴隆洼先民在东北纵情恣意的时候，在黄河中上游的甘肃秦安，也出现了迄今为止发现的新石器时代最早的文化——大地湾文化。

大地湾文化又叫老官台文化，最初发现于陕西的老官台，但后来在甘肃秦安王营乡的邵店村东发现了比老官台文化更加丰富而有代表性的同类文化，因这一类型的文化又叫大地湾文化。

甘肃到了夏商周以后一向被视作经济文化落后的苦寒之地，但8000年前，这里的先民们创造了很多世界之最。他们是全世界最早种植黍和油菜籽的人群之一；他们是世界上最早会制造彩陶的人。大地湾的彩陶不但器型多样，而且彩绘风格独特：红地黑彩，口沿处通常绘有红色宽彩带，在同一个陶器上，往往既有绳纹，又有彩画。此外，器皿内部有很多刻画符号，这些符号虽然尚未被解读，但有学者认为它们是文字的前身，是大地湾先民们记事或者计数用的。

此外，大地湾的先民还是伟大的建筑师。虽然遗址的大多数房屋和这一时期黄河流域其他文化的房屋一样，是半地穴式建筑，面积不过七八平方米，还都是单间，但其中编号为F901号的房屋，却显示了大地湾先民无与伦比的建筑技巧。这座地面起建的大型宫殿，位于遗址最高处，坐北朝南，左右对称，

规模非常宏大，面积达到惊人的 420 平方米，而
且结构复杂，功能齐全，前厅、主室、后室、门
廊等一应俱全。在另一座编号 F411 的大房子里，
地面甚至还画有人和动物主题的地画。这些大房
子的建筑方式，和一般的小房子不同，用的是那
个时代十分先进的木骨泥墙和草泥包皮技术，用
木头做支撑，细小的树枝编成类似篱笆那样的墙
壁，再涂上拌了干草的烂泥，类似今天的钢筋混
凝土结构。这充分显示了大地湾的先民们在建筑
艺术方面的巨大成就。

● 大地湾文化遗址中出土的
带有符号的陶器碎片。

　　大地湾文化是黄河流域上中游最早的新石器
时代的文化，也是我们中华文明的重要源头之一，
后来遍布于几乎整个中原大地并成为华夏文明重
要来源的仰韶文化，就吸收并传承了它的文化
基因。

　　仰韶文化在 7000—5000 年前，是新石器时代
中期的代表文化，也是 20 世纪最早发现的新石器
文化——1921 年，被袁世凯北洋政府请的找矿外
援瑞典人安特生发现。因为最初发现的地点是在

● 大地湾文化遗址中出土的
人头形器口彩陶瓶。

河南三门峡市渑池县的仰韶村，所以命名为仰韶文化。

　　仰韶文化历经时间长达 2000 年，范围广布 9 个省，因此在不同时期和不
同地方也有着不同的风貌。根据这些表现的不同，学界把它们细分为 5 个时间
段、6 个区域、19 个地方类型。在这些类型中最著名的，要数位于陕西省的半
坡类型了。

　　半坡类型属于仰韶文化的早期，代表遗址有位于今天陕西西安的半坡遗址
和姜寨遗址。姜寨遗址因为保存了极为完整的聚落，已成为研究新石器时代人
们生活的重要窗口。其聚落由天然的河道和人工挖掘的沟渠组成外围的壕沟、
房屋、窖穴、陶窑和墓地五部分构成。其中房屋和窖穴位于壕沟里面，陶窑和

墓地则分布在壕沟外面。房屋有大有小，规整地排列在一个4000多平方米的广场四周并面向广场开口，大房子四四方方，地面起建，分别位于广场的东南西北四方，小房子则是更早期的文化中颇为常见的半地穴式小圆屋，分堆簇拥在四座大房子的周围。

姜寨遗址主要处于母系氏族时期。整个聚落代表的是一个由四个氏族组成的部落社会，四座大房子分别是四个氏族的活动中心，供氏族开会、祭祖、吃流水席之类，小圆屋则有点儿像今天按小时收费的旅馆，主要供对偶婚的小两口们居住。

对偶婚是继群婚杂交、血缘婚和族外群婚之后人类历史上的又一个特殊的婚姻形态。群婚杂交和血缘婚是原始社会里的老祖宗们最主要的婚姻形态，占据了人类历史的绝大部分时间。群婚杂交基本上等于百无禁忌，逮着谁是谁；血缘婚则讲究辈分，肥水不流外人田但只限于同辈之间，不能越界。进入氏族社会之后，婚姻的规则是兔子不吃窝边草，而不是肥水不流外人田，乱来虽不禁止，但绝不能在同一氏族之内乱来。所以，这时候的婚姻，就是一个氏族

● 半坡类型遗址示意图。外有壕沟，内有工整的布局，社区秩序井然，一派田园风光。

的女人，和另一个氏族的男人互为夫妻。这就是传说中的族外群婚。族外群婚是一种排列组合式的婚姻，对于一个氏族的女人而言，其他氏族的男子人尽可夫，对男人们而言，只要不是本氏族的女子，也是人尽可妇。这种情况带来的一个必然结果，就是人人都知其母而不知其父，因此，一个人属于哪个社会集团，只能按照母亲这边的世系来算。周朝在追溯自己的祖先时，最远只能追溯到姜嫄，说姜嫄踩到巨人的脚印而生下后稷；商朝在追溯自己的祖先时，最远只说得出简狄，说简狄吞了燕子蛋而生下远祖契；夏朝、秦朝也无不如此。之所以所有追溯的结果都是一位女性的祖先，就在于母系氏族时代的人都只知其母而不知其父。

一般认为，母系氏族对应的主要是旧石器末期和新石器早期的采集狩猎社会。在母系社会里，女人主要负责采集和种地，男人主要从事狩猎，他们虽然也参加劳动，但地位并不高，因为狩猎不如种地和采集那么稳定，经济上没有发言权。且那会儿女人们的老公都很多，他们不知道哪个孩子是自己的亲儿子，所以，他们虽然也会养育孩子，但养育的是他的姐妹和其他男人的孩子，自己的孩子在谁那儿自己也不知道，就是知道了也没办法，不算自己这一家子的人。

但这样的情况到了新石器时代中晚期就被颠覆了，这主要有三个方面的因素：一是在族外群婚的时候，虽然大家都人尽可夫或人尽可妇，但其中总有一个是自己最中意或者说最主要的对象，相对稳定而长久；二是这时候农业从早期的刀耕火种进入需要翻土犁地的耜耕农业阶段，没有一把子力气是不行的，所以男人们从早期主要负责狩猎慢慢也转向农业生产，在生产活动中的重要性开始上升；三是由于人口的增加，对资源的争夺也开始激烈，战争也开始变得频繁，男人相对于女人而言，力气更大，胆子更肥，好勇斗狠，是一把打仗好手。这些因素综合起来，就使得男人在氏族中的话语权也越来越大起来。

而随着男人们的地位逐渐上升、积累的财富逐渐变多和权势越来越大时，他们更愿意做的事情，是把自己这辈子攒下的财富传给自己亲生的后代，而不是姐妹们和其他男人的后代。因此，有权有势有钱的男人们开始修改那些对自己不利的规则，比如不再每晚跑到女人家里过夜，生了孩子也不再归女方所有等。当这个过程完成的时候，母系氏族就被全新的父系氏族公社代替了。当然，这个转变过程不是一蹴而就的，而是漫长又血腥的。今天某些民族部落流行的一种男子抢亲和女子出嫁时哭嫁的习俗，就是这个斗争遗留下来的痕迹。

在历史上，从母系氏族向父系氏族的转变，经历了一个对偶婚的中间阶段。

对偶婚一般指的是一男一女结成一对，到女方家过夜的婚姻形式。对偶婚的男女关系不那么稳固，无论男女都可以随时"换窝"。虽然这听上去和今天的小家庭一样，但二者有着本质的区别，就在于对偶婚的这一对小情侣并不是一个独立的经济单位，还得背靠母系氏族生活。

母系氏族是一个分化不甚明显的社会，氏族的纽带还比较强大，女性的地位也普遍比男性要高。仰韶文化跨度2000年，刚好就处于从母系社会向父系社会过渡的时期。姜寨遗址属于仰韶文化的早期阶段，母系还占有上风，那些为情侣们准备的小房子、被小房子围绕的大房子，以及全体面朝中心广场开口的布局，反映的就是氏族强大的向心力；此外，从墓葬来看，仰韶文化早期墓葬要么是单人墓，要么是家族合葬，而且女性的陪葬品普遍要比男人多一点儿，反映的也正是这种特点。但从中期开始，情况就慢慢不同了，氏族合葬墓越来越少，单人墓葬越来越多，说明氏族纽带开始松弛；到后期，还出现了男女合葬墓，这反映出男人的地位开始上升，母系氏族开始向父系氏族过渡。当完全进入到父系社会之后，流行的墓葬再也不是单人墓或者家族墓了，而是男女合葬墓，而且如有随葬品，一般也是男的居多。

除了婚姻形态反映的氏族变迁值得研究，仰韶文化另一个非常有特色的地方，在于拥有发达的彩陶文化。仰韶文化的陶器造型生动，器型也非常丰富，

● 仰韶文化遗址中出土的小口尖底瓶，一个蕴含了重力学知识的取水宝器。

早期流行红地黑彩或紫彩，中期流行白地或红地，再加绘黑色、棕色或红色的纹饰，有的在黑彩之外还加镶白边，花纹则有勾画的勾叶纹、花瓣纹、人面纹、鱼面纹等，也有掐出来的指甲纹、捏出来的附加堆纹、拍印上去的方格纹和绳纹等等，充满生活的气息。仰韶文化半坡类型最有特色的陶器有两种。一种是双耳小口尖底瓶，另一种是彩绘陶盆。

小口尖底瓶是一个形状像纺锤的容器，中间大、两头小，造型奇特。这种两头尖的容器究竟是做什么用的学界还没有定论。一些人认为这是个颇有科技含量的取水工具，因为重心高，打水的时候，只需提着绳子把瓶子往井里一扔，它自己就倾倒过去了，当瓶子装满了水，重心变低，瓶子又会自动竖起来。另一派则认为这个瓶子不是取水工具，因为它重心太高，装满水以后，依然容易倾倒，所以最大的可能是一种半截身子埋在土里的存储工具。

半坡类型的另一大特色陶器——彩绘陶盆的代表是半坡遗址出土的人面鱼纹盆。这个由细泥红陶制成的敞口卷边盆，口沿处绘有间断的黑彩带，内壁用黑彩绘出两组对称的人面和鱼纹，人面是一张圆圆的小孩的脸。不过，这个陶盆不是什么喜庆场合用的，而是安葬小孩的瓮棺的盖子。同样功能的还有半坡出土的鹿纹彩陶盆，中央还有一个小孔，据说是留给小孩灵魂出入的通道。

●半坡文化遗址中出土的人面鱼纹彩陶盆。　　●半坡文化遗址中出土的鹿纹彩陶盆。

除了半坡类型以外，仰韶文化的另一个代表类型是后岗类型。后岗类型的遗址最早发现于河南安阳的后岗村，但最值得一提的，是位于河南濮阳的西水坡的古墓遗址。

　　西水坡古墓群时间跨度较大，其中属于仰韶时期的古墓群主要有四组，从南到北沿着子午线等距排列。最北边的是45号墓葬，墓葬南北长约4米、东西宽约3米、深0.5米，墓主人头朝南脚朝北地仰卧其中，左右两旁各有一个用许多蚌壳摆成的头向北、腿向外的青龙白虎贝塑，脚下另有一堆用蚌壳及两根人小腿骨摆成的北斗七星。此外，墓穴里还有三具被砍过头的用于殉葬的青少年，和三堆贝壳一样，分别位于墓主人的左、右和脚下。脚下的那位，摆放位置和平直的墓葬边缘并不平行，而是略微倾斜。

　　沿着子午线方向往南，距离45号墓室25米远的地方，是另一座墓坑，坑里没有人骨，只有用蚌壳摆放的龙、虎、鹿和蜘蛛四种动物的塑像；再向南25米，有另一个无人的墓穴，里面有用蚌壳摆放的龙塑和虎塑，其中龙身上还用蚌壳摆放了一个人，显示一人骑着龙的形象；再往南25米，是一个墓穴，埋着一个殉人，殉人和45号墓里的三个殉人一样，都被砍过头，不同的是，这个殉人，没有膝盖以下的部分——小腿和另一小堆贝壳一起，组成了一个北斗星的形状，躺在45号墓主人的脚下。

● 左青龙，右白虎，西水坡大墓M45的墓主人头顶蓝天，脚踩大地，四季神和瑞兽陪伴四周。

　　这个墓葬有着非常多神秘而又独特的元素。首先，墓葬本身的形状很有意思，和一般的长方形墓葬不同，45号墓的北边十分平直，南边却呈弧形，东西两侧还各有一个向外突出的弧形小龛。其次，墓葬里的四个殉人非常特别，两男两女，年龄均不超过16岁，而且和一般的殉人摆放在一起不一样，这四个孩子是分散排列的，两个分别位于墓主人左右两侧的小龛，一个倾斜着摆在脚下，另一个首尾异处，上半身独处于最南边的墓穴，小腿则和另外三个殉人一起留在最北边的45号墓里陪伴着墓主人。此外，墓主人身边的龙虎贝塑非常逼真，尤其是那个龙的形象，昂首矫健，仿佛要遨游沧海。虽然在新石器时代的遗址里，不止一处有和龙相似的形象，号称"中华第一龙"的发现也很多，比如早期的兴隆洼文化中的石刻猪头龙、红山文化的玉猪龙、山西襄汾陶寺遗址的龙纹陶盘等等，但是，这些龙的形象和后世常见的龙的形象都有较大出入，有的没有鳞，有的没有爪，还都呆萌有余，矫健不足，不像是名副其实的龙。唯独这个大墓的龙形贝塑，张牙舞爪，活灵活现，和后世常见的龙的形象如出一辙，栩栩如生。

　　结合龙虎贝塑和北斗贝塑及殉人的位置，学者分析，这不是一个普通的大墓，而是一个反映了古人博大精深的天文历法知识的高等级墓葬。首先，墓葬一边平直一边凸出的形制，代表的是一个宇宙模型。在古人的观念里，天圆地方，体现在平面上，南方为天，北方为地，45号墓正好是南方凸出，北方平直，分别代表天和地。其次，青龙、白虎和北斗一向是中国传统文化中和天象、方位等相关的标志，所谓的"四象"，也就是左青龙、右白虎、前朱雀、后玄武，最初指的就是二十八星宿所组成的形象。再次，墓群里的四个殉人，并不是普通的用来服侍死后的墓主人的殉人，而是代表天的四个孩子——主管四季的春分、秋分、冬至和夏至。古人认为，四位季节神分别住在天庭东西南北的最远方，而这几个殉人刚好散布在墓主人的东西南北四方，而且代表冬至的殉人不与墓边平行摆放，倾斜的角度刚好和濮阳冬至日所看到的日出相同。至于为什么代表夏至的殉人要被单独埋到最南边的一个墓葬里，则是因为墓主人——第三个墓坑里那个骑蚌壳龙的蚌壳小人儿，要在四大神兽的护送下乘龙上天，而天庭的门只有一个——南天门。既然夏至住在南天的尽头，自然要放到比南天门更南的地方。之所以要把他的小腿砍下来，则是因为他的小腿被当成了过去测量天象的表。远古时候，古人测定四时的方法只有两种，一是晚上看星星，二是白天看日影。但看日影也不是每天都看的，毕竟凭那个时候的技术，今天看到的日影和明天看到的日影长度是不会有啥分别的，因此，最初还没有完全搞清楚一年是怎么回事的时候，天文学家们只在夏至日那天测日影。而那时候没有靠谱的天文望远设施，所以在测量日影的时候，能用的就是自己的身体，最重要的是小腿骨。慢慢地，古代的天文学家们发现用腿来丈量日影实在太不精确了，才创造出来一种新的工具——"表"，来取得统一的尺度。在这个墓主人生活的 6500 年前，"表"大概还没有被发明出来，所以只能借用夏至殉人的小腿来测量。

在早期社会中，垄断宗教权的意义不需多言。中国春秋时候的著名史书《左传》里有一句脍炙人口的话，"国之大事，在祀与戎"，"祀"就是祭祀，代表宗教权，"戎"就是征伐，指的是军事权。这句话千年以来一直被统治阶级

● 新石器时代的祭祀场景想象图。现代科学观念深入人心之前，天空不空，风伯、雨师、旱魃、雷公、电母等影响农业收成的神祇，都住在天上。

奉为圭臬，因此，春秋时期，一位图谋篡位的贵族，在寻求造反外援的时候，宁愿以让出治理国家的权力为报酬，也要自己把控着祭祀的权力。但对于中国古代社会来说，宗教祭祀从来都和天文历法知识紧密相连。这是由我们这个文明的农业性质决定的，农业文明完全是靠天吃饭的文明，因此极其讲究敬天授时。《周髀算经》就说过"知地者智，知天者圣"，意思是懂得世间的事，顶多只是个智者，而懂得天文历法，就称得上是圣人、王者。因此，谁掌握了天文历法，谁就掌握了话语权和统治权，谁能够预测风霜雨雪，谁就拥有在人间呼风唤雨的权力。无疑，这个展示了新石器中期天文学最高科学成就的 45 号墓，必定不属于一个普通人。

这个高规格的墓葬，属于哪位先人，尚无定论。有人说是传说中的黄帝，因为传说他曾骑龙升天。也有人说这是黄帝的孙子、同为五帝之一的颛顼，因为传说他居住在帝丘，也就是今天的濮阳，而且他曾经绝地天通，垄断祭祀权力，乘龙而至四海，还创制了历法。另有人认为，这是传说中的战神蚩尤，因为墓主人的胸椎缺了几块骨头，和被腰斩的样子十分相似，而在上古帝王里面，唯 ·有可能遭受腰斩的是蚩尤。传说这位九黎部落联盟的首领，有兄弟 81 人，铜头铁额，战无不胜，曾经多次出击，把黄河流域中游的炎帝和黄帝搞得很痛苦，后来炎、黄二帝在涿鹿和蚩尤进行了大会战，黄帝驱动了熊罴虎豹，还请了天上的外援旱魃女士，才打败了劳师袭远的蚩尤和他的 81 个兄弟。为了除恶务尽，黄帝军团就把蚩尤本人给大卸八块了。

这些说法虽然看上去各有道理，但也各有短板，最大的问题在于无论是黄帝、颛顼还是蚩尤，生活的年代都不符合这个墓的年代。按照史书记载，他们生活的年代大约是公元前 3000—前 2000 年，而这个 45 号墓却属于公元前 4500 年，中间有将近 2000 年的差距。因此，又有人猜测，这个墓是伏羲的大墓，因为他不但生活的年代和墓主人相当，而且曾经创制八卦，本人也一直是人首蛇身的形象，和墓中展示的内容高度吻合。不过，这依然没能说服所有人。何况拿古史记载去附会考古发现，本身也不是十分靠谱。因此，关于墓主人的身份问题，至今没有统一的答案。不过，学者们一致同意的一点是，墓主人一定是那个时候懂得呼风唤雨的大巫或者大权在握的部落首领，或者是神人一样的存在，是那个时代站在金字塔尖的人物，是王者。因此，不管他姓甚名谁，都不重要，重要的是，西水坡大墓所体现出来的宏大的精神文化内涵，证明了中华文化的博大精深和源远流长。

仰韶文化是我们中华文明极其重要的一个源头。但仰韶文化并不是中华文明的唯一来源，和它同时期的黄河下游地区，就存在着一个不同面貌却又同样先进的文化系统——大汶口文化。

大汶口文化距今6300—4500年，上承北辛文化，下启龙山文化，主要分布在今天的山东、苏北等地，代表遗址是位于今天山东章丘大汶口村的大汶口遗址。一些蛛丝马迹显示，大汶口文化是由东夷人创造的。东夷有很多英雄人物，曾经把炎、黄二帝搞得寝食难安的战神蚩尤、夺取了夏朝江山"因夏民以代夏政"的后羿、彻底夺取夏朝江山的商汤、创造了大秦帝国的秦族，以及推翻了大秦帝国的刘邦，据说都是东夷人。

处于新石器时代中期的大汶口文化十分先进。首先表现在制陶技术上。除了可以制作仰韶文化流行的红陶，大汶口先民还能制作白陶、灰陶，和举世闻名的黑陶。大汶口的白陶是由高岭土——后世制造瓷器用的土制成的，烧制温度比红陶要高，所以烧制的陶器器壁薄，但硬度高，典型的代表就是白陶鬶。黑陶又名"蛋壳陶"，是用快轮制陶技术做出来的陶器，厚度不到1毫米，有"薄如纸、声如磬、硬如瓷、亮如镜"的美誉。而除了制陶的技术水平先进，大汶口陶器反映出来的艺术水平也相当不错，陶器造型优美，轻盈灵动，比如典型的代表白陶豆和白陶鬶，豆是高脚盘，鬶是形状像飞鸟的酒器。有学者认为，这种造型与东夷人以鸟为图腾崇拜有关，东夷人建立的商朝在追溯自己的祖先时，就有"天命玄鸟，降而生商"的说法。后世将凤鸟视为和龙图腾一样的瑞兽，大约也和东夷人建立的龙山文化最后与以龙为图腾的中原文化融为一体有关。

大汶口先民的第二个先进之处，是实现了让一部分男性拥有更多的财富，让他们更有社会地位。早期的时候，大汶口墓葬多为单人墓，中期开始出现男女合葬的墓，而且一般男的仰面平躺，女的蜷缩在一侧，陪葬的整猪等财物也放在男人一边。此外，富有的大墓已经有了棺椁、很讲究的木质葬具、象牙制品、玉器，以及镶嵌绿松石的骨制品等精美的陪葬品，多的可达100多件，但

● 大汶口文化遗址中出土的彩陶壶。

● 大汶口文化遗址中出土的白陶鬶。

● 大汶口文化遗址中出土的黑陶鬶。

● 大汶口文化遗址中出土的玉镯。

● 大汶口文化遗址中出土的象牙梳子。

穷的墓葬里，要么只有一两件粗糙的陶器，要么干脆一无所有。这和中原仰韶文化判然有别，表明他们在某种意义上来说走在时代的更前列。

大汶口文化的第三个先进之处在于出现了类似文字的刻画符号。这些符号多数刻画于一些大口的陶尊上，陶尊是盛酒的祭器，这些刻画了符号的陶尊都竖着埋在墓主人的脚下，刻画的符号朝着墓主人的方向，总共有 30 多个，可分为 8 类，一些符号看上去像日、月、山、树、钺、王冠之类的。数量比贾湖遗址和大地湾遗址出土的都多，但因为这些符号都是单独出现，缺乏上下文，所以不好判断其所含的意义，究竟是否算得上文字也是个未知数。但很多研究古文字的学者认为，它们至少可以被看成是文字的萌芽。

除了代表那个时代最先进的生产力以外，大汶口文化还充满与仰韶文化迥然不同的风情。比如他们喜欢对枕骨进行人工变形；不管男女，到了青春期，都会拔除一对侧上门齿——有人解释为是对蛇的崇拜；有的还长期口含小石球或陶球，造成颌骨内缩变形；此外，他们还流行在死者腰部放穿孔龟甲，死者手握獐牙或獐牙钩形器。这些习俗在中国其他史前文化中几乎不存在，说明这是一支独立起源的文化。

当黄河流域的仰韶文化和大汶口文化互相辉映的时候，从前兴隆洼文化所在的辽河流域也跨入了红山文化的新时代。

红山文化距今 6000—5000 年，主要分布在东北部的内蒙古和辽宁等地区，代表遗址是位于今天辽宁省凌源市的牛河梁遗址。和世俗气息浓厚而朴实的仰韶文化，以及轻盈灵动的大汶口文化不同，这是一个宗教气氛十分浓厚的文化，非常有特点的遗物遗迹不是居民们生活的聚落，而是各种石砌建筑、玉器、人像雕塑和似乎是祭祀用的筒形陶器。

石砌建筑主要有三类：一是方形的神庙，二是圆形的祭坛，三是有方有圆的积石冢。

女神庙是一座长方形的半地穴式的房子，墙壁上绘有彩画，房子里有人像的泥塑残片。祭坛距离女神庙不远，呈圆形，分三层，由三重石头砌成，石头从外到内一层层加高。整个形制和今天的北京天坛十分相似。公元前 1046 年，武王灭商，建立了周朝。为了维护自己的统治，周公制礼作乐，发展出了一套全新的意识形态——"敬天保民"思想，祭天于是成为帝王的专属权力，而天坛正是皇帝祭天的祭坛。红山文化虽然距离周朝还有几千年，但如此相似的结构，仅用巧合来解释，似乎有点儿太牵强。事实上，中华文明的很多因素，都可以在新石器时代找到根源，比如：周朝的鼎簋制度所用的三足鼎，器型就和比红山文化更早的裴李岗文化的陶鼎一脉相承；《周礼》中规定的祭祀天地的专用神玉，则

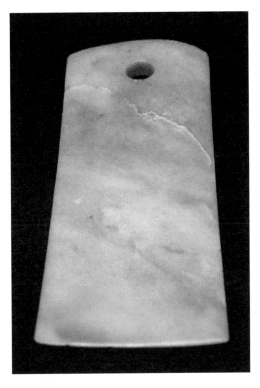

● 大汶口文化遗址中出土的玉钺。国之大事，在祀与戎。戎就是军事，玉钺则是最高军事权的象征礼器。

来自良渚古国的玉琮玉璧；后世象征征伐大权的钺，更是能在很多新石器时代的遗址中找到原型。所以，把红山文化的三重祭坛看成是后世天坛的滥觞，似乎也无不可。

除了神庙和祭坛，周围还分布着大量的积石冢。这些坟冢早期为圆形，晚期为方形或长方形，一律使用切割平整过的石头，先拿一圈石头砌成方框，填上土，再在上面砌一圈小一点儿的方框，砌满三层，最后最上面用石头砌成塔的形状。这些冢大小不同，随葬品也不同，最大的一座长约 20 米，最下面埋葬着墓主人，再成排地摆放大量的彩陶筒形器，这些筒形器看上去很像没有底的笔筒，不是生前使用的物品，而是用于沟通天地的法器。

● 红山文化遗址中出土的玉人。

红山文化的人像雕塑一般位于神庙之中，塑像大小不一，小的不过几厘米，大的足有两三个人那样大，其中在牛河梁遗址出土的一个相对完整的如真人大小的女性头像，眼睛用玉石镶嵌，神情庄严，面庞清秀。泥塑人像在中国新石器文化的遗址中发现并不多，但在红山文化中却是一个常见的元素。在距离牛河梁 50 多千米之外的辽宁喀左东山嘴遗址中，就发现很多不过五六厘米高的塑像，虽然简单，但线条流畅，丰乳肥臀的特征也十分清晰。这不由得让人想起欧洲和西亚的各种丰收女神和史前维纳斯，有学者因此怀疑，红山文化的女神，有可能是代表繁殖和丰收的人类之母，也就是女娲，不过考古学有所谓的"孤证不立"一说，所以这仅仅是一种猜测。

　　除了石砌建筑和泥塑人像，红山文化另一个非常有特色的就是玉器。中国新石器时代的文化遗迹中，有两个文化的墓葬中都出土了大量精美的玉器，一个是红山文化，另一个则是比红山文化晚上千年的环太湖流域的良渚文化。良渚文化的代表玉器有玉琮、玉璧和玉钺，各处发现的玉器都有着统一的规格，且在较高等级的玉器上还有头戴羽冠的神骑在一只怪兽上的雕刻图案，这说明良渚文化有一个至高无上的权威，建立了类似"一神教"的统治。而红山文化的玉器则看不出任何这样的宗教垄断色彩，玉器多以各种各样的动物造型为主，比如憨憨的玉人、蠢蠢的玉龟、看上去像大白鹅的玉凤，以及和格斗高手们套在手指上的指虎有几分神似的双熊头三孔玉器等。其中最知名的，要数那个有"中华第一龙"美誉的玉猪龙，通体光洁，线条流畅，像一个加粗大写的"C"，就摆放在中国国家博物馆古代展厅非常显眼的地方。

● 红山文化遗址中出土的玉猪龙。　　● 红山文化遗址中出土的勾云玉佩。

　　整个红山文化分布范围达50多平方千米，各处都发现以上元素，说明他们有着同样的文化或是图腾。尽管遗址缺少同期其他文化所含有的玉钺，看不出世俗政权的性质，但无论是女神庙，还是祭坛和积石冢的建造规模，以及泥塑人像和彩陶筒形器、玉器等随葬品的精美程度，都不是一个分工和分化不明显的平等的氏族社会所能完成的。因此，不管他们有着什么样的精神生活，这个遗址所呈现的社会，都不是一个人人平等的社会，而是一个有凌驾于氏族之上的公共权威的神权社会。

无论是南方的玉蟾岩、彭头山、河姆渡文化，还是华北的东胡林、磁山、裴李岗、大地湾、仰韶、大汶口文化，还是东北地区的兴隆洼和红山文化，都体现出那个时代中国大地上的先民们，在适应自然和改造自然的过程中，发明创造出来的坚实的物质文化和宏大的精神体系，也令我们今人十分震撼。但更令我们震撼并骄傲的是，它们并不是此时先民们所取得的全部成就，今天，中华大地上已经发掘出来的新石器时期遗址，已经有1万多处，至于地下埋着的，那就更不知道有多少了。

著名考古学家苏秉琦先生曾说，我们中国有超百万年的文化根系，上万年的文明起步，五千年的古国，两千年的一统实体。这些灿若星辰的文化，在中华大地的大江南北蓬勃地生长，并不断地随岁月的流逝而嬗变、迭代。最后，它们各自在恰当的时间、恰当的地点，汇入了中华文明的洪流之中，成为中华文明源头重要的有机组成部分。因此，正如著名考古学家严文明先生所说的那样，我们的中华文明是一朵美丽的"重瓣花朵"，这些新石器时代的文化是花朵上的花瓣，正是它们五彩缤纷而又多元一体，才成就了这朵花的姹紫嫣红和长盛不衰。

小　结

阶级和国家正在来的路上

什么是文化？什么又是文明？

一千个人大概会给出一千种不同的答案。如果非要下一个简单粗暴的定义，文化就是人和其他动物的分界，文明则是有无国家的分野。

300多万年前，当人类的远祖们学会制造、使用和保存工具的时候，它们和其他动物之间就有了一条不可逾越的鸿沟，文化由此产生。洛迈奎文化、奥杜威文化、阿舍利文化、莫斯特文化和石叶文化就是它们创造的典范。

掌握了这些工具文化的祖先，从禽兽中慢慢崛起，站在了食物链的顶端。它们征服了其他动物后，又开始改造自然环境。慢慢地，农业出现了，这些食物链顶端的攫取者，摇身一变，从纯粹的消费者，变成了一个生产者。

当积累的生产经验越来越多，种粮的技术越来越先进——比如懂得天文历法、学会翻土灌溉——生产的食物必然就越来越多。而随着余粮的出现，不种地的闲人也出现了。这些闲人有的会做漂亮的陶器，有的会做精美的黑曜石镜子，有的带领人马抢劫其他村落特别有一套，有的和天上的神灵沟通毫无障碍。虽然未必直接从事农业生产，但他们并不是无用之人，制作的陶器和镜子方便了其他人的生活，抢回来的财富可以雨露均沾，他们把神灵服侍得很满意的时候，神仙也能给他们带来风调雨顺的好日子……总之，大家都挺有用的。当然，这些闲人也不是一夜之间就脱离农业生产的，最开始他们只是在农闲的时候磨个菜刀、做个镜子，时不常地去隔壁抢个粮食，遇到大事自己搞不定的时候才跳个大神，请示一下神灵，但慢慢地，随着他们在这些第二、第三产业的优势越来越突出，他们光凭第二、第三产业也能交换到比自己种地更多的粮食，自然要扬长避短，充分发挥自己的比较优势。于是，社会分工就这样慢慢地形成了，而当越来越多的人被卷入其中，一个广泛的社会分工和交换的网络就形成了。

一旦有了工种的分化，阶层的分化也就随之产生了。那些经常向神请示汇报的人，呼风唤雨，掌握着那个时代最先进、最神秘的知识；那些能够指挥人马去隔壁村砍杀抢劫，且能防止隔壁村过来抢劫自家的人，掌握着那个时代最强大的武力。这两种人，必然有机会占有更多的财富，也必然会最终占有这些财富，而一旦他们利用自己的分工优势取得了权势和财富上的优势，他们势必要发展自己的势力，以便于保护和扩大自己的财富和权势。当从前那些让社群得以运转的氏族社会的习俗、传统和舆论对他们不利，阻碍他们攫取更大的财富和权势时，他们就会动用自己的财力、人力和武力等软硬实力来改变甚至是废除那些对自己不利的传统习俗，创造出一套新的规则。这种既带有强制性，又超越血缘关系，凌驾于各种传统之上的规则，就是国家。

当分工不同、财富有差、地位悬殊的时候，阶级社会开始形成，人类社会就进入了文明社会。

全世界有五大最先进入文明社会的地方，即两河流域的苏美尔文明、古埃及文明、古印度文明、古希腊文明和我们中华文明，这就是五大古文明。

就文明出现的时间而言，早前学术界公认最早的是5000年前出现的苏美尔文明和古埃及文明，其次是大约在4500年前出现的古印度文明和古希腊文明。而中华文明当时虽然根据史料传说等文献记载来推测起于5000年前，但在考古上能够确认的，只从殷商时期开始而已，而商代离我们今天也就3600年。至于夏代，虽然夏商周断代工程确定了夏朝的年限始于公元前2070年，但因为考古发现证据不足，很多人依然质疑这一结论，认为那不过是"茫茫禹迹"，因此，考古学家认为我们所谓的5000年中华文明史里，注水的起码有1000年甚至是1500年。

但随着考古学上的进展，这种质疑的声音变得越来越小。2004年启动的"中华文明探源工程"一口气挖出或者是确认了好几个上古的大城，传说中的五帝——黄帝、颛顼、尧、舜、禹的都城所在确定了一大半，传说中的三皇伏羲、女娲和神农的居址也若隐若现，从而把我们国家的文明史向前推进了几千年，证实了我们起码在5500年以前就跨入了文明的阶段，就算不比两河流域和古埃及早，起码也可以和它们相提并论。

可是，为什么最古老的文明会在西亚、北非和我们中国的大地上出现？又为什么会在差不多同一时间出现呢？

根据著名历史学家汤恩比的说法，文明是一小撮精英领导大部分群众成功应对挑战的产物。所以，文明通常产生在那些有一定挑战但挑战又不是十分大的地方。有挑战，文明才会有动力产生，但挑战不能太大，否则文明就会被扼杀在母体中生不出来。

1万多年前，当末次冰期结束时，全世界开始变得温暖湿润，这种气候非常适合西亚和北非的大麦、小麦，东亚的水稻、黍粟生长，让农业有了产生并发展的机会。接下来的四五千年里，气候宜人，物种丰富，农业欣欣向荣，人口也有了大幅增长。同时，在这个过程中，人们积累了丰富的生产经验，发明了很多技术，为文明的诞生打下了坚实的基础。

但与此同时，随着专业化的分工出现，不平等也出现了，分工和等级相继出现，社会矛盾开始尖锐；另一方面，人口的增长也让资源日趋紧张，为争夺资源而产生的战争逐渐频繁。凡此种种，又给人们的生活带来了全新的挑战。这些挑战与松散平等的氏族社会不相容，氏族社会必须升级为一种更加强有力的组织才行。因此，在既有挑战又有应对挑战的能力的条件下，天时地利人和都已具备，文明的产生，也就是一件顺理成章的事。而全世界最古老的几大文明，都产生在农业最为先进发达的地方，也就不是偶然了。

但在全世界的古文明中，我们中国的古文明是最特别的，特别之处在于根基深厚。这并不是一句套话，因为文明产生的基础是农业的出现，但全世界的三大农业中心里，西亚的大麦、小麦是在同一片土地上种出来的，所需要的气候和土壤等自然条件相差不大，中美洲的土豆和玉米也是如此。只有中国，水稻生长在长江流域，属于水田农业，粟和黍生长在黄河流域，属于旱地农业。一方面，二者需要的自然条件差异较大，是独立起源而互不统属的两个系统，因此发育出的文明先天就带有不同的基因；而另一方面，两种文明之间，不存在能够阻碍彼此之间交流和渗透的不可逾越的天险，所以两种文明总是可以互相影响，互相补充，互相输入营养。因此，比起西亚和中美洲的农业文明，中华文明具有更加雄厚的物质文化基础，先天好，经得起折腾。从这个角度说，不把我们中国算作一个农业中心，好像有点儿亏。

不管怎样，从农业革命发生的那天起，我们的祖宗就过上了喂马、劈柴，关心粮食和蔬菜的生活。他们学会了为自己建造一所房子，面朝大海，春暖花开。

他们不能再像从前那样，把种子埋在地里，什么也不干，只等长出郁郁葱葱的苗子，结出沉甸甸的穗子。因为这一时期人来人往，他们得防止别人偷菜，还要给作物捉虫、除草、浇灌，让它们茁壮成长。最后，为了讨好各路神仙，不让神仙们捣乱降灾，需要请各路神仙多来视察一下工作，罩着点儿大伙儿。先民们还要给神仙们修像样的宾馆，给神仙们做点儿像样的吃的。有时候，神仙比较忙，来不及罩着他们的时候，为了活命，他们只能去其他地方打家劫舍。抢吃的、用的，抢人——回来帮忙干活……这些事，无论哪一样，都不是一家一户能完成的。不但一家一户完不成，连松散的部落也无能为力。必须得有一个勇敢的部落酋长，或者一个通神的巫师，带领其他的人，组成更加严密的组织，才能完成。

这个更加严密的组织，就是国家。这个勇敢的部落酋长，就是国王。这个通神的巫师，就是祭司。而那些被打败的人，就变成了可以随意使唤的奴隶。

阶级，就这样产生了。

因此，当西亚、北非、东亚和中美洲的先民们播下种子的那一刻，他们就被绑定在这一片热土上了，他们对在这片热土上的生活，有了更多的期待，因此，最现实的做法，是找个阳光和水源充足、适合种子发芽开花结果的地方，在旁边挖个洞穴，或是修一个半地穴式房子，日出而作，日落而息，找个老婆，过上老婆孩子热炕头的田园牧歌生活。

就这样，人类历史上第一批国家出现了。

这批国家，在西亚有苏美尔城邦，在北非有古埃及，在中国，则有以良渚文化和龙山文化为代表的大大小小的古国。

这时候，大概是公元前 3500 年，距今 5500 年……

推荐阅读

中文

Y 染色体遗传学证据支持现代中国人起源于非洲，柯越海、宿兵、李宏宇等，科学通报.

北京市门头沟区东胡林史前遗址，北京大学考古文博学院、北京大学考古学研究中心、北京市文物研究所，赵朝洪（执笔），考古.

从神话到历史：神话时代、夏王朝，宫本一夫（著），吴菲（译），广西师范大学出版社.

从中国和西亚旧石器及道县人牙化石看中国现代人起源，吴新智、徐欣，人类学学报.

大荔颅骨在人类进化中的位置，吴新智，人类学学报.

"东胡林人"发现的经过，郝守刚，化石.

非人灵长类是否回避近亲繁殖？，张鹏、伍乘、楚原梦冉等，人类学学报.

关于北京猿人用火的证据：研究历史、争议与新进展，高星、张双权、张乐等，人类学学报.

关于周口店第 1 地点的用火问题，张森水，人类学学报.

湖南道县后背山福岩洞 2011 年发掘报告，李意愿、裴树文、同号文等，人类学学报.

基于 DNA 分子的现代人起源研究 35 年回顾与展望，雷晓云、袁德健、张野等，人类学学报.

旧石器时代之艺术，裴文中（著），商务印书馆.

末次盛冰期环境恶化对中国北方旧石器文化的影响，吉笃学、陈发虎、Bettinger R L 等，人类学学报.

求索文明源——严文明自选集，严文明（著），首都师范大学出版社.

全新世早期中国长江下游地区橡子和水稻的开发利用，刘莉、菲尔德、韦斯克珀夫等，人类学学报.

陕西大荔县发现的早期智人古老类型的一个完好头骨，吴新智，中国科学.

世界史前史（插图第 8 版），费根（著），杨宁、周幸、冯国雄（译），北京联合出版公司.

史前古人类之间的基因交流及对当今现代人的影响，张明、付巧妹，人类学学报.

探秘远古人类，吴新智、徐欣（著），外语教学与研究出版社.

魏敦瑞对北京猿人化石的研究及其人类演化理论，吴汝康，人类学学报.

西安半坡，西安半坡博物馆（编），文物出版社.

先秦城邑考古，许宏（著），西苑出版社.

现代人起源的多地区进化学说在中国的实证，吴新智，第四纪研究.

许家窑旧石器时代文化遗址 1976 年发掘报告，贾兰坡、卫奇、李超荣，古脊椎动物与古人类.

许家窑遗址 74093 地点 1977 年出土石制品研究，马宁、裴树文、高星等，人类学学报.

"元谋人"的年龄及相关的年代问题讨论，高星，人类学学报.

藏族的高原适应——西藏藏族生物人类学研究回顾，席焕久，人类学学报.

中国的石叶技术，加藤真二，人类学学报.

中国古人类化石，刘武、吴秀杰、邢松等（著），科学出版社.

中国古人类遗址，吴汝康、吴新智（著），上海科技教育出版社.

中国文明起源新探，苏秉琦（著），生活·读书·新知三联书店.

中华文明史（第 3 卷），袁行霈、严文明、张传玺等（著），北京大学出版社.

中国细石器的特征和它的传统、起源与分布，贾兰坡，古脊椎动物与古人类.

中国远古时代，张忠培、严文明（著），苏秉琦（主编），上海人民出版社.

英文

乍得沙赫人：

A New Hominid from the Upper Miocene of Chad,Central Africa, GUY F, BOCHERENS H, et al. *Nature.* 关于乍得沙赫人的第一文，作者比较了其与其他早期人类的化石的不同，将其定为人类大家庭的第一位成员。

Canine Tooth Size and Fitness in Male Mandrills(Mandrillus sphinx), LEIGH S R, SETCHELL J M, CHARPENTIE J, et al. *Journal of Human Evolution.* 文章指出山魈的犬齿大小与其江湖地位密切相关，牙齿大的找老婆容易，牙齿小的容易绝后。

East Side Story: The Origin of Humankind, COPPENS Y, *Scientific American.* 文章提出了著名的"东边的故事"理论，即人与黑猩猩的分道扬镳与东非大裂谷两边不同的地理环境有关。

European Miocene Hominids and the Origin of the African Ape and Human Clade, BEGUN D R, NARGOLWALLA M C, KORDOS L, *Evolutionary Anthropology.* 文章主要追溯人类、黑猩猩、大猩猩以及红毛猩猩的共同祖先——中新世的各种猿。

Sahelanthropus or 'Sahelpithecus'? , WOLPOFF M H, SENUT B, PICKFORD M, et al. *Nature.* 文章从牙齿、颅骨和枕骨大孔等方面对乍得沙赫人的发现者提出质疑，认为乍得沙赫人不具备放入人类大家庭的资格。

Trends, Rhythms, and Aberrations in Global Climate 65 *Ma to Present,* ZACHOS J,PAGANI M,SLOAN L, et al. *Science.* 文章主要介绍了 6500 万年以来的地球气候演变。

图根原人：

Bipedalism in Orrorin tugenensis Revealed by Its Femora, PICKFORD M, SENUT B, GOMMERY D, et al. *Comptes Rendus Palevol.* 文章分析了图根原人大腿骨的一些解剖学特征，证明人类祖先 600 万年前已经会直立行走。

Early Origin for Human-Like Precision Grasping: A Comparative Study of Pollical Distal Phalanges in Fossil Hominins, ALMECIJA S, MOYA-SOLA S, ALBA D M, *PLoS One.* 文章聚焦于图根原人的手部特征，证明其已经拥有和今人一样可以精确抓握的特征。

Evidence in Hand: Recent Discoveries and the Early Evolution of Human Manual Manipulation, KIVELL T L, *Philosophical Transactions of the Royal Society of London, Series B, Biological Sciences.* 从前认为直立行走导致双手解放出来，从事更多复杂的活动，才使得手变得越来越灵活。这篇文章通过分析早期人类化石，和对黑猩猩等动物的对比，认为人类祖先在树居的同时，就可以使用和制造简单工具，手既可以作为运动器官，也可以用来制造工具，两者并不矛盾。

'Millennium Ancestor', A 6-Million-Year-Old Bipedal Hominid from Kenya, PICKFORD M, SENUT B, *South African Journal of Science.* 关于图根原人的第一文。文章提出了图根原人的命名，分析了化石特征和出土环境，并将其定为人类大家庭的一员。

Orrorin tugenensis Femoral Morphology and the Evolution of Hominin Bipedalism, RICHMOND B G, JUNGERS W L, *Science.* 文章主要通过将图根原人与后续的南猿以及黑猩猩等旁支进行比较，得出其能直立行走的结论。

卡达巴地猿：

Late Miocene Hominids from the Middle Awash, Ethiopia, HAILE-SELASSIE Y, *Nature.* 文章主要分析了卡达巴地猿的牙齿特征及其在人类大家庭中的地位。

Late Miocene Teeth from Middle Awash, Ethiopia, and Early Hominid Dental Evolution, HAILE-SELASSIE Y, SUWA G, WHITE T D, *Science.* 文章通过对乍得沙赫人、图根原人和卡达巴地猿的牙齿分析，试图说明三者之间的差异被过分夸大了，认为三者可能属于同一种动物。

拉密达地猿：

A New Kind of Ancestor: Ardipithecus Unveiled, GIBBONS A, *Science.* 一篇关于地猿"阿迪"的发掘过程、化石情况、特点介绍，以及考古学家对其分析解读的综合导读。

Ardipithecus ramidus and the Paleobiology of Early Hominids, WHITE T D, ASFAW B, BEYENE Y, et al. *Science.* 文章较为全面地分析了拉密达地猿的生活环境，表明其生活在林木繁盛的地方。

Careful Climbing in the Miocene: The Forelimbs of Ardipithecus ramidus and Humans Are Primitive, LOVEJOY C O, SIMPSON S W, WHITE T D, et al. *Science.* 文章聚焦于拉密达地猿的运动模式，认为和人类的上肢比，黑猩猩的要更加接近更早期

的古猿，猩猩们适合高难度爬树的上肢结构，是和人类分开以后独自演化出来的，是一种衍生的特征。

湖畔南猿：

A 3.8-Million-Year-Old Hominin Cranium from Woranso-Mille,Ethiopia, HAILE-SELASSIE Y, MELILLO S, VAZZANA A, et al. *Nature.* 2016 年发现的湖畔南猿颅骨化石，这是迄今最完整的颅骨化石，其年代下限比最早的阿法南猿还要晚 10 万年，这让从前那个湖畔南猿是阿法南猿祖先的观点受到了挑战。

New Four-Million-Year-Old Hominid Species from Kanapoi and Allia Bay, Kenya, LEAKEY M G, FEIBEL C S, MCDOUGALL I, et al. *Nature.* 关于湖畔南猿的第一文，文章认为湖畔南猿是阿法南猿的祖先，这个观点后来因为新的 380 万年前的化石而受到了挑战。

阿法南猿：

3.3-Million-Year-Old Stone Tools from Lomekwi 3, West Turkana, Kenya, HARMAND S, LEWIS J E, FEIBEL C S, et al. *Nature.* 关于洛迈奎石器的第一文，分析了石器的形态、出土环境和可能的使用者，并提出了洛迈奎石器是比奥杜威石器更为原始的且为人类制造的第一种石器的观点。

A Juvenile Early Hominin Skeleton from Dikika, Ethiopia, ALEMSEGED Z, SPOOR F, KIMBEL W H, et al. *Nature.* 关于阿法南猿"露西的宝宝"塞勒姆的第一文，详细介绍了其化石特征。

Laetoli Footprints Preserve Earliest Direct Evidence of Human-Like Bipedal Biomechanics, RAICHLEN D A, GORDON A D, HARCOURT-SMITH W E H, et al. *PLoS ONE.* 关于莱托利火山脚印的文章，表明 300 多万年前的祖宗已经可以直立行走。

New Footprints from Laetoli (Tanzania) Provide Evidence for Marked Body Size Variation in Early Hominins, MASAO F T, ICHUMBAKI E B, CHERIN M, et al. *eLife.* 有关莱托利火山脚印的新发现，表明阿法南猿拥有巨大的种内多样性，体型相差巨大。

Perimortem Fractures in Lucy Suggest Mortality from Fall out of Tall Tree, KAPPELMAN J, KETCHAM R A, PEARCE S, et al. *Nature.* 这篇文章通过分析露西的骨骼破裂情况，结合临床所见的病例，认为露西是从树上掉下来时摔死的。

羚羊河南猿：

Isotopic Evidence for an Early Shift to C4 Resources by Pliocene Hominins in Chad, LEE-THORPA J, LIKIUSB A, MACKAYEB H T, et al. *PNAS.* 关于羚羊河南猿的食性问题，其牙齿同位素表明其和 150 万年以后的鲍氏傍人一样是"人肉割草机"。

The First Australopithecine 2,500 Kilometres West of the Rift Valley(Chad), BRUNET M, BEAUVILAIN A, COPPENS Y, et al. *Nature.* 关于羚羊河南猿的第一文，但这时候作者并未将其归为全新的一种，只是将其归为同时代的阿法南猿门下。

肯尼亚平脸人：

Evidence for Stone-Tool-Assisted Consumption of Animal Tissues before 3.39 Million Years Ago at Dikika, Ethiopia, MCPHERRON S P, ALEMSEGED Z, WYNN J, et al. *Nature.* 文章提出了 339 万年前的祖宗使用石器获取肉类的证据。

New Hominin Genus from Eastern Africa Shows Diverse Middle Pliocene Lineages, LEAKEY M G, SPOOR F, BROWN F H, et al. *Nature.* 关于肯尼亚平脸人的第一文，描述了其化石形态、出土环境、与阿法南猿的不同，并认为肯尼亚平脸人比阿法南猿更具有人类直系祖宗的可能性。

近亲南猿：

New species from Ethiopia Further Expands Middle Pliocene Hominin Diversity, HAILE-SELASSIE Y, GIBERT L, MELILLO S M. et al. *Nature.* 关于近亲南猿的第一文，主要描述了其化石形状特征、分类和与其余早期人类的异同。

非洲南猿：

Eagle Involvement in Accumulation of the Taung Child Fauna, BERGER L R, CLARKE R J, *Journal of Human Evolution.* 文章分析了非洲南猿汤恩男孩的死因，给出了汤恩男孩死于猛禽的各种证据。

Palaeomagnetic Analysis of the Sterkfontein Palaeocave Deposits: Implications for the Age of the Hominin Fossils and Stone Tool Industries, HERRIES A I R, SHAW J, *Journal of Human Evolution.* 文章主要介绍对南非斯泰克方丹遗址进行古地磁测年的情况，这次测年主要是针对化石以及石器。南非是人类摇篮，出土了很多早期人类化石，但由于喀斯特地貌限制，测年一直不易。

Strontium Isotope Evidence for Landscape Use by Early Hominins, COPELAND S R, SPONHEIMER M, RUITER D J D, et al. *Nature*. 文章通过对非洲南猿和罗百氏傍人的牙齿锶同位素的分析，证明它们流行"男子守家，女人外嫁"的婚恋观。

惊奇南猿：

Australopithecus garhi: a New Species of Early Hominid from Ethiopia, ASFAW B, WHITE T, LOVEJOY O, et al. *Science*. 关于惊奇南猿的第一篇文章，详细描述了其化石形态、分类，并分析了其在人类大家庭中的位置。

Environment and Behavior of 2.5-Million-Year-Old Bouri Hominids, HEINZELIN J D, CLARK J D, WHITE T, et al. *Science*. 文章提出了惊奇南猿能够使用工具获取肉类的观点。

Meat-Eating among the Earliest Humans, POBINER B, *American Scientist*. 一篇非常浅显易懂的关于人类老祖宗很久以前就开始吃肉的文章。

源泉南猿：

Australopithecus sediba:A New Species of Homo-Like Australopith from South Africa, BERGER L R, RUITER D J D, CHURCHILL S E, et al. *Science*. 关于源泉南猿的第一文，详细描述了其化石形态和在人类大家庭中的辈分。

Australopithecus sediba Hand Demonstrates Mosaic Evolution of Locomotor and Manipulative Abilities, KIVELL T L, KIBII J M, CHURCHILL S E, et al. *Science*. 文章聚焦于源泉南猿的手，证明其既是爬树高手又可以制造工具。

Inhibition of SRGAP2 Function by Its Human-Specific Paralogs Induces Neoteny during Spine Maturation, CHARRIER C, JOSHI K, COUTINHO-BUDD J, et al. *Cell*. 一篇关于 *SRGAP2* 与神经发育功能的文章。

*The Endocast of MH*1,*Australopithecus sediba*, CARLSON K J, STOUT D, JASHASHVILI T, et al. *Science*. 文章聚焦于源泉南猿 *MH*1 的颅内分析，认为从猿到人的转变过程中，脑神经的重组是先于脑容量的增大的。

傍人：

A Probable Genetic Origin for Pitting Enamel Hypoplasia on the Molars of Paranthropus robustus, TOWLE I, IRISH J D, *Journal of Human Evolution*. 罗百氏傍人的吃货本

色——臼齿有类似高尔夫球表面那样的凹陷，作者认为这是一种基因缺陷，演化太快的时候基因拷贝出了问题。

Diet of Paranthropus boisei in the Early Pleistocene of East Africa, CERLING T E, MBUA E, KIRERA F M, et al. *PNAS.* 文章通过对鲍氏傍人的牙齿同位素进行分析，证明鲍氏傍人是史前人类里吃草最多的"人肉割草机"。

Evidence of Termite Foraging by Swartkrans Early Hominids, BACKWELL L R, D'ERRICO F, *PNAS.* 文章通过对南非人类摇篮斯泰克方丹洞穴出土的骨棒进行分析，得出罗百氏傍人会用骨头棒子掏白蚁的结论。

The Pleistocene Anthropoid Apes of South Africa, BROOM R, *Nature.* 关于罗百氏傍人的第一文，文章有力地支持了雷蒙·达特关于非洲南猿是人类大家庭成员的描述。

能人：

A New Species of the Genus Homo from Olduvai Gorge, LEAKEY L S B, TOBIAS P V, NAPIER J R, *Nature.* 利基发表的关于能人的第一文，文章正式提出了能人的分类，随后引起了学界强烈的反响，"能人"一词后来被认为是我们智人的直系祖宗，但如今这一概念遇到了极大的挑战。

Body Proportions of Homo habilis Reviewed, HAEUSLER M, MCHENRY H M, *Journal of Human Evolution.* 通过对 *OH*62 化石的重新研究，作者认为能人有一双适合长距离行走的大长腿，而不是小短腿。

Early Homo: Who, When and Where, ANTON S.C, *Current Anthropology.* 一篇关于早期人属祖宗化石的综合分析。

New Partial Skeleton of Homo habilis from Olduvai Gorge, Tanzania, JOHANSON D C, MASAO F T, ECK G G, et al. *Nature.* 关于能人 *OH*62 的第一文，其身材矮小，长胳膊短腿，和阿法南猿类似，但牙口以及所处的年代和其他能人非常接近，因此被放入能人门下。

鲁道夫人：

New Fossils from Koobi Fora in Northern Kenya Confirm Taxonomic Diversity in Early Homo, LEAKEY M G, SPOOR F, DEAN M C, et al. *Nature.* 鲁道夫人的三个新兵蛋子。

直立人：

A Possible Case of Hypervitaminosis A in Homo erectus, WALKER A, ZIMMERMAN M R, LEAKEY R E F, *Nature*. 文章通过对直立人 1808 的化石骨骼分析，认为其死于维生素 D 过量，过量的原因和食用肉食动物的肝脏有关。

An Earlier Origin for the Acheulian, LEPRE C J, ROCHE H, KENT D V, et al. *Nature*. 文章提出阿舍利石器起源于 176 万年前，且与奥杜威石器长期共存的观点，由于第一批走出非洲的人，使用的依然是奥杜威石器，文章认为，这说明非洲当时生活着很多不同的人，他们使用的工具和生存的策略不同。

Behavioral and Environmental Background to 'Out-of-Africa I' and the Arrival of Homo erectus in East Asia, POTTS R, TEAGUE R, *Out of Africa I: The First Hominin Colonization of Eurasia*. 该书这部分内容分析了第一次走出非洲时候的人类的行为模式和所处环境，以及直立人在东亚的生存情况。

Getting "Out of Africa" : Sea Crossings, Land Crossings and Culture in the Hominin Migrations, DERRICOURT R, *Journal of World Prehistory*. 关于早期人类走出非洲的各种路径和可行性的分析，认为早期人类走出非洲主要是通过陆上通道，但由于沙漠的存在，通道并不总是开放，所以走出的行为只是间歇性的、短暂的、零星的。

Hominin Occupation of the Chinese Loess Plateau since about 2.1 Million Years Ago, ZHU Z Y, DENNELL R, HUANG W W, et al. *Nature*. 文章介绍了陕西上陈出土的 212 万年前的石器和一些动物化石，提出人类走出非洲的时间比此前认为的 180 万年前要更早的观点。

The Expensive-Tissue Hypothesis: The Brain and the Digestive System in Human and Primate Evolution，AIELLO L C, WHEELER P, *Current Anthropology*. 文章用"高能耗组织"理论来解释人类大脑何以能短时间内飞速进化。

Savanna Chimpanzees at Fongoli, Senegal, Navigate a Fire Landscape, PRUETZ J D, HERZOG N M, *Current Anthropology*. 文章记录了塞内加尔的黑猩猩们大火之后巡视火场，想要火中取栗的行为，为理解我们人类祖宗认识火、使用火提供了有益的参考。

先驱人：

Homo antecessor: The State of the Art Eighteen Years Later, BERMUDEZ-DE-CASTRO J

M, MARTINON-TORRES M,MARTIN-FRANCES L,et al. *Quaternary International.*
文章聚焦于先驱人在人类大家庭中的地位，认为这是一支偏安一隅的，在进化
路上跑偏了的真人属动物。

Hominin Footprints from Early Pleistocene Deposits at Happisburgh,UK, ASHTON N,
LEWIS S G, GROOTE I D, et al. *PLoS ONE.* 关于英国哈比斯堡的脚印化石的第一
文，提出其可能和同时期西班牙发现的先驱人属于同一类。

Human Cannibalism in the Early Pleistocene of Europe (Gran Dolina, Sierra de Atapuerca,
Burgos, Spain), FERNANDEZ-JALVO Y, DIEZ J C, CACERES I, et al. *Journal of*
Human Evolution. 文章聚焦于先驱人的食人行为，认为先驱人不是因为食物短缺
或者宗教原因而吃人，而是将人和其他动物一样，当作一种普通的食物。

The First Hominin of Europe, CARBONELL E, CASTRO J M B D, PARES J M, et al.
Nature. 关于阿塔普尔卡山区象山洞窟的先驱人的第一文，主要介绍了其化石、
所处年代和将其归为先驱人的理由。

海德堡人：

A Forkhead-Domain Gene is Mutated in a Severe Speech and Language Disorder, LAI C S L,
FISHER S E, HURST J A, et al. *Nature.* 文章提出 *FOXP*2 基因可以控制人类的语
言能力，一旦突变，可能导致语言能力受损。

A Hominid Tibia from Middle Pleistocene Sediments at Boxgrove, UK, ROBERTS M B,
STRINGER C B, PARFITT S A, *Nature.* 关于博克斯格罗夫人的第一文。

A Mitochondrial Genome Sequence of a Hominin from Sima de los Huesos, MEYER M,FU
Q M, AXIMU-PETRI A, et al. *Nature.* 文章认为白骨洞海德堡人的线粒体基因表
明，比起尼安德特人，其和东边的丹尼索瓦人有更近的亲缘关系。不过线粒体
基因不能完全说明其种群关系，有可能他们本身就有两个线粒体基因谱系，也
有可能是后来的尼安德特人有来自非洲的基因渗入，所以这并不能推翻之前的
论据，即海德堡人与尼安德特人亲缘关系更近。

A Paleolithic Camp at Nice, LUMLEY H J, *Scientific American.* 文章最早提出尼斯的遗址
属于 30 万年前的法国海德堡所建的海滨度假小屋。

Blade Production ~ 500 Thousand Years Ago at Kathu Pan 1, *South Africa:Support for*
a Multiple Origins Hypothesis for Early Middle Pleistocene Blade Technologies,
WILKINS J, CHAZAN M, *Journal of Archaeological Science.* 文章对卡图遗址的石

叶技术进行了全面的介绍。

Boxgrove: Palaeolithic Hunters by the Seashore, ROBERTS M B, *Archaeology international.* 文章通过对博克斯格罗夫遗址的化石分析，提出 50 万年前生活在当地的海德堡人靠打猎为生。

Communicative Capacities in Middle Pleistocene Humans from the Sierra de Atapuerca in Spain, MARTINEZ I, ROSA M, QUAM R, et al. *Quatenary International.* 文章通过将白骨洞海德堡人的外耳和中耳等解剖结构和后世的尼安德特人、智人和黑猩猩等进行对比，表明其极有可能拥有语言能力。

Lethal Interpersonal Violence in the Middle Pleistocene, SALA N, ARSUAGA J L, PANTOJA-PEREZ A, et al. *PLoS ONE.* 文章通过对白骨洞海德堡人 17 号的化石分析，提出他生前面门曾遭受致命打击，得出结论为人际冲突古已有之。

Loss of Air Sacs Improved Hominin Speech Abilities, DE BOER B, *Journal of Human Evolution.* 文章认为气囊的消失有利于人类语言能力的形成。

Neandertal Roots: Cranial and Chronological Evidence from Sima de los Huesos, MARTINEZ I, ARNOLD L J, ARANBURU A, et al. *Science.* 文章根据化石形态证明白骨洞海德堡人是尼安德特人的祖先。

Nuclear DNA Sequences from the Middle Pleistocene Sima de los Huesos Hominins, MEYER M, ARSUAGA J L, FILIPPO C D, et al. *Nature.* 文章通过对白骨洞海德堡人的核 *DNA* 测序的研究，表明其与丹尼索瓦人在 43 万年前已经分开，后来尼安德特人线粒体 *DNA* 的不同可能因为有来自非洲的基因渗入。

The Clacton Spear: The Last One Hundred Years，ALLINGTON-JONES L,*Archaeological Journal.* 文章对克拉克顿矛出土百年以来的保存状况和学界对其的阐释进行了综述回顾。

The Status of Homo heidelbergensis (Schoetensack 1908), STRINGER C, *Evolutionary Anthropology.* 文章分析了 1908 年以来归为海德堡人的各种化石，并指出了当前存在的问题，是一篇较为清晰明白的关于海德堡人化石的综述。

Right Handedness of Homo heidelbergensis from Sima de los Huesos (Atapuerca, Spain) 500, 000 Years Ago, LOZANO M, MOSQUERA M, BERMUDEZ DE CASTRO J M, et al. *Evolution and Human Behavior.* 文章通过对 50 万年前的白骨洞的海德堡人的牙齿进行分析，认为他们和我们今人一样是右撇子。

纳莱迪人:

Homo naledi,a New Species of the Genus Homo from the Dinaledi Chamber,South Africa, BERGER L R, HAWKS J, RUITER D J D, et al. *eLife.* 关于纳莱迪人的第一文,主要描述了其化石情况、出土环境和处于人类大家庭中的辈分。

弗洛勒斯人:

A New Small-Bodied Hominin from the Late Pleistocene of Flores, Indonesia, BROWN P, SUTIKNA T, MORWOOD M J, et al. *Nature.* 关于弗洛勒斯人的第一文,分析了其化石形态,认为其源于直立人,因在隔绝且资源有限的岛屿条件下逐渐侏儒化,成为了全新的人种。

Hominins on Flores,Indonesia,by One Million Years Ago, BRUMM A, JENSEN G M, BERGH G D V D, et al. *Nature.* 文章通过对印尼沃勒西格遗址的石器的研究,认为 100 万年前弗洛勒斯岛已经有人居住。

The Affinities of Homo Floresiensis Based on Phylogenetic Analyses of Cranial, Dental,and Postcranial Characters, ARGUE D, GROVES C P, LEE M S Y, et al. *Journal of Human Evolution.* 文章指出,在弗洛勒斯人的颅骨牙齿等化石形态的基础上,可推断出弗洛勒斯人可能是某种 175 万年前的古人后裔,其和智人以及直立人的亲属关系,比和能人的亲属关系更加疏远。

尼安德特人:

A Neanderthal Infant from Amud Cave,Israel, RAK Y, KIMBEL W H, HOVERS E, et al. *Journal of Human Evolution.* 文章认为以色列阿马德洞穴的尼安德特人婴儿被有意识地埋葬。

Ancient Gene Flow from Early Modern Humans into Eastern Neanderthals, KUHLWILM M, GRONAU I, HUBISZ M J, et al. *Nature.* 文章通过对阿尔泰尼安德特人的基因分析,证明其尼安德特人祖先和我们智人的一支在 10 万年以前的中东曾发生过混血,这一时间比此前所认为的四五万年前要早。

An Ochered Fossil Marine Shell from the Mousterian of Fumane Cave,Italy, PERESANI M, VANHAEREN M, QUAGGIOTTO E, et al. *PLoS ONE.* 文章分析了意大利富马内洞穴的尼安德特人遗址,认为它们有意识地从 100 千米以外的地方捡贝壳,染色,穿绳当挂饰。

Energetic Competition Between Neandertals and Anatomically Modern Humans，FROEHLE A W,CHRUCHILL S E,*Paleoanthropology.* 文章认为尼安德特人长得不如智人"节能"，能耗大导致其不具有竞争优势。

Energy Use by Eem Neanderthals, SORENSEN B, *Journal of Archaeological Science.* 文章通过对生活在温暖的埃姆间冰期里的尼安德特人平均能量消耗进行分析，证明要成功度过间冰期，尼安德特人除了吃肉，还得需要穿合适的衣服和鞋子，"英雄大氅"不能适应它们的需要。

Evidence for Neandertal Jewelry:Modified White-Tailed Eagle Claws at Krapina, RADOVCIC D, SRSEN A O, RADOVCIC J, et al. *PLoS ONE.* 文章认为 13 万年前的克罗地亚尼安德特人具有审美意识，证据是白尾海雕这种猛禽的爪子被它们当成饰品。

Evidence Supporting an Intentional Neandertal Burial at La Chapelle-aux-Saints, RENDU W, BEAUVAL C, CREVECOEUR I, et al. *PNAS.* 文章提出了尼安德特人"老头子"死后被刻意地安葬的证据。

External Auditory Exostoses and Hearing Loss in the Shanidar 1 Neandertal, TRINKAUS E, VILLOTTE S, *PLoS ONE.* 文章聚焦于沙尼达尔 1 号尼安德特人的健康状况，特别是它的外耳道骨疣，算是他的一份病历，通过研究发现，该祖宗可谓身残志坚，浑身是病。

La Ferrassie 1: New Perspectives on a "Classic" Neanderthal, GOMEZ-OLIVENCIA A, QUAM R, SALA N, et al. *Journal of Human Evolution.* 文章给出了关于菲拉西 1 号的一些新材料，确认他生前被疾病折磨，并得到安葬。

Neandertal Introgression Sheds Light on Modern Human Endocranial Globularity, GUNZ P, TILOT A K, WITTFELD K, et al. *Current Biology.* 尼安德特人与智人的头颅形状不同，文章认为，一些现代智人之所以头颅像尼安德特人，是因为尼安德特人基因的渗入对颅内球状性的影响。

New Insights into Differences in Brain Organization Between Neanderthals and Anatomically Modern Humans, PEARCE E,STRINGER C,DUNBAR R I M, *Proceedings: Biological Sciences.* 尼安德特人和智人虽然看上去脑容量差不多，但脑组织不同。尼安德特人在视觉能力、运动方面更有天分，智人则在认知和社交能力方面更胜一筹。相比之下，尼安德特人头脑简单、四肢发达，所以合

作交往和整合资源的能力不如智人强。

Selection and Use of Manganese Dioxide by Neanderthals, HEYES P J, ANASTASAKIS K,
JONG W D, et al. *Nature.* 二氧化锰是一种黑色粉末，强氧化剂，可以助燃。文章
通过对贝驰德拉泽遗址的二氧化锰分析，认为尼安德特人用二氧化锰不是拿来
做颜料，而是拿来取火。

Symbolic Use of Marine Shells and Mineral Pigments by Iberian Neandertals, ZILHAO J,
ANGELUCCI D E, BADAL-GARCIA E, et al. *Science Advances.* 文章提出 11.5 万
年前的西班牙尼安德特人和同时代的智人一样具有审美意识，会用贝壳和矿物
颜料让自己变得美美的。

The Complete Genome Sequence of a Neandertal from the Altai Mountains, PRUFER K,
RACIMO F, PATTERSON N, et al. *Nature.* 文章表明，通过阿尔泰尼安德特人的
基因全测序，可以证明早期人类在婚姻上有点儿百无禁忌的意思，不但其父母
近亲结婚，而且智人、尼安德特人和丹尼索瓦人等不同人种之间也有多次基因
交流，丹尼索瓦人甚至还有来自不知名的古人的基因。

The Derived FOXP2 Variant of Modern Humans Was Shared with Neandertal, KRAUSE J,
LALUEZA-FOX C, ORLANDO L, et al. *Current Biology.* 尼安德特人也拥有控制
语言能力的 *FOXP2* 基因。

The Genomic Landscape of Neanderthal Ancestry in Present-Day Humans, SANKARARAMAN
S, MALLICK S, DANNEMANN M, et al. *Nature.* 文章认为，尼安德特人和智人的
基因交流曾经有助于智人快速适应非洲以外的世界，但现代人 *X* 染色体上的尼
安德特人基因含量比在常染色体上明显更低，这可能说明尼安德特人和智人混
血的一个后果是导致男性不育。

Wooden Tools and Fire Technology in the Early Neanderthal Site of Poggetti Vecchi(Italy),
ARANGUREN B, REVEDIN A, AMICO N, et al. *NAS.* 文章证明了 17 万年前生活
在意大利波盖蒂维奇的尼安德特人用火加工黄杨木工具。

丹尼索瓦人：

Altitude Adaptation in Tibet Caused by Introgression of Denisovan-Like DNA, HUERTA
SANCHEZ E, JIN X, ASAN, et al. *Nature.* 文章通过对藏民基因的分析，指出其
先祖之所以能够适应青藏高原的高寒环境，是因为有来自丹尼索瓦人的 *DNA*
帮助。

The Genome of the Offspring of a Neanderthal Mother and a Denisovan Father, SLON V, MAFESSONI F, VERNOT B, et al. *Nature.* 文章介绍，通过丹尼索瓦 11 号姑娘"丹妮"的基因测序，证明其父母分别为丹尼索瓦人和尼安德特人，且其父体内含有尼安德特人基因，由此可推测尼安德特人和智人在很长一段时间内共同主宰欧亚大陆，混血时常发生。

The Half-Life of DNA in Bone: Measuring Decay Kinetics in 158 Dated Fossils, ALLENTOFT M E, COLLINS M, HARKER D, et al. *Proceedings: Biological Sciences.* 文章第一次明确提出了 DNA 在不同保存条件下的降解时间。

智人：

A Dispersal of Homo sapiens from Southern to Eastern Africa Immediately Preceded the Out-of-Africa Migration, RITO T, VIEIRA D, SILVA M, et al. *Scientific Reports.* 文章通过对线粒体 DNA 的分析，提出最古老的线粒体 DNA 存在于南非，智人祖先先从南非迁移到了东非，然后才走向全球。

An Abstract Drawing from the 73,000-Year-Old Levels at Blombos Cave, South Africa, HENSHILWOOD C S, D'ERRICO F, VAN NIEKERK K L, et al. *Nature.* 文章介绍了 7.3 万年前布隆伯斯洞穴的智人用赭石粉末在岩石上刻画的抽象画，画画也是行为现代性——也就是复杂的认知能力的体现。

Analysis of Human Sequence Data Reveals Two Pulses of Archaic Denisovan Admixture, BROWNING S R, BROWING B L, ZHOU Y, et al. *Cell.* 文章通过对东亚人体内的丹尼索瓦人基因与南亚、巴布亚新几内亚人体内的丹尼索瓦人基因进行分析，证明智人最少曾和两组彼此亲缘较远的丹尼索瓦人混血。

Desert Speleothems Reveal Climatic Window for African Exodus of Early Modern Humans, VAKS A, BAR-MATTHEWS M, AYALON A, et al. *The Geological Society of America.* 通过对内盖夫沙漠洞穴沉积物的分析，文章认为 14 万—11 万年前曾经有一个温暖的窗口期供智人们跨越西奈半岛，走出非洲，进入亚洲。

Fire as an Engineering Tool of Early Modern Humans, BROWN K S, MAREAN C W, HERRIES A I R, et al. *Science.* 文章介绍了 16.4 万年前尖峰角的智人用火加工石器的情况，表明人类在那时已经拥有复杂的认知能力——行为现代性。而早前学界认为，行为现代性是旧石器时代晚期也就是 5 万年前才出现的。

How Many Elephant Kills Are 14? Clovis Mammoth and Mastodon Kills in Context,

SUROVELL T A, WAGUESPACK N M, *Quaternary International.* 通过对克洛维斯人猎杀猛犸象的遗址进行统计，文章认为克洛维斯人依然是史前猎人里最爱屠杀猛犸象的。

Neanderthal Extinction by Competitive Exclusion, BANKS W E, D'ERRICO F, PERTERSON A T, et al. *PLoS ONE.* 文章认为，尼安德特人灭亡的一个重要原因是智人的扩张挤压了他们的生存空间。

New Fossils from Jebel Irhoud, Morocco and the Pan-African Origin of Homo sapiens, HUBLIN J J, BEN-NCER A, BAILEY S E, et al. *Nature.* 文章介绍了杰贝尔依罗发现的 30 万年前的智人的情况。这是目前发现的最早的智人，其面部形态和我们今人已经非常接近，但颅骨形状更加狭长，作者认为这说明最近 30 万年的演化主要表现在大脑的演化。

Supraorbital Morphology and Social Dynamics in Human Evolution, GODINHO R M, SPIKINS P, O'HIGGINS P, *Nature Ecology & Evolution.* 文章从社交功能的角度，指出智人逐渐消失的眉脊有助于眉毛的移动，做出丰富的微表情，进而有利于社交。

The Earliest Unequivocally Modern Humans in Southern China, LIU W, MARTINON-TORRES M, CAI Y J, et al. *Nature.* 通过对湖南道县福岩洞的牙齿化石进行研究，文章认为智人 12 万—8 万年前就来到了中国。文章同时指出，这并不意味着智人同时进入了欧洲，可能当时盘踞欧洲的尼安德特人比较生猛，直到后来尼安德特人势弱，他们才在欧洲扎下根来。

The Southern Route "Out of Africa" : Evidence for an Early Expansion of Modern Humans into Arabia, ARMITAGE S J, JASIM S A, MARKS A E, et al. *Science.* 文章通过对阿联酋杰贝尔法雅遗址出土的 12.5 万年前的工具进行分析，表明智人曾在此期间走出过非洲，这是智人曾多次走出非洲的又一证据。

其他：

Archeology and the Dispersal of Modern Humans in Europe: Deconstructing the "Aurignacian", MELLARS P, *Evolutionary Anthropology Issues News and Reviews.* 文章是关于奥瑞纳文化的介绍，着重介绍了其工具文化。

A True Gift of Mother Earth:the Use and Signicance of Obsidian at Catalhöyük, CARTER T, *Anatolian Studies.* 文章分析了黑曜石的广泛用途和其对于加泰土丘先民的重要

意义。

Modified Human Crania from Göbekli Tepe Provide Evidence for a New Form of Neolithic Skull Cult, GRESKY J, HAELM J, CLARE L, *Science Advances.* 文章指出，新石器时代流行对头骨进行修饰，一般认为有的可能是出于惩罚，有的可能是出于对祖宗的崇拜，哥贝克力的遗址中对头骨的修饰行为被解释为后者。

Reassessing the Evidence for the Cultivation of Wild Crops during the Younger Dryas at Tell Abu Hureyra, Syria, COLLEDGE S, CONOLLY J, *Environmental Archaeology.* 文章认为，"新仙女木事件"时期阿布胡赖拉的先民遭受了食物短缺，为此他们拓宽食物来源，采集那些质量较差的食物，并开始培植野生谷物。

The Emergence of Pottery in China: Recent Dating of Two Early Pottery Cave Sites in South China, COHEN D J, BAR-YOSEF O, WU X H, et al. *Quaternary International.* 文章主要介绍了中国湖南玉蟾岩和江西仙人洞遗址出土的陶器，指出这些东亚最早的陶器属于早期的游猎团体，批判了传统认为的陶器出现于定居以后。

The Last Glacial Maximum, CLARK P U, DYKE A S, SHAKUN J D, et al, *Science.* 文章主要介绍了末次冰盛期全球的气候情况。

The Younger Dryas Climate Event, CARLSON A E, *Encyclopedia of Quaternary Science.* 文章主要分析了"新仙女木事件"的成因、表现和后果。